娃娃服裁縫 BOOK

佐和子の紙型教科書

—— 娃娃服の原型・袖子・衣領 ——

荒木佐和子　著

CONTENTS

「芙莉兔妹妹」
縫製娃娃裝的初學者兔子妹妹

「泡芙貓老師」
洋裁達人貓咪老師

※製作紙型的材料與便利的工具※

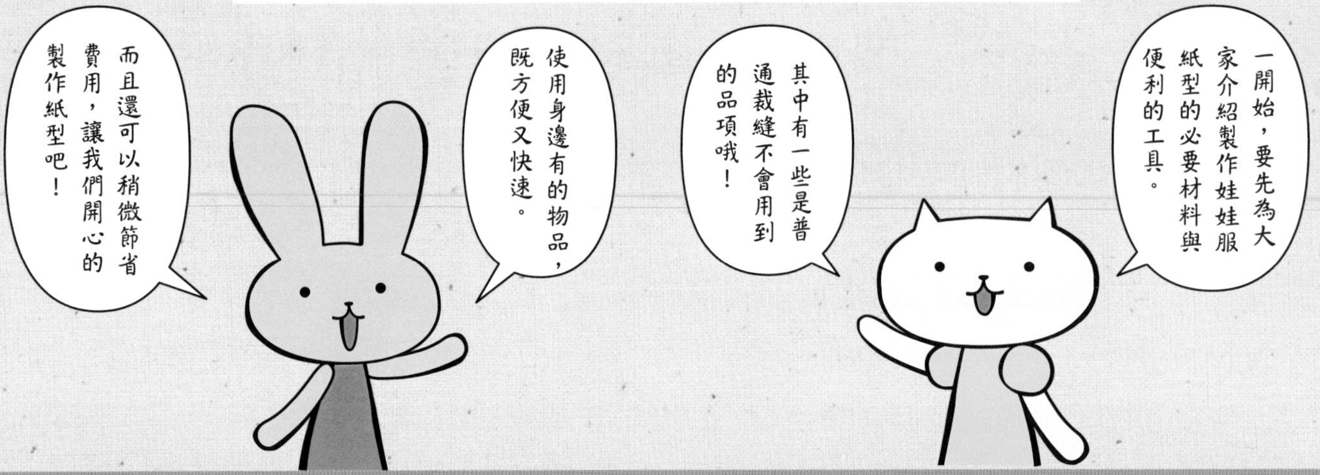
一開始，要先為大家介紹製作娃娃服紙型的必要材料與便利的工具。
其中有一些是普通裁縫不會用到的品項哦！
使用身邊有的物品，既方便又快速。
而且還可以稍微節省費用，讓我們開心的製作紙型吧！

彈性繃帶

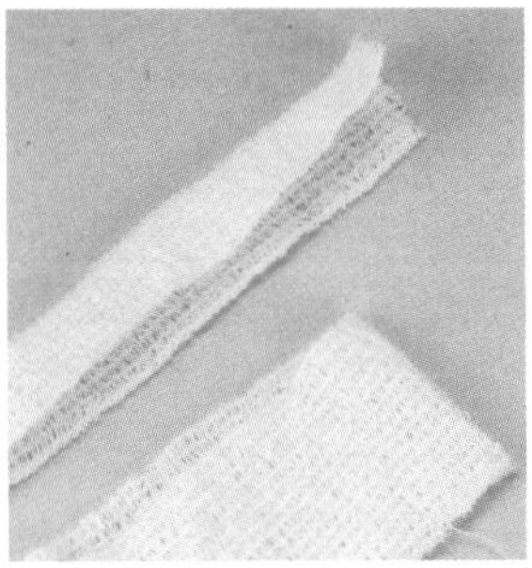

↑近年來，每家廠商的繃帶都變得比較薄，因此小尺寸的娃娃可以直接摺成一半使用，而大尺寸的娃娃則可以先重疊兩層，這樣比較容易纏在娃娃身上。

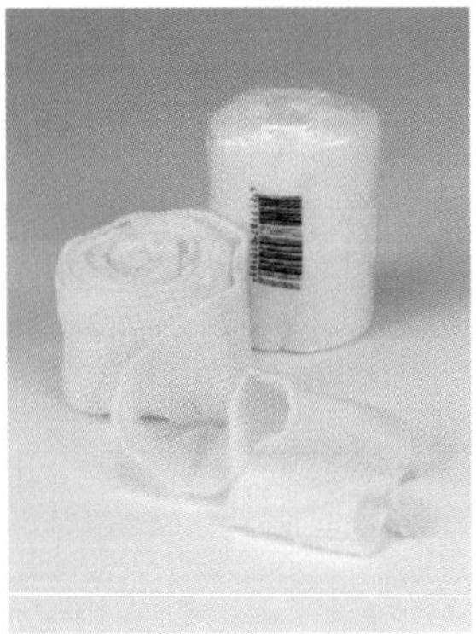

↑各家醫療·衛生用品廠商都有販售。

在娃娃的身體上包覆繃帶就可以直接當作裁縫人體模型使用。請選擇有彈性繃帶。本書使用的是寬5cm左右的產品。

市面上也有賣彩色繃帶，但請務必要選擇白色的。如果使用有顏色的繃帶，廚房紙巾蓋在上面時，會看不清楚身體上的標線膠帶。

含臘的繃帶會比較滑，不好作業，選用時請避開。（聚脂纖維製的產品則沒有問題）

自黏性繃帶

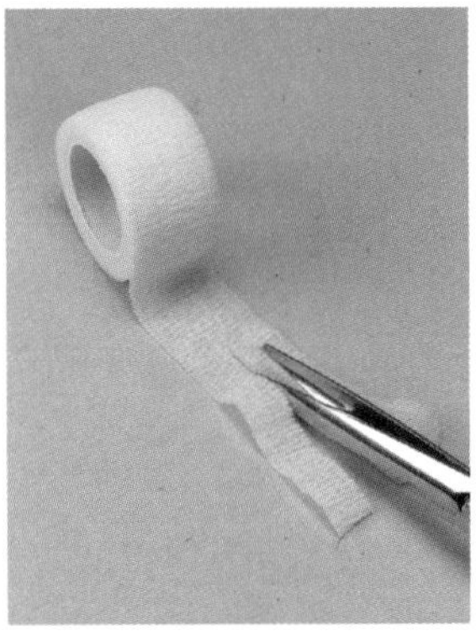

↑不管從哪裏剪開都不會散開，很方便。

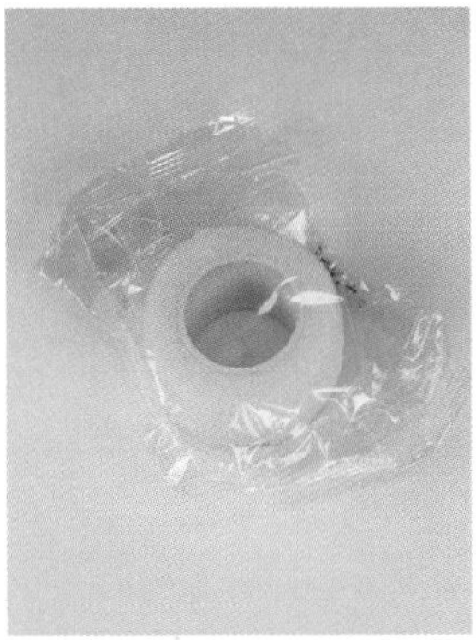

↑各家醫療、衛生用品廠商都有販售。

對肌膚沒有黏性，但繃帶彼此之間會產生黏性。使用在一般繃帶不好纏繞的小尺寸娃娃時很方便。

截至目前為止，還沒有發生過娃娃貼了自黏性繃帶造成身體變質的案例，不過時間一久有可能發生變色，而且多少會有些黏手，因此建議作業後要儘快將自黏性繃帶從身體拆下。

市面上也有接近膚色的產品，但後續的廚房紙巾蓋在上面時，會看不清楚身體上的標線膠帶，請務必選購白色（或灰白色）的產品。

標線膠帶

↑可以用手撕斷，也可以貼成弧度曲線，還可以重覆黏貼，標示位置時很方便。

↑使用過後請一定要放回包裝袋內，以免沾灰塵。

DELETER「Color Tape 1.5mm X20m Black」

標示出身體腰部及前中心線時使用。建議選購寬度 1.5mm 左右的產品，不管是小尺寸娃娃或是大尺寸娃娃都可以使用。這個產品在畫具相關的專門店，會比裁縫相關賣場更容易買得到。（價格均一店也都有販賣裁縫用的標示膠帶，可是寬度較寬。）

購買時請一定要選擇黑色的產品，其他顏色在廚房紙巾蓋上後會看不清楚。

照片上這家廠商的產品，我用了很多年，從來沒有發生過顏色轉移到娃娃身上的狀況。如果還是在意的話，請作業完馬上移除。

廚房紙巾

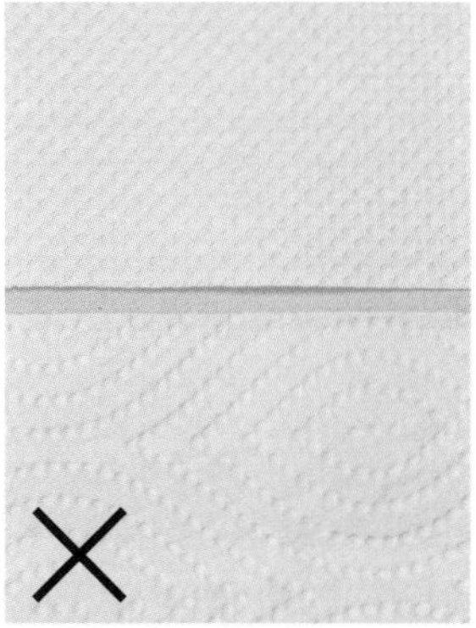

↑請選購沒有花紋的產品

↑價格均一店販賣的產品就可以了。但像這種厚的產品還可以拿來縫！

LION「リード ヘルシークッキングペーパー」耐水廚房紙巾

製作紙型時，一般會使用布料。但在娃娃服的場合，萬一尺寸裁過頭的話，廚房紙巾還可以用膠帶貼起來很方便。而且價格便宜，有節省費用的好處。

價格均一店販賣的產品就OK了。不過建議選購沒有花紋的產品。（因為花紋的線條會妨礙作業）

如果會在意紙巾上的凹凸不平，可以拿保鮮膜的紙管之類的物品在上面滾動，稍微壓平一點再使用。

厚的廚房紙巾比較堅韌，可以用來製作大尺寸娃娃的底褲或大衣等紙型。此外，還能用線縫加工，某種程度上可以替代布料的功用。

刺繡縫花用待針

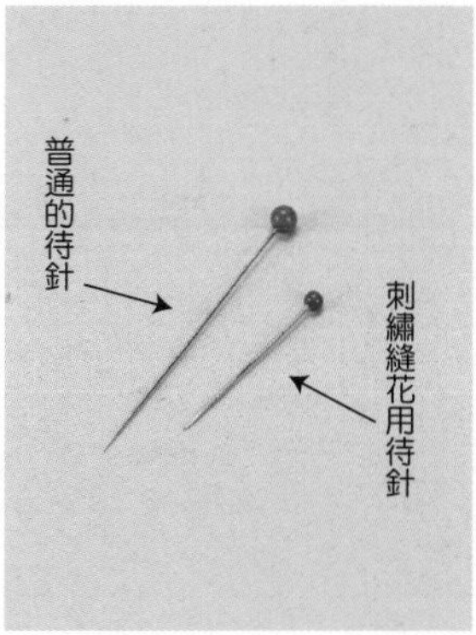

Little House「アップリケ用まち針」
Clover「APPIQUE PIN」

尺寸很小，適合用來製作 1/6 娃娃的紙型。

如果一般尺寸的待針會妨礙作業的話，請使用這種待針。

刺繡縫花用待針拿來製作娃娃服的紙型非常方便，可惜實體店鋪很少販賣，只能透過網路郵購。

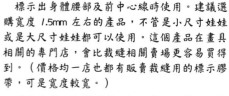

保護膠帶

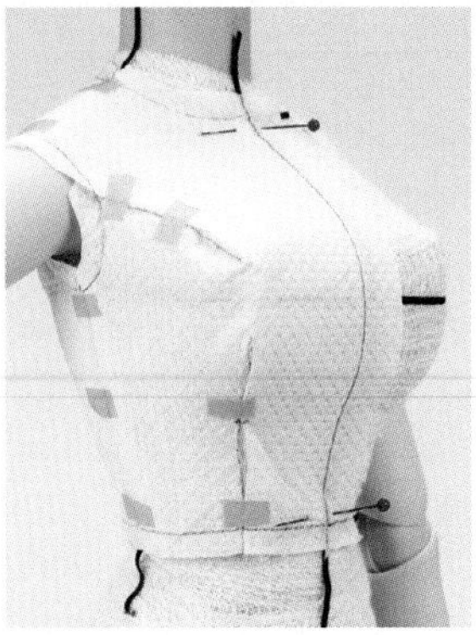

↑也可以代替待針使用！

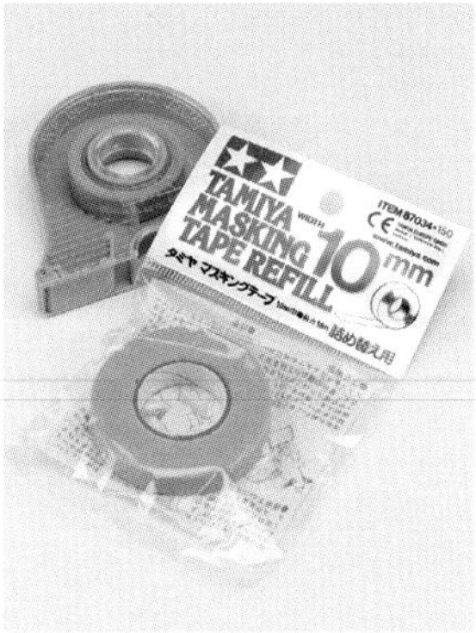

TAMIYA「MASKING TAPE 10mm」

可以用來貼住固定娃娃身體各部位，不讓其在作業中移動；或者是組合廚房紙巾、將布裁斷後配置紋路圖樣時，代替待針使用的方便工具。

最近有很多圖樣時尚漂亮的產品，只要黏性不是太強，撕下後不會殘膠都可以使用。（要注意，家居用品量販店有些商品的黏性會特別強）

只是這個膠帶有可能會直接貼在娃娃的身體上，如果會擔心的人，可以選購由模型製作廠商推出的產品。

隱形膠帶

↑可以用鉛筆在膠帶上畫線！

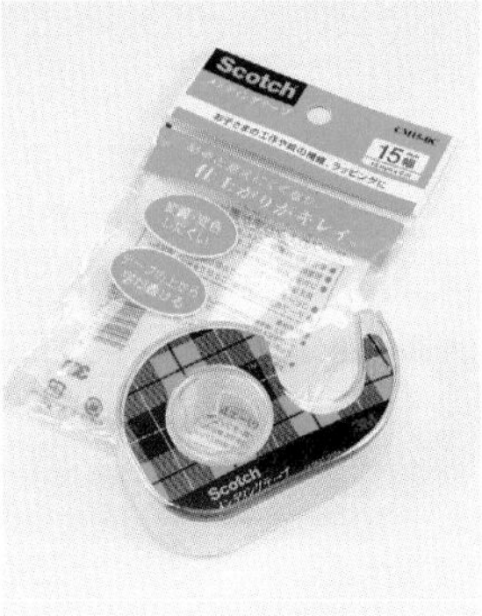

3M「Mending Tape」
18mm X 30m

半透明的膠帶。若不小心將廚房紙巾裁剪過頭，或是把完成後的紙型貼在娃娃身體上修改時很好用。

一般的膠帶時間久了會縮小，造成貼著膠帶的紙張變成凹凸不平。使用隱形膠帶就不用擔心這種問題了。

貼上膠帶後，還可以用鉛筆在上面畫線，非常方便。

方格尺

↑裁縫用的方格尺有特別設計，即使在深色或花布上面也容易看見方格。

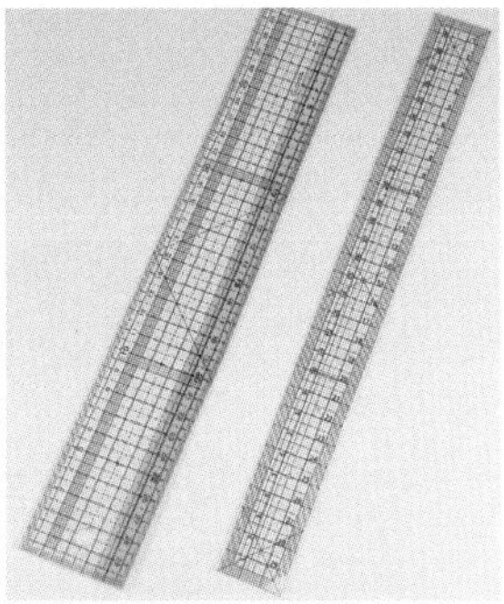

↑建議選購邊緣沒有留白的產品

Clover「方格尺　30cm」
UCHIDA「裁縫方格尺　30cm」

繪製間隔相等的線條時非常方便。也很適合用來標示出紙型的縫份。如果手頭寬裕的話，可以買 2 根 30cm 的方格尺，將其中一根對半切開後，當作 15cm 的尺來使用會更方便。

除了裁縫店之外，畫材行或辦公用品店也有販賣。建議選購邊緣沒有留白，而且長期使用後，印刷格線也不會磨損的產品。裁縫專用尺有特別設計，即使在深色布料上也可以清楚看見格線！

如果有斜線標示會更方便，但沒有也可以自己畫就OK了。

5mm方格紙

↑5mm 的方格大小才不會讓眼睛花掉。

KOKUYO「SECTION PAD B4 5mm 方格」、OKINA「Project Paper A4 5mm 方格」

方格紙的方格標示在複製以廚房紙巾製作的紙型，或是將紙型展開時非常方便。使用 1mm 的方格也可以，不過眼睛容易疲勞，還是建議使用 5mm 的方格。

價格均一店販賣的產品，紙質較厚。建議即時價格較高，仍然使用畫具店或文具店販賣的產品比較方便透寫複製。

製作小尺寸娃娃服時使用 A4 大小，若是也會製作大尺寸娃娃服，則將 B4 大小也一次買齊比較方便。

描圖紙

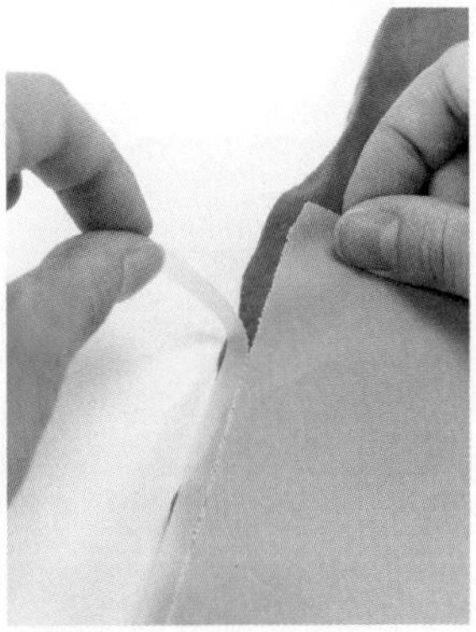

↑線縫後也很容易撕下。

muse「TRACING PAPER 薄口／40g」

半透明的紙張。可以用在複製廚房紙巾製作的紙型時、或是確認紋樣時使用。

描圖紙緊貼覆蓋在物體上會變成幾乎透明，便於使用。不過缺點是太過透明，造成用鉛筆在紙上描繪時，會弄不清楚正反面。經常會發生用橡皮擦擦完了才發現「慘了是反面」的情形。建議在紙張的某處標記小小的「正面」或「正」會比較好。

除了當作描圖用途之外，還可以在拍照片時蓋在光源上調節光量、或是擴散光線，也可以墊在不好縫的薄紙下，以縫紉機縫合等等，用途相當多樣化。

小熨斗

↑與普通的熨斗比較

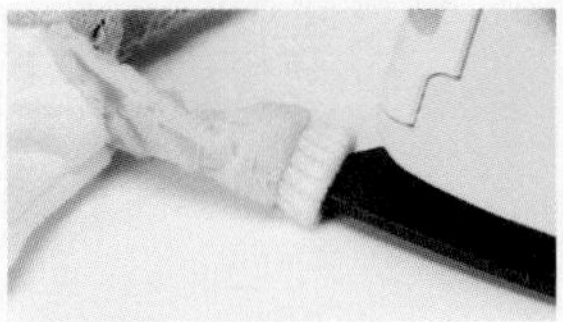

↑前端較細，方便作業

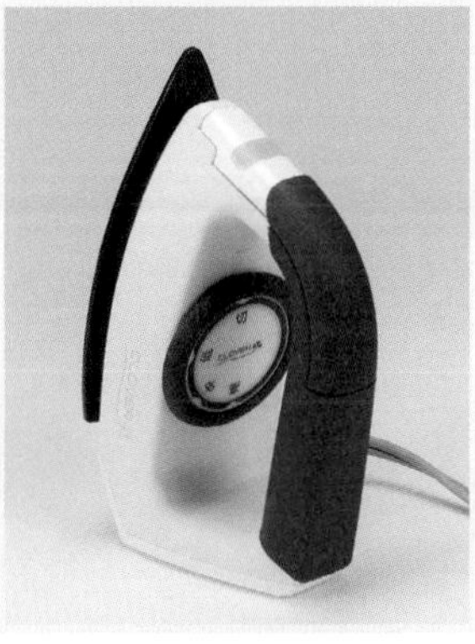

Clover「拼布用小熨斗」

這是拼布用的小熨斗，不過對製作娃娃服來說也是很重要的工具。

市面上還有販售旅行用或是可以噴出蒸氣的舶來產品。建議選用前端較細，能夠調整溫度的產品。

這裏選用的是沒有蒸氣功能的產品。因為沒有蒸氣孔，所以在貼合布襯的時候，重壓布襯也不會留下圓形的痕跡很方便。

除了方便細部作業之外，因為小熨斗溫熱的時間很快，用於稍微熨燙一下自己的襯衫領子或是只燙一條手帕時都很方便。

Chapter *1.*

※

決定設計稿

— DESIGN —

Chapter 1. 決定設計稿

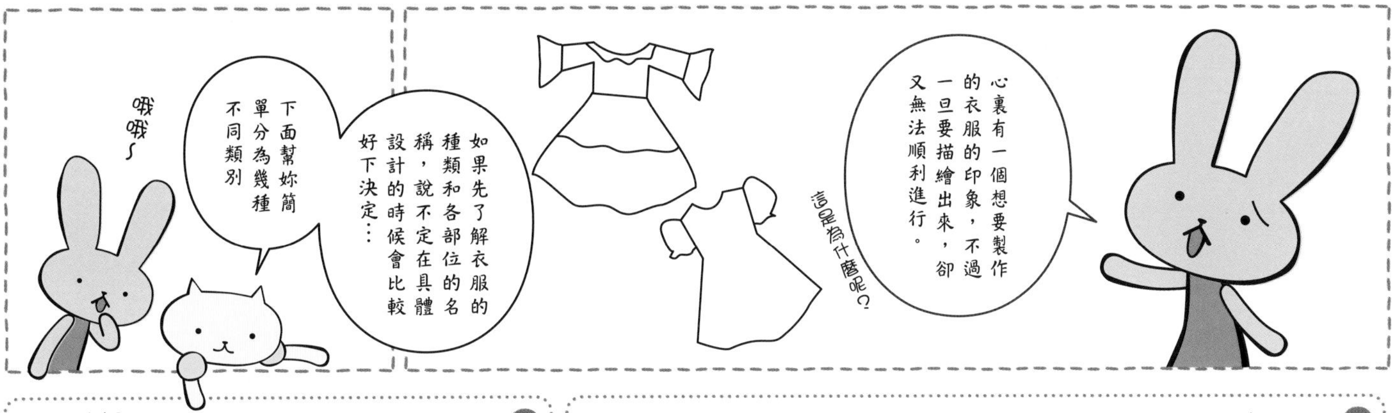
心裏有一個想要製作的衣服的印象，不過一旦要描繪出來，卻又無法順利進行。
這是為什麼呢？
如果先了解衣服的種類和各部位的名稱，說不定在具體設計的時候會比較好下決定……
下面幫妳簡單分為幾種不同類別
哦哦～

連身裙·連身服
連身服（工作服）
吊帶工作服
連身裙

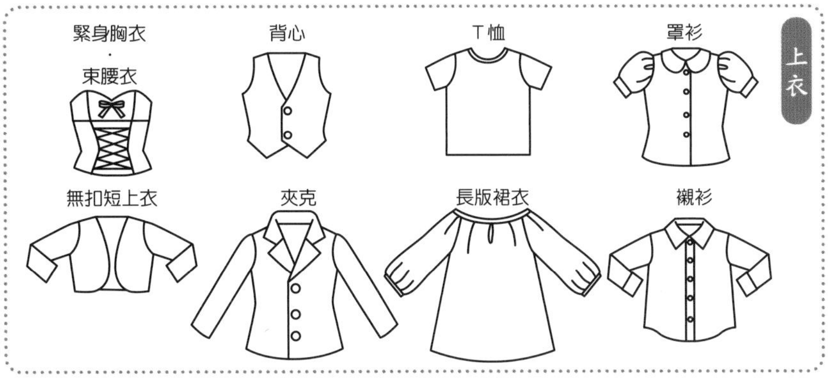
上衣
緊身胸衣·束腰衣
背心
T恤
罩衫
無扣短上衣
夾克
長版裙衣
襯衫

※背心、無扣短上衣、緊身內搭褲、襯裙、貼身長褲有時候也會歸類為配件。

配件
襪子
圍裙

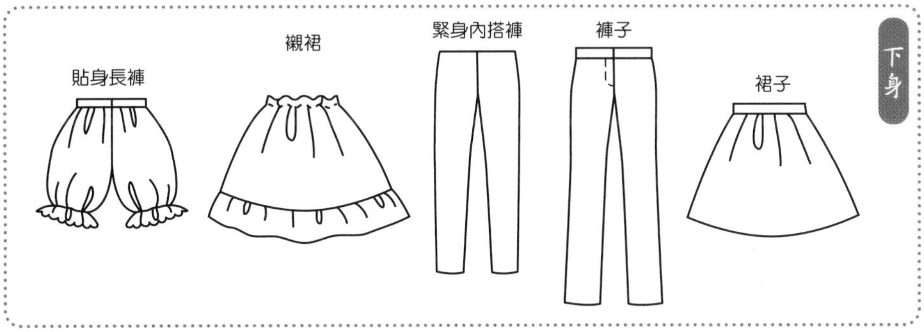
下身
貼身長褲
襯裙
緊身內搭褲
褲子
裙子

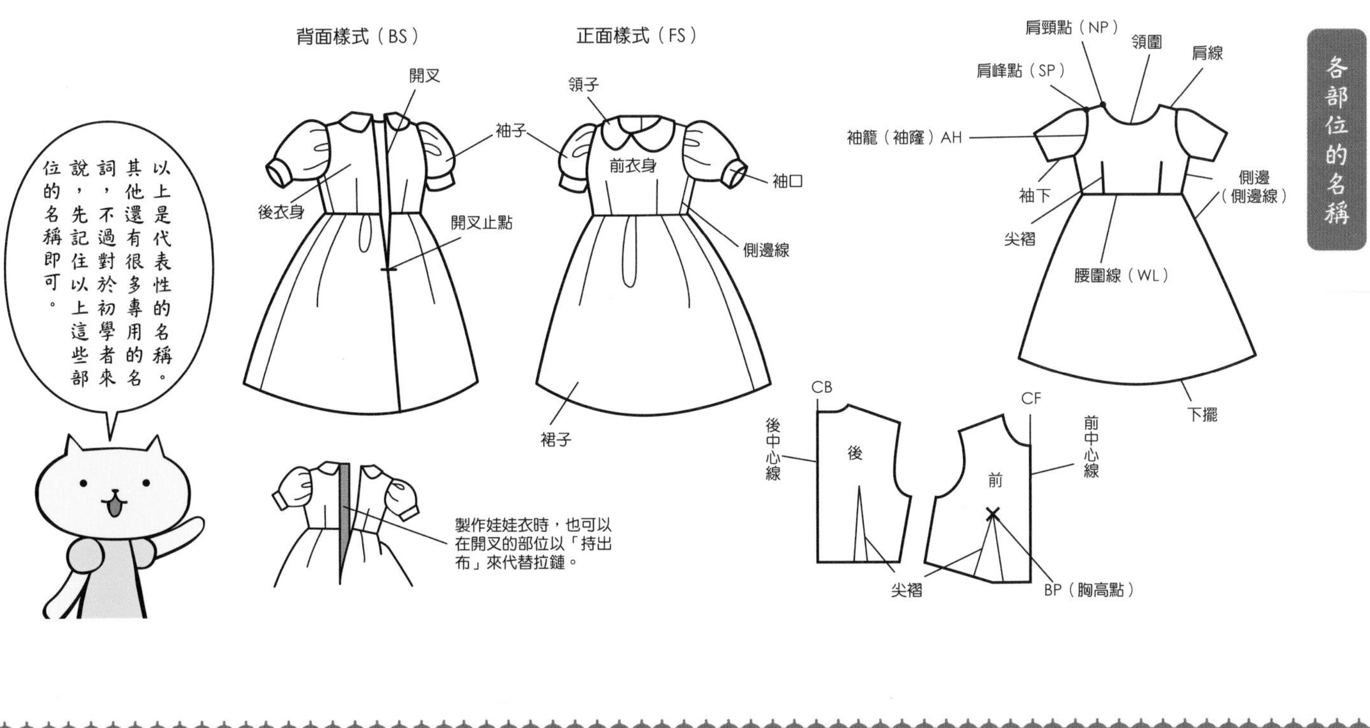
各部位的名稱
背面樣式（BS）
正面樣式（FS）
開叉
領子
袖子
後衣身
前衣身
袖口
開叉止點
側邊線
裙子
製作娃娃衣時，也可以在開叉的部位以「持出布」來代替拉鏈。
以上是代表性的名稱。其他還有很多專用的名詞，不過對於初學者來說，先記住以上這些部位的名稱即可。
肩頸點（NP）
領圍
肩線
肩峰點（SP）
袖籠（袖窿）AH
袖下
側邊（側邊線）
尖褶
腰圍線（WL）
下擺
CB
後中心線
後
CF
前中心線
前
尖褶
BP（胸高點）

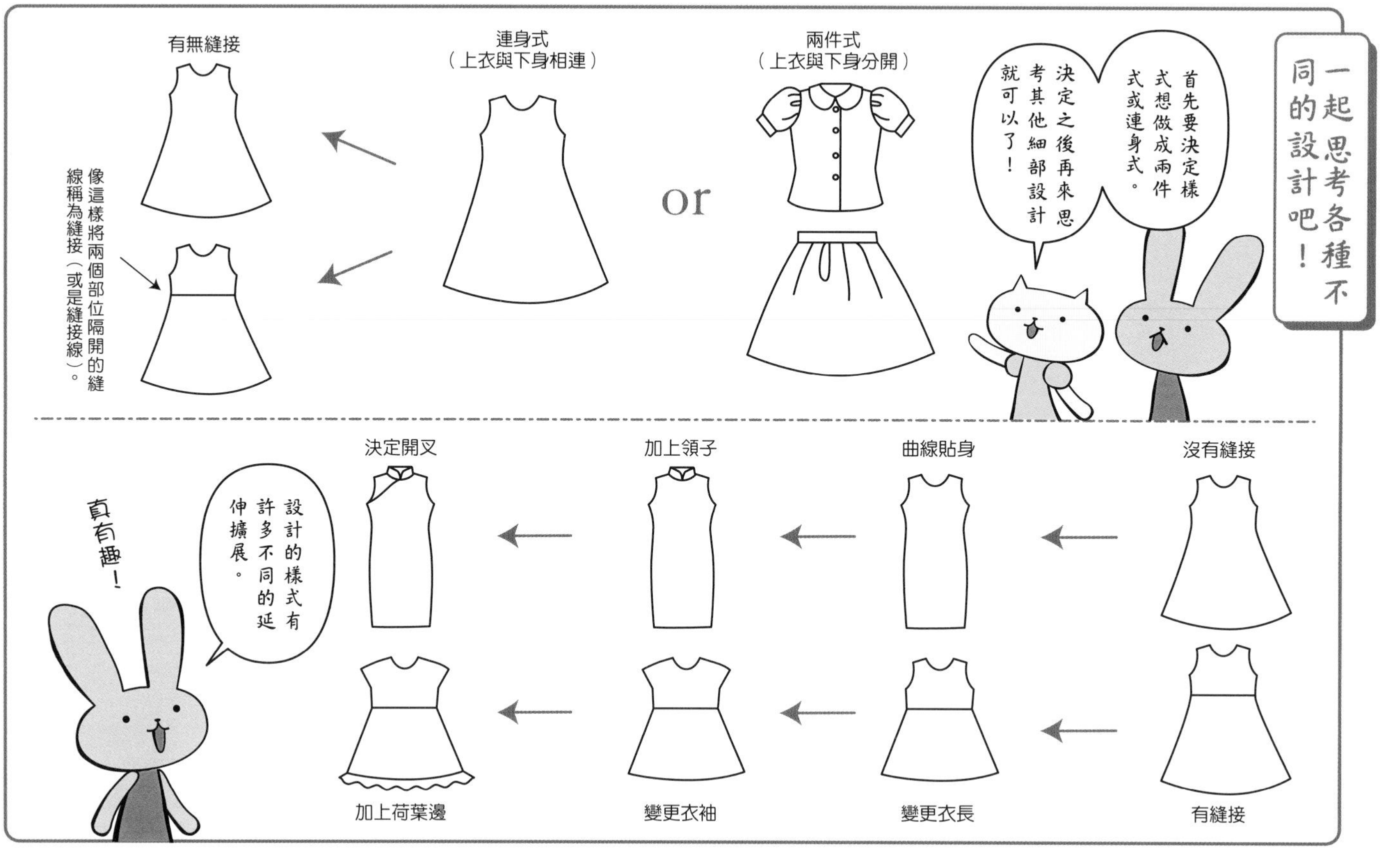
一起思考各種不同的設計吧！
有無縫接
連身式
（上衣與下身相連）
or
兩件式
（上衣與下身分開）
首先要決定樣式想做成兩件式或連身式。
決定之後再來思考其他細部設計就可以了！
像這樣將兩個部位隔開的縫線稱為縫接（或是縫接線）。
沒有縫接
曲線貼身
加上領子
決定開叉
有縫接
變更衣長
變更衣袖
加上荷葉邊
設計的樣式有許多不同的延伸擴展。
真有趣！

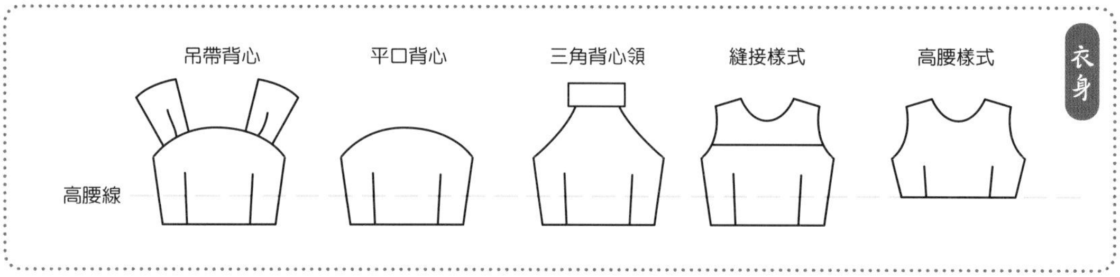
衣身
吊帶背心
平口背心
三角背心領
縫接樣式
高腰樣式
高腰線

一般樣式

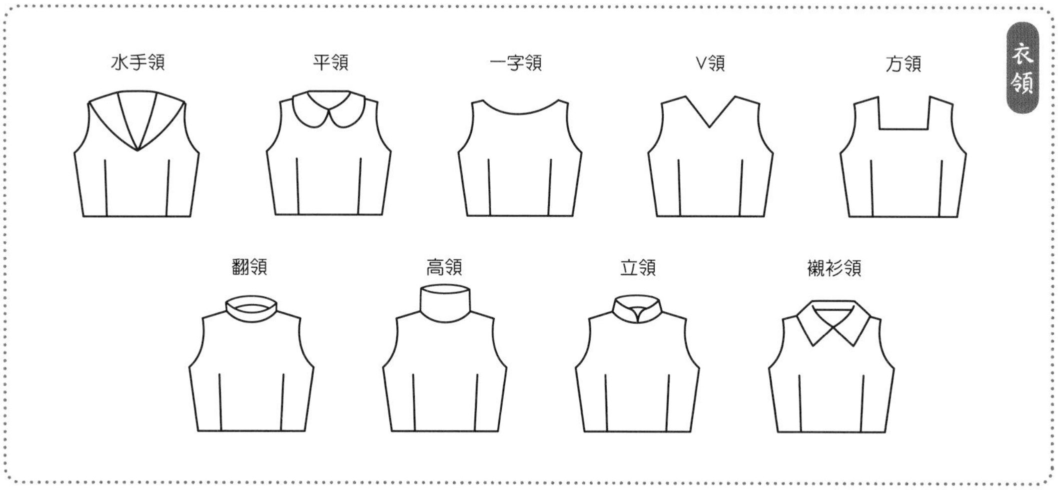
衣領
水手領
平領
一字領
V領
方領
翻領
高領
立領
襯衫領

複製左邊的插圖，試著去思考各種不同的設計吧！
讓我來加上一些荷葉邊～♪

FS
BS

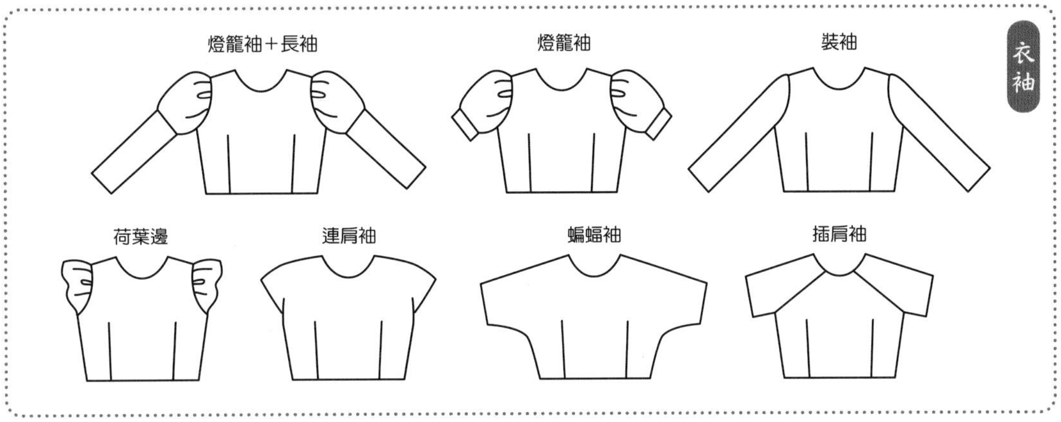
衣袖
燈籠袖＋長袖
燈籠袖
裝袖
荷葉邊
連肩袖
蝙蝠袖
插肩袖

設計時將背面樣式也一起描繪出來吧！
別忘了開叉也要畫哦！

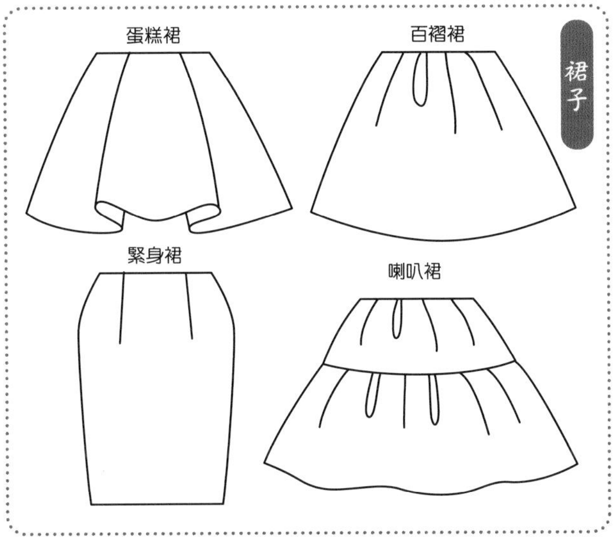
裙子
蛋糕裙
百褶裙
緊身裙
喇叭裙

連身裙
緊身連身裙
A字連身裙

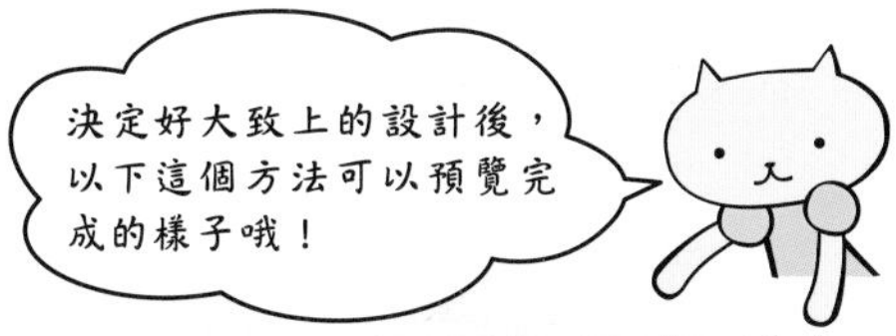
決定好大致上的設計後，以下這個方法可以預覽完成的樣子哦！

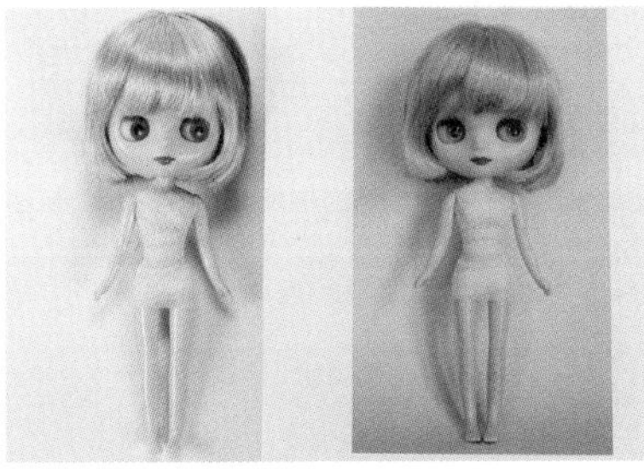

拍攝娃娃的正面照片，然後列印成等身大的紙張。

↓注意不要變成這個樣子↓

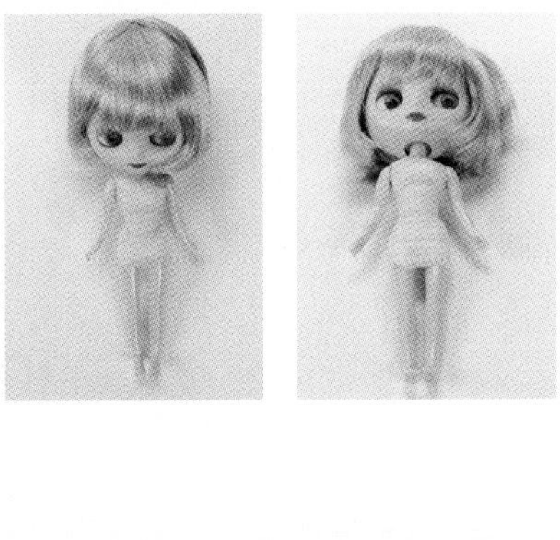
俯看
仰望

將描圖紙覆蓋在照片上，以完成的樣式設計圖為基礎，畫上自己喜歡的設計。

因為是原寸大的關係，幾乎可以直接量出想要製作的肩寬及裙子的長度等尺寸。

如此一來，描繪出來的設計圖，就會相當接近衣服完成後的樣貌呢！

Chapter 2.

製作原型

— BODICE I —

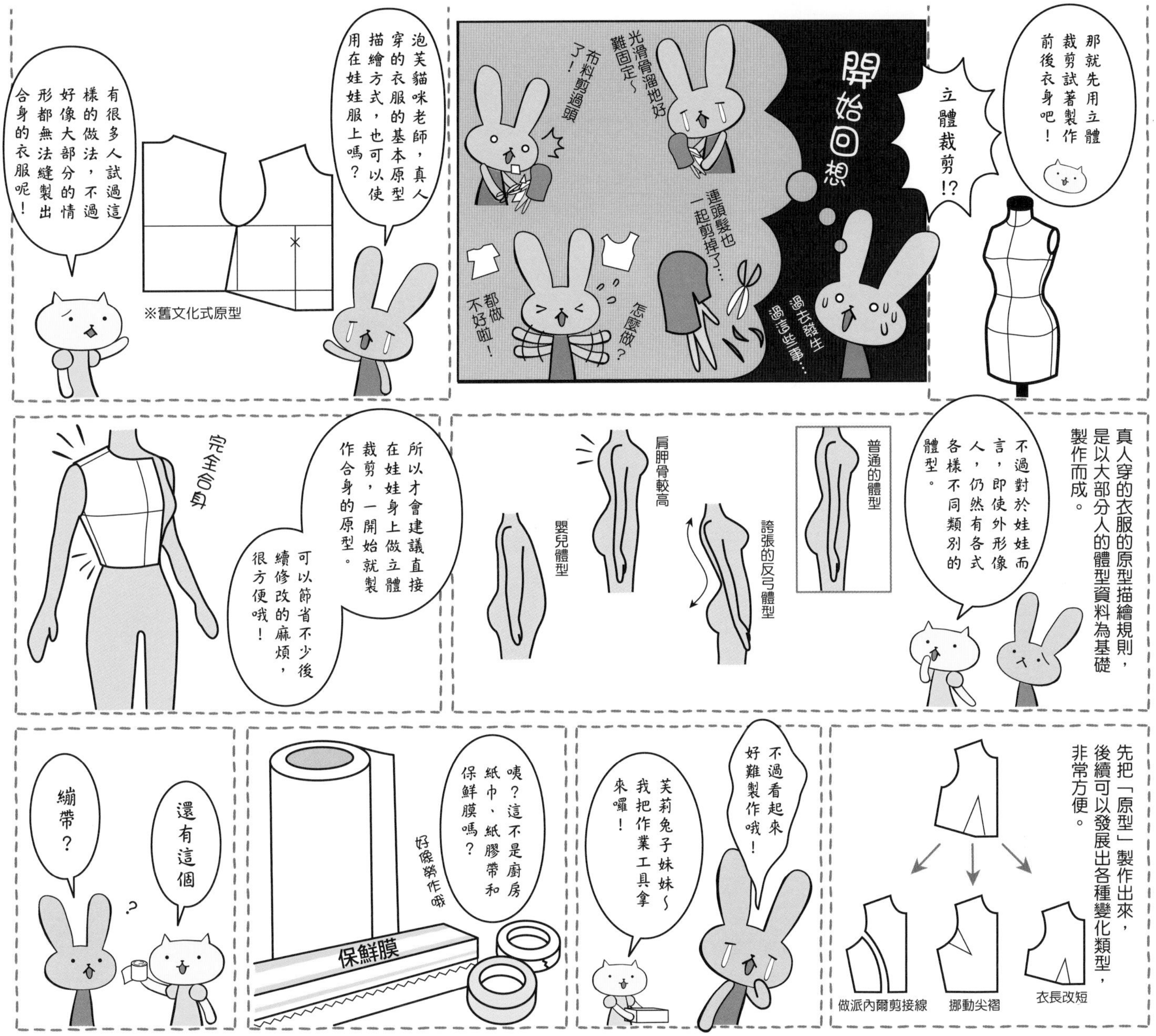
那就先用立體裁剪試著製作前後衣身吧！
立體裁剪!?
開始回想
過去發生過這些事…
連頭髮也一起剪掉了…
怎麼做？
都做不好啦！
光滑骨溜地好難固定～
布料剪過頭了！
泡芙貓咪老師，真人穿的衣服的基本原型描繪方式，也可以使用在娃娃服上嗎？
有很多人試過這樣的做法，不過好像大部分的情形都無法縫製出合身的衣服呢！
※舊文化式原型
真人穿的衣服的原型描繪規則，是以大部分人的體型資料為基礎製作而成。
不過對於娃娃而言，即使外形像人，仍然有各式各樣不同類別的體型。
普通的體型
誇張的反弓體型
肩胛骨較高
嬰兒體型
所以才會建議直接在娃娃身上做立體裁剪，一開始就製作合身的原型。
可以節省不少後續修改的麻煩，很方便哦！
完全合身
先把「原型」製作出來，後續可以發展出各種變化類型，非常方便。
做派內爾剪接線
挪動尖褶
衣長改短
不過看起來好難製作哦！
芙莉兔子妹妹～我把作業工具拿來囉！
咦？這不是廚房紙巾、紙膠帶和保鮮膜嗎？
好像勞作哦
保鮮膜
還有這個
繃帶？

做好準備

用保鮮膜來保護臉部及頭髮

如果是頭部無法取下的娃娃，為了避免作業中不慎弄傷臉部，可以用保鮮膜輕輕地包覆起來保護。

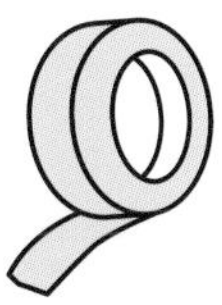

使用紙膠帶固定，後續拆開保鮮膜的作業會比較方便。

保鮮膜

※作業完成後請儘快將保鮮膜除下，以免造成模型走樣。

雖然娃娃的樣子看起來好像很可憐，不過在作業結束前請稍微忍耐一下。

將繃帶纏繞在身體上

將彈性繃帶一邊用力拉緊一邊纏繞在身體上，不要使其鬆動脫落。

肩膀也要纏（只要纏單邊即可，但如果不好纏的話也可以兩邊都纏）
不要出現高低落差
一直纏繞到臀圍線下方，然後摺進內側

如果使用自黏性繃帶的話，不容易鬆脫，作業起來更方便。

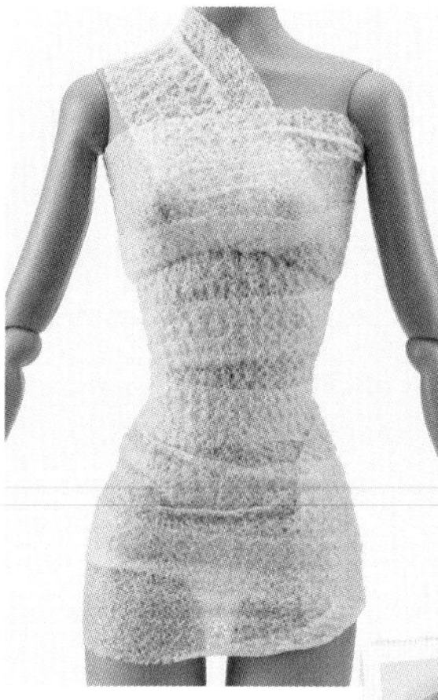

※依繃帶的材質不同，有可能會對娃娃身體造成影響，請確認安全無虞之後再使用。

POINT

大胸部的大尺寸娃娃，可以先在乳溝塞入綿花，以免繃帶凹陷進去。

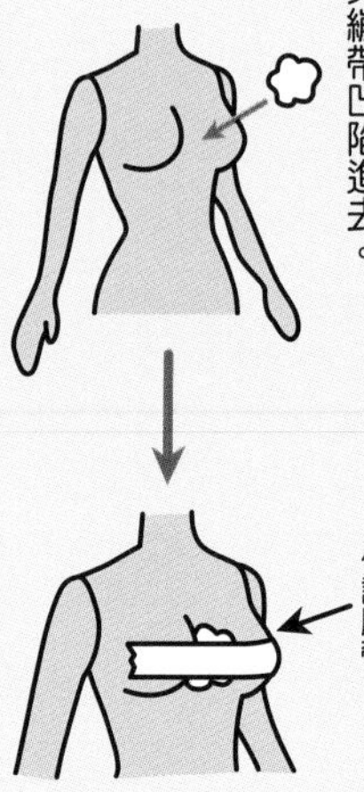
保護膠帶

※如果直接將保護膠帶貼在身體上的話，作業完記得要馬上撕下來。

將繃帶纏繞在身體上的好處

☆ 可以預留鬆份

☆ 可以有釘上待針的效果

☆ 可以保護娃娃身體

如果沒有預留鬆份的話，完成後，有時背後的開叉會變得無法閉合。
人家好不容易才完成的說！

如有裏布的話，縫份的部分就會變成4層布料的厚度了。

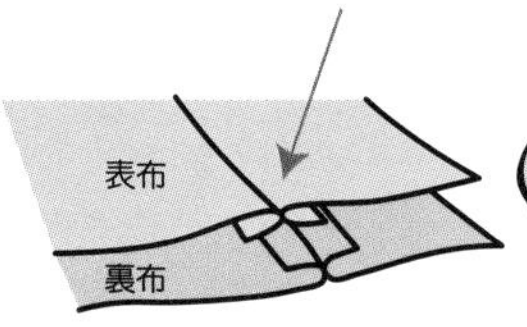
表布
裏布

如果立體裁剪時先預留鬆份，就可以直接使用不需要再修正版型，可以節省下不少作業時間。

不過如果是像這樣的情形，作業時不纏繞繃帶，而是用保護膠帶來代替待針也沒有關係

☑ 繃帶老是鬆脫，無論如何都難以作業時

☑ 娃娃的尺寸太小，無法纏繞繃帶時

☑ 想要用薄布料製作貼身的衣服時

將標線膠帶纏繞在身體上

這是什麼呀？
這個叫做標線膠帶哦！

不同的娃娃，方便使用的膠帶寬度也不同，建議使用 1.5mm 左右的產品。

身體曲線膠帶、IC膠帶、製圖用膠帶，這個膠帶的名稱有很多。請選購黑色的產品。

手邊常備一捲，作業很方便哦！

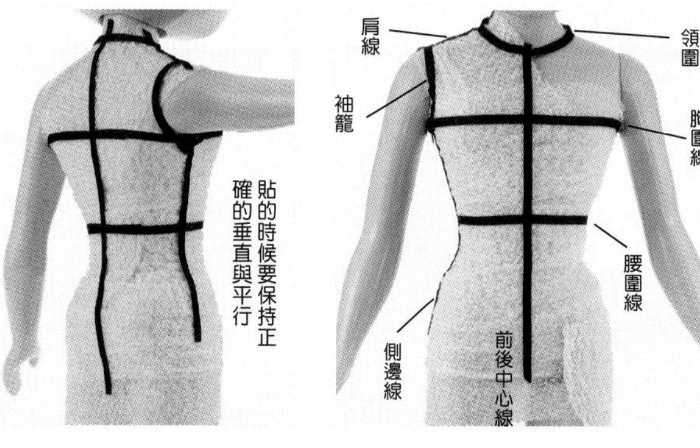
領圍
肩線
袖籠
胸圍線
腰圍線
前後中心線
側邊線
貼的時候要保持正確的垂直與平行

標示肩線與側邊線時，可以一邊在心裏想像縫製衣服時「縫線如果落在這個位置一定很漂亮～」一邊決定位置。

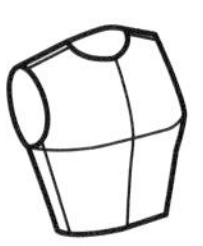

將身體拿遠一點觀察，比較容易看出標線是否有平行。

娃娃的身體變得好像人體模型哦！

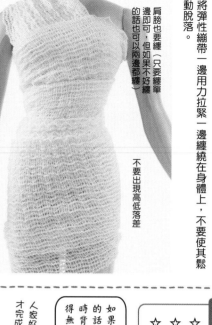

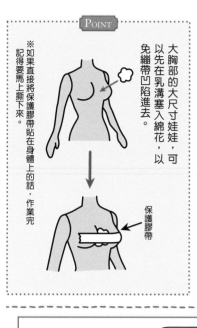

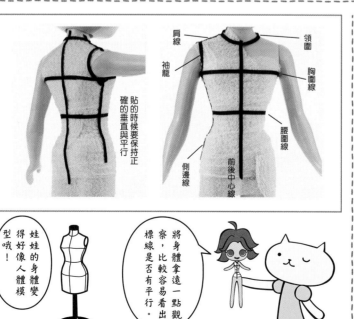

將廚房紙巾裁剪成適當大小，在上面描繪線條

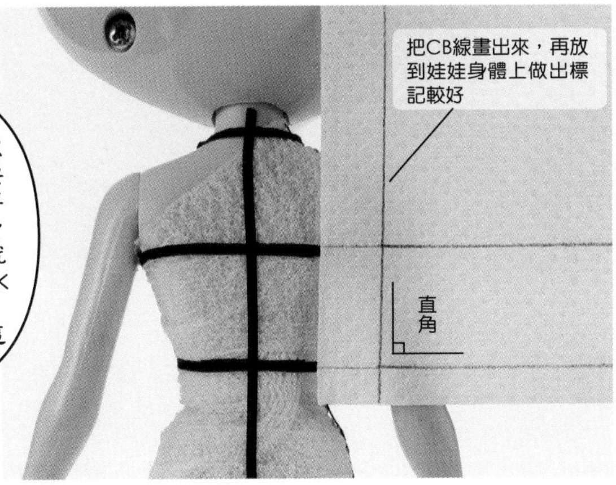
把CB線畫出來，再放到娃娃身體上做出標記較好
直角

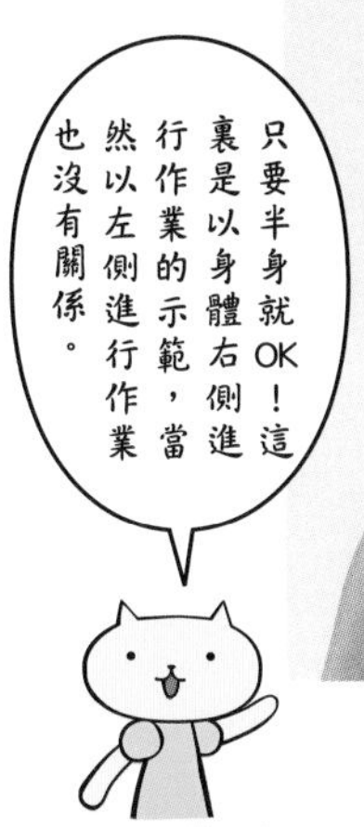
只要半身就OK！這裏是以身體右側進行作業的示範，當然以左側進行作業也沒有關係。

使用廚房紙巾來進行立體裁剪

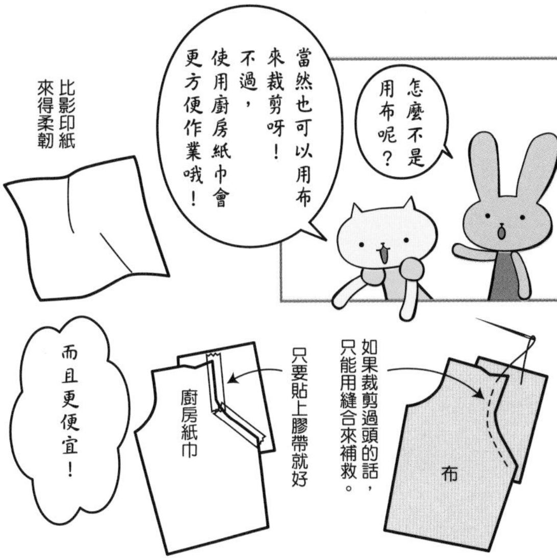
怎麼不是用布呢？
當然也可以用布來裁剪呀！不過，使用廚房紙巾會更方便作業哦！
比影印紙來得柔韌
如果裁剪過頭的話，只能用縫合來補救。
布
只要貼上膠帶就好
廚房紙巾
而且更便宜！

製作後衣身

①將紙巾蓋在身體上，然後配合後中心線及胸圍線，以待針將這3點標示出來。

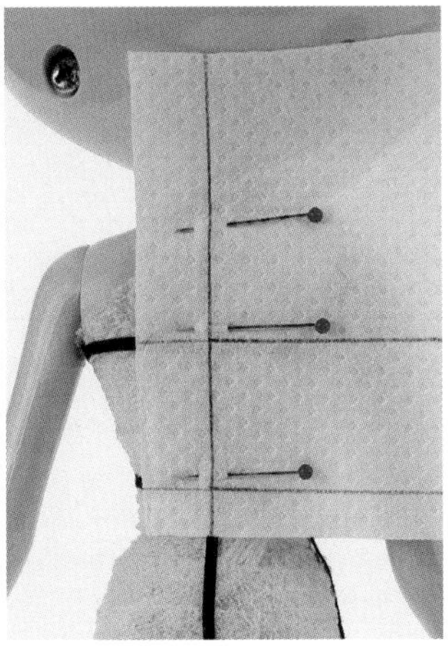

②將紙巾配合身體胸圍線的高度平行纏繞，並在腋下以待針固定。

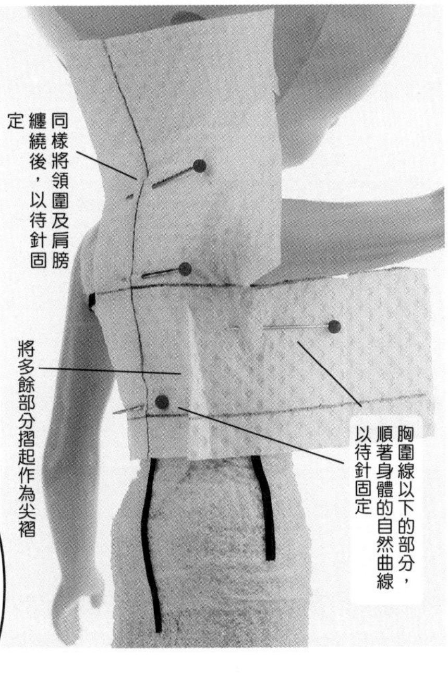
同樣將領圍及肩膀纏繞後，以待針固定
將多餘部分摺起作為尖褶
胸圍線以下的部分，順著身體的自然曲線以待針固定

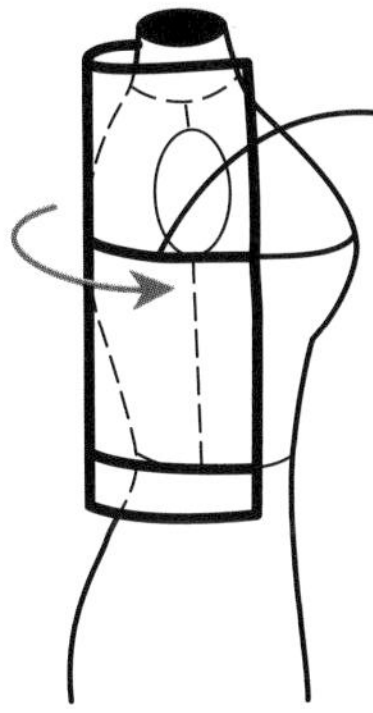
纏繞時要緊貼著身體

不好纏繞時，請參考以下方法～

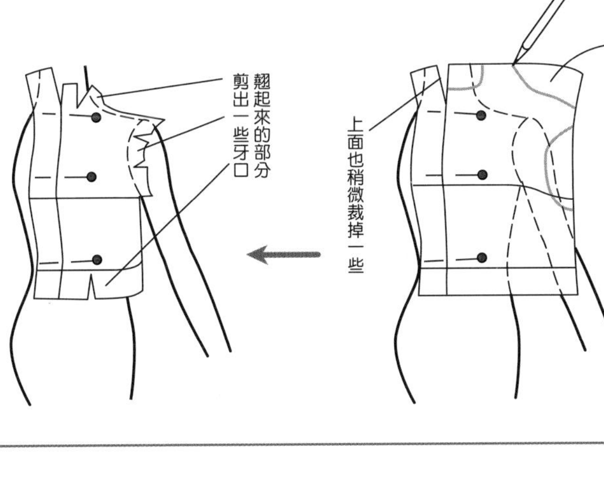
透過紙巾觀察身體的曲線，描繪出不要的部分，然後將其剪下
上面也稍微裁掉一些
翹起來的部分剪出一些牙口

POINT
如果手臂太礙事不好纏繞的話，請將多餘的部分先裁掉

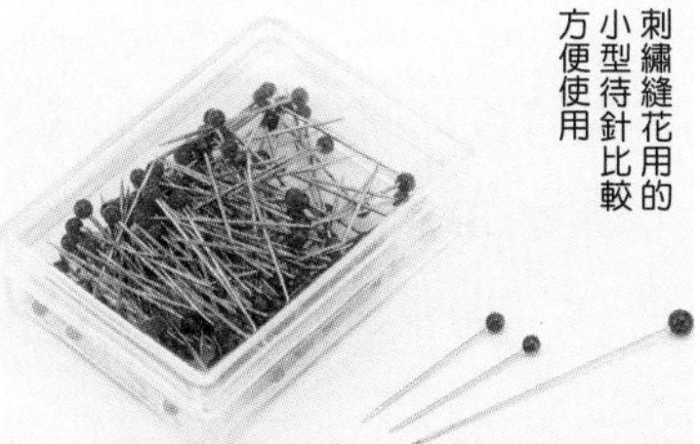

刺繡縫花用的小型待針比較方便使用

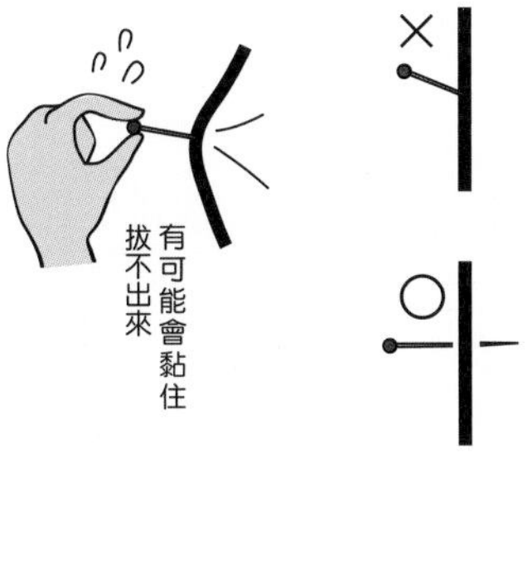
刺入待針時請避開標線膠帶
有可能會黏住拔不出來

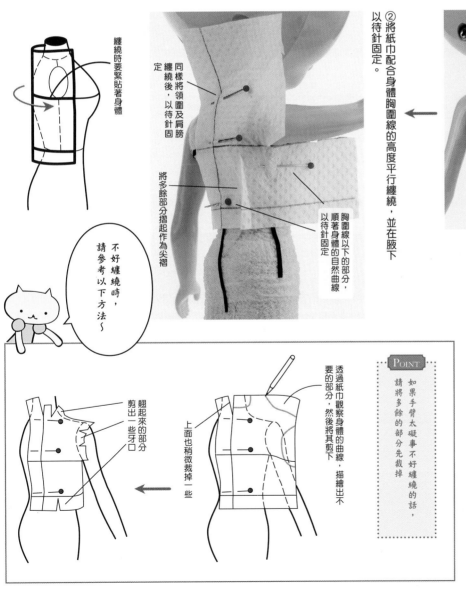

③用鉛筆將領圍、側邊、尖褶的線條描繪到紙巾後，將紙巾取下。（千萬別忘了描繪線條）

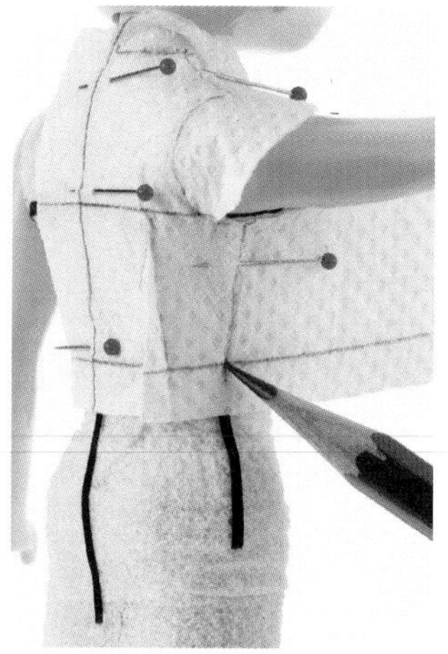

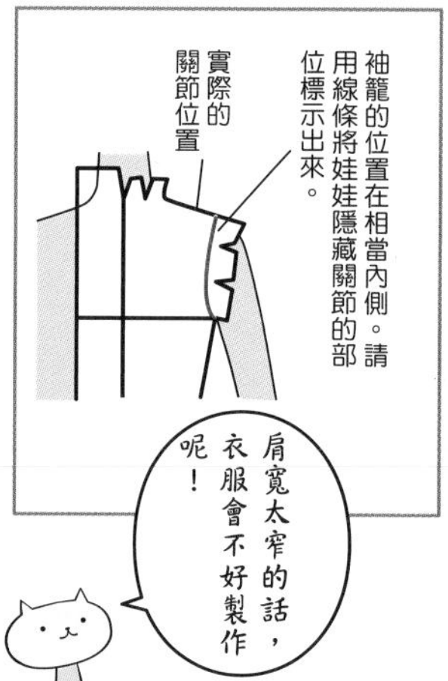

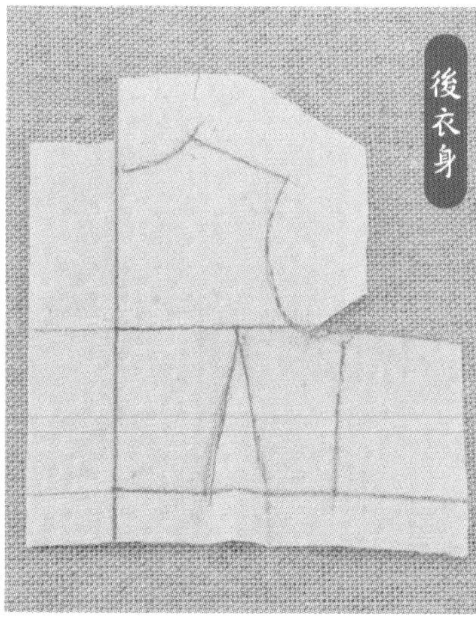

製作前衣身

①用待針將胸高點（胸部位置最高的地方）固定，然後將紙巾沿著胸圍線平行纏繞。

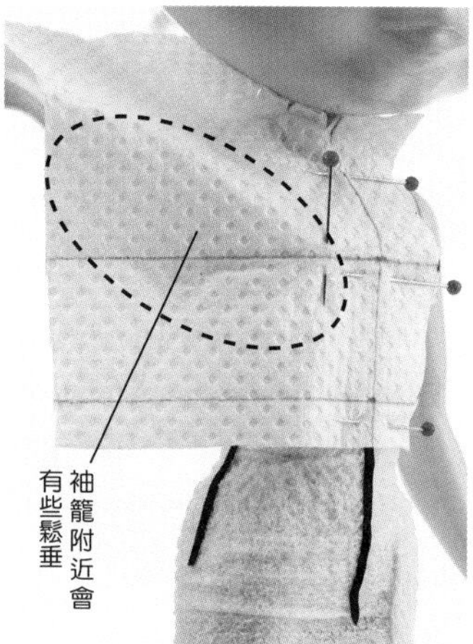

②以胸圍線為支點，傾斜纏繞，讓袖籠附近不再鬆垂。

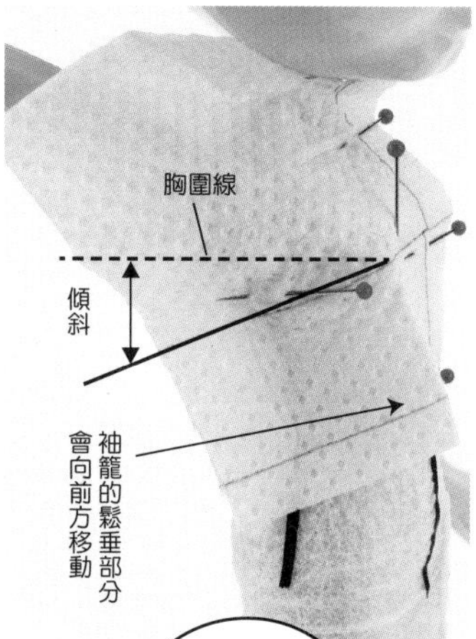

③將鬆垂的部分摺起來作成尖褶

④領圍與肩膀也纏繞紙巾，並以待針固定，接著用鉛筆將標線描繪到紙上。

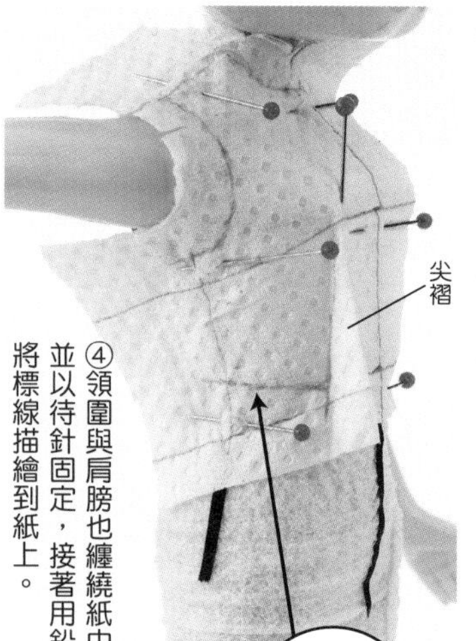

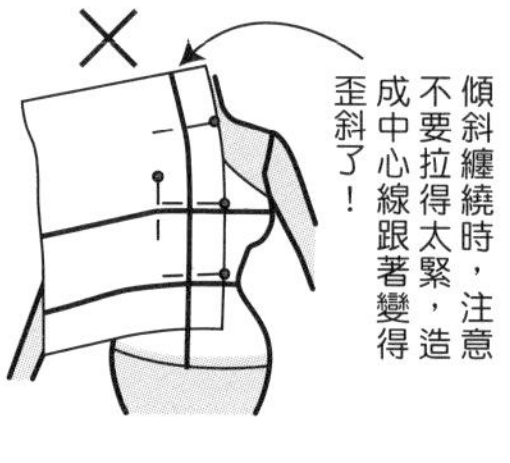

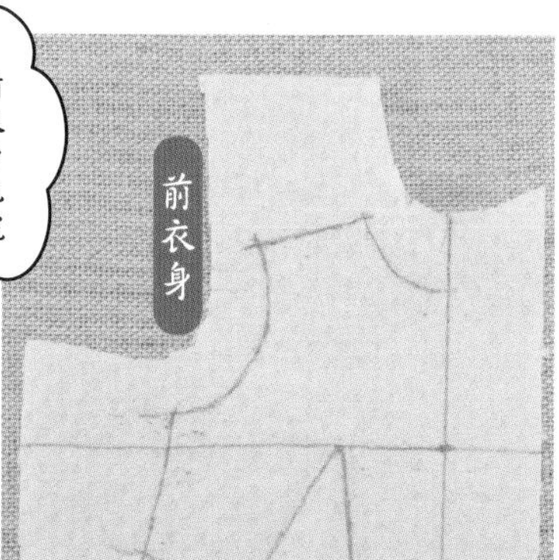

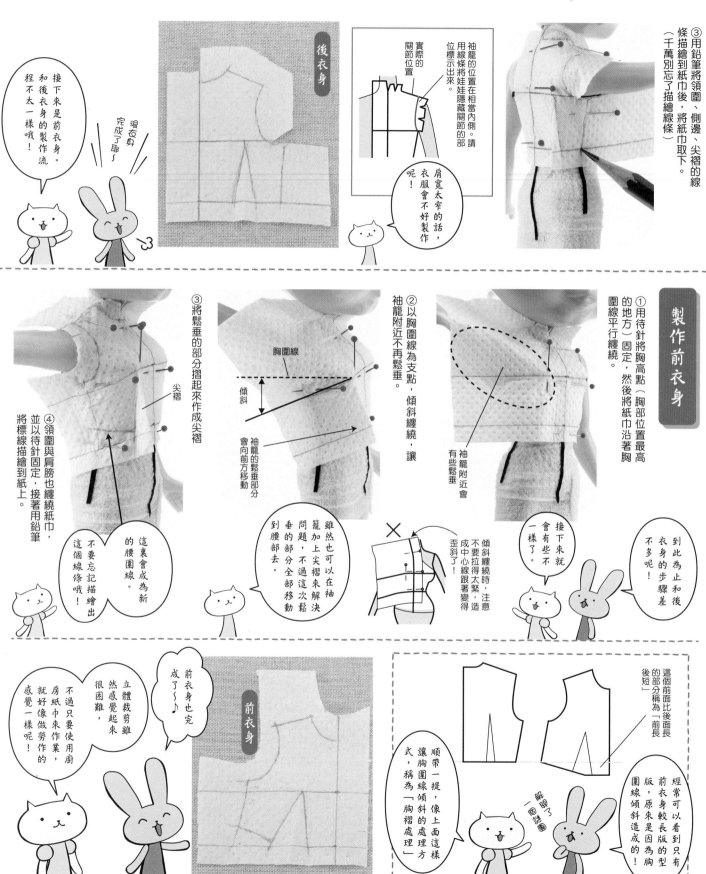

將紙型組合起來

把做好的紙型試著組合起來看看！
咦？可是還沒有完成耶？

將製作好的紙型攤開，在周圍留下適當的縫份後剪下

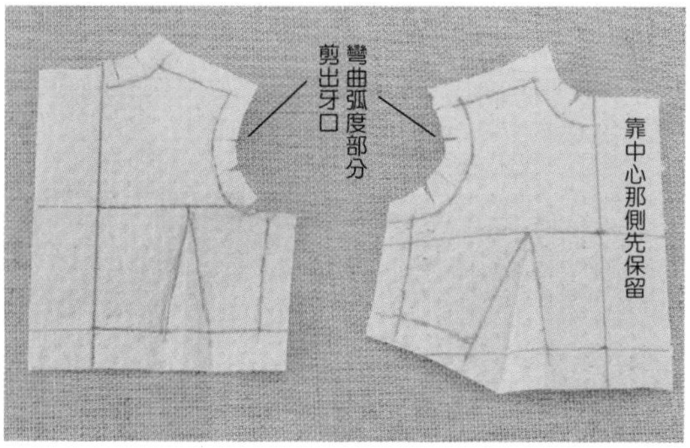
靠中心那側先保留
彎曲弧度部分剪出牙口

破掉的部分，不是用透明膠帶，而是要用隱形膠帶來補強、修復

如果紙巾變得皺巴巴的話，可以描繪在新的廚房紙巾上，重新製作一份！

※隱形膠帶上面可以用鉛筆畫線，而且長時間保存也不會收縮變形，是用來修正紙型的便利工具。

將紙型折成立體

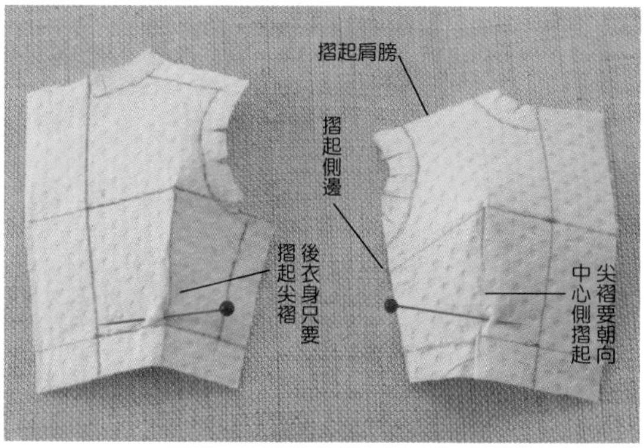
摺起肩膀
摺起側邊
尖褶要朝向中心側摺起
後衣身只要摺起尖褶

修正的時候雖然使用膠帶也可以，不過待針會比較方便拆除

將紙型組合起來

將後衣身肩膀與側邊重疊部分的縫份以待針固定

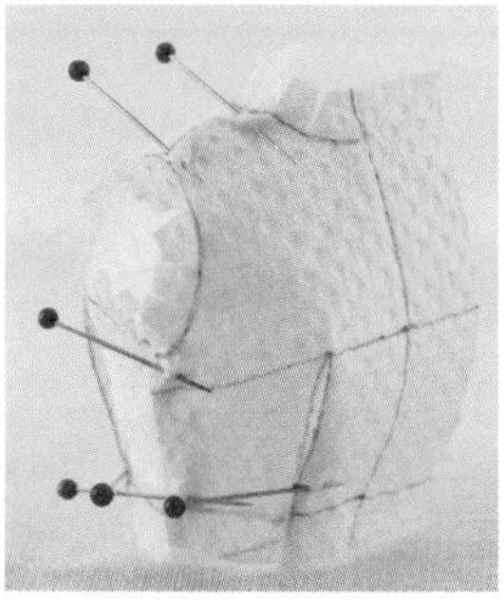

看起來有點像衣服了！
開心開心

穿在身體上

①對齊前中心線，用待針固定

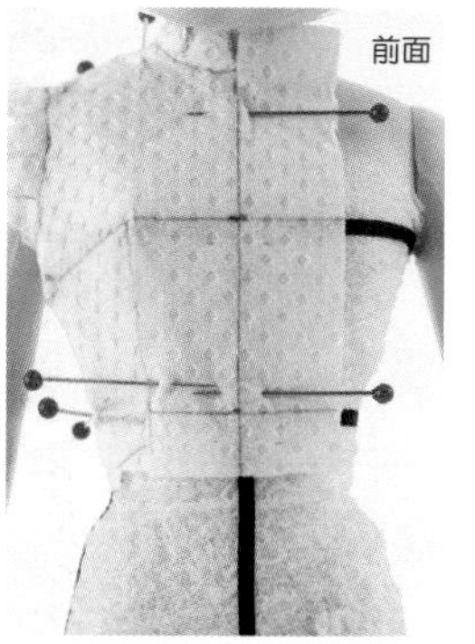
前面

②輕拉後衣身，使其緊貼於身體上

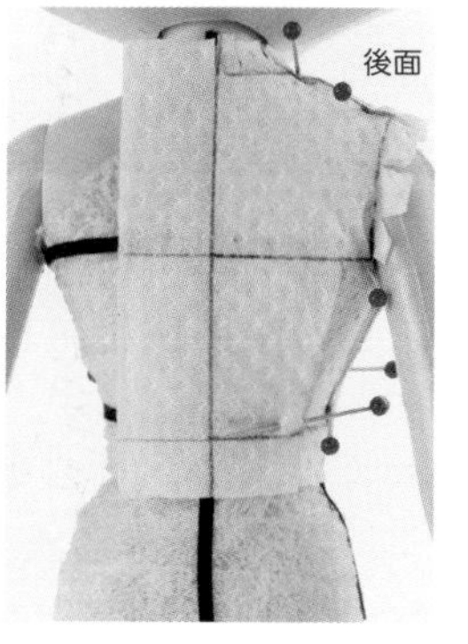
後面

③確認尖褶、肩膀與側邊線條，以及穿在身上的外形輪廓，修正看起來不自然的部分

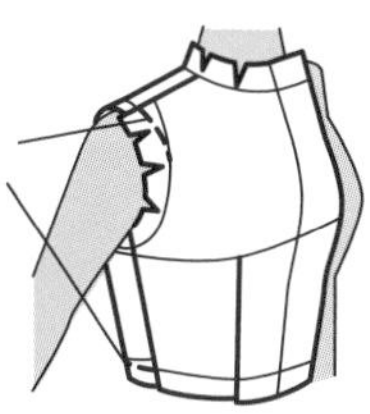
將不連貫移位的線條重新畫好

打一個×做個記號，以免從身上取下時弄混了

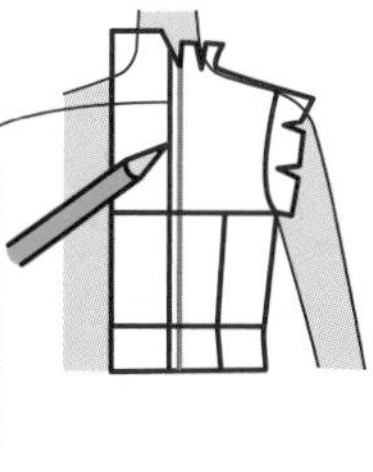
將尖褶及縫份向內摺後的布料厚度，有時會造成後中心線的位置跑掉
重新畫一條與原來線條平行的線條

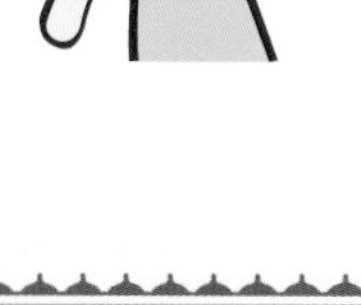
在這個步驟盡可能將可以修正的部分都處理完畢。
後面使用布料正式製作時，會減少非常多需要補正的作業哦！

描繪在紙上，作業完成！

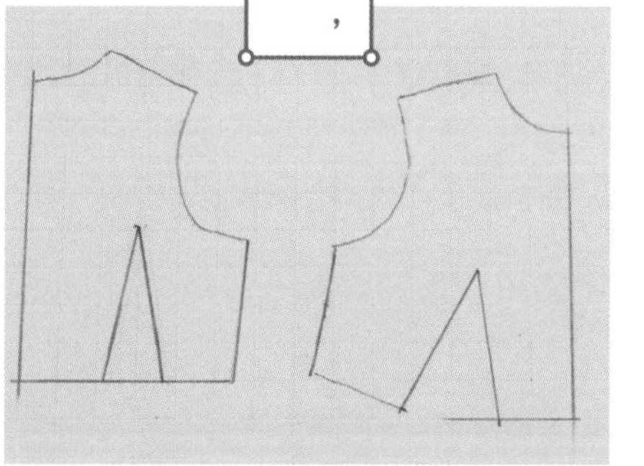

完成了～～！

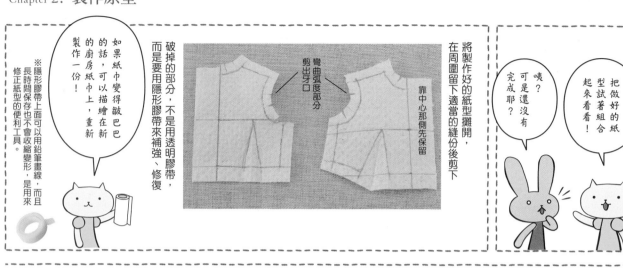

修正紙型

後尖褶的形狀變得奇怪的時候

尖褶的形狀如果不是等腰三角形會不好縫合，所以要進行修正

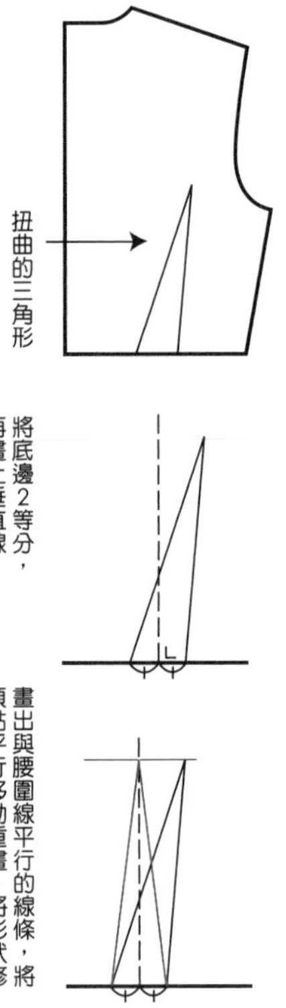
扭曲的三角形
將底邊2等分，再畫上垂直線
畫出與腰圍線平行的線條，將頂點平行移動重畫，將形狀修正為等腰三角形為止

消去後尖褶的方法

這是在側邊將尖褶分的布料剪下的方法

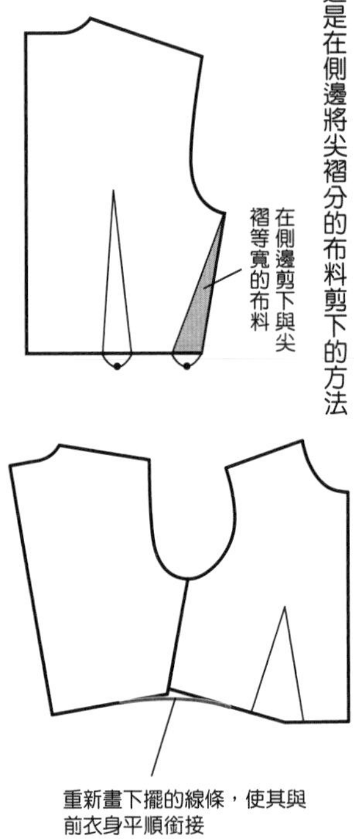
在側邊剪下與尖褶等寬的布料
重新畫下擺的線條，使其與前衣身平順銜接

POINT

小尺寸的娃娃不要製作後尖褶，才會顯得比較俐落，因此製作紙型時也可以省尖褶

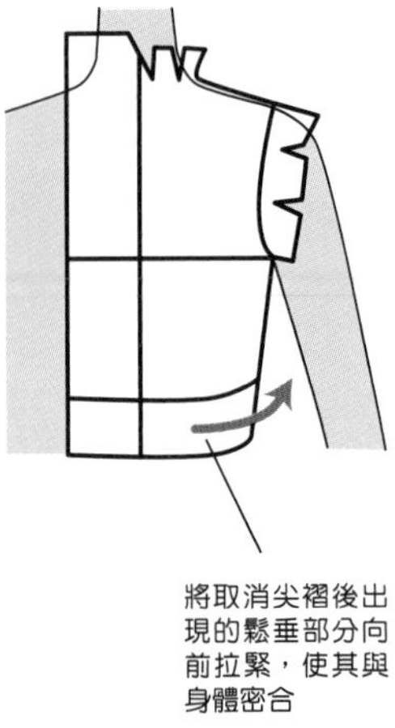
將取消尖褶後出現的鬆垂部分向前拉緊，使其與身體密合

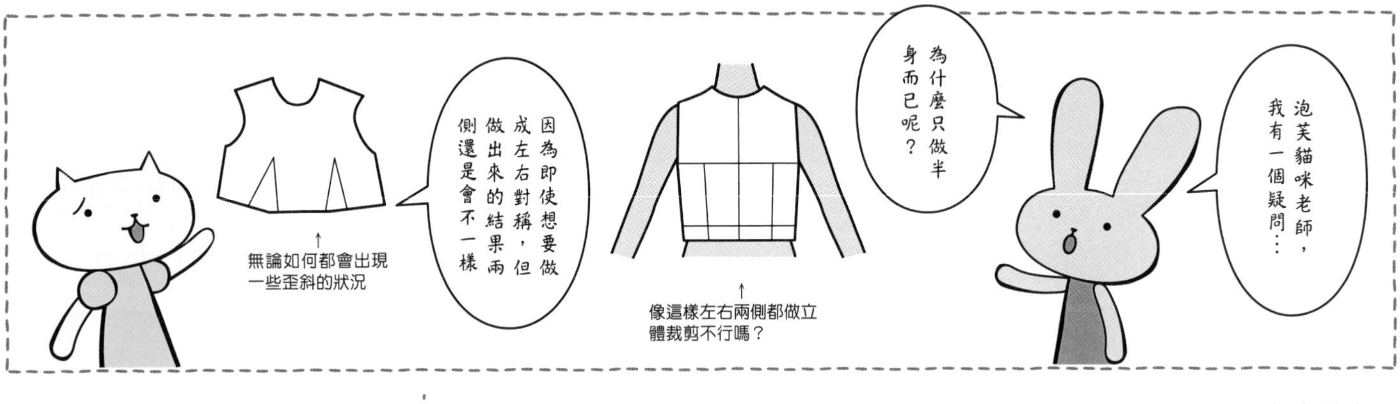
泡芙貓咪老師，我有一個疑問…
為什麼只做半身而已呢？
像這樣左右兩側都做立體裁剪不行嗎？
因為即使想要做成左右對稱，但做出來的結果兩側還是會不一樣
無論如何都會出現一些歪斜的狀況

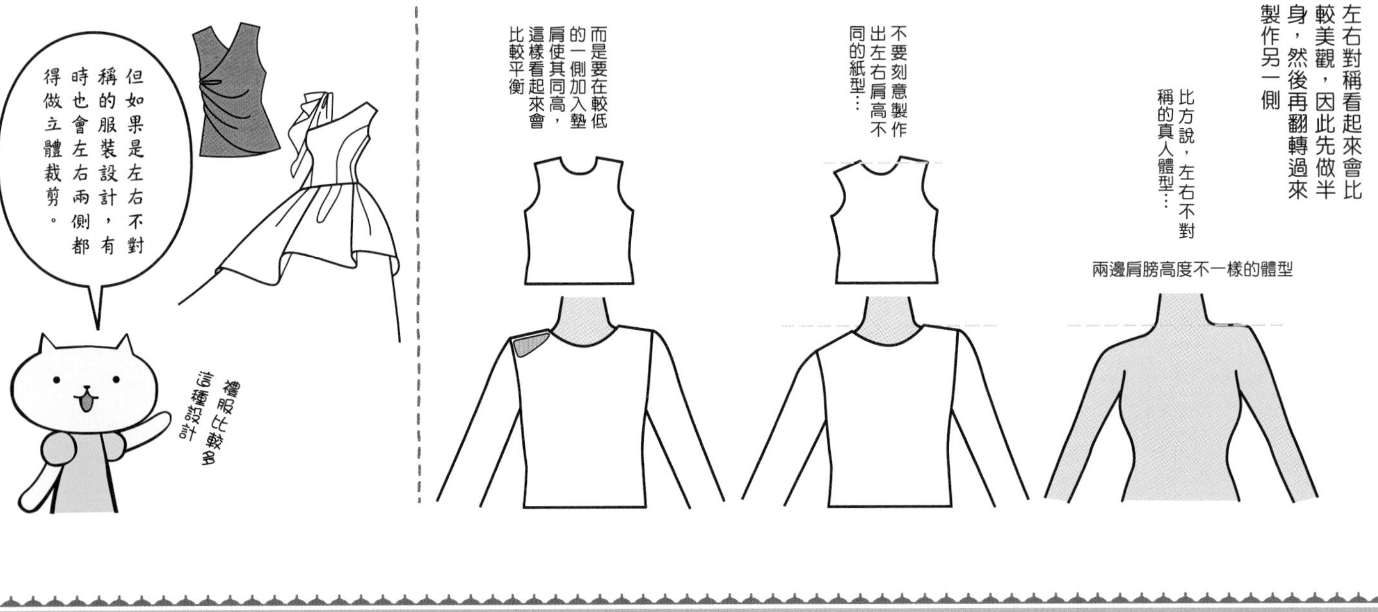
左右對稱看起來會比較美觀，因此先做半身，然後再翻轉過來製作另一側
比方說，左右不對稱的真人體型…
兩邊肩膀高度不一樣的體型
不要刻意製作出左右肩高不同的紙型…
而是要在較低的一側加入墊肩使其同高，這樣看起來會比較平衡
但如果是左右不對稱的服裝設計，有時也會左右兩側都得做立體裁剪。
禮服比較多這種設計

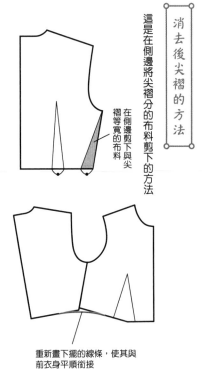

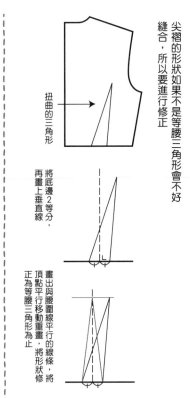

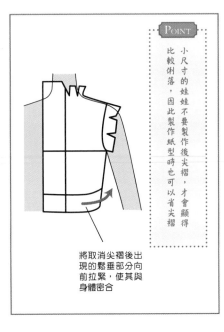

Chapter *3*.

巨乳體型的原型

— BODICE Ⅱ —

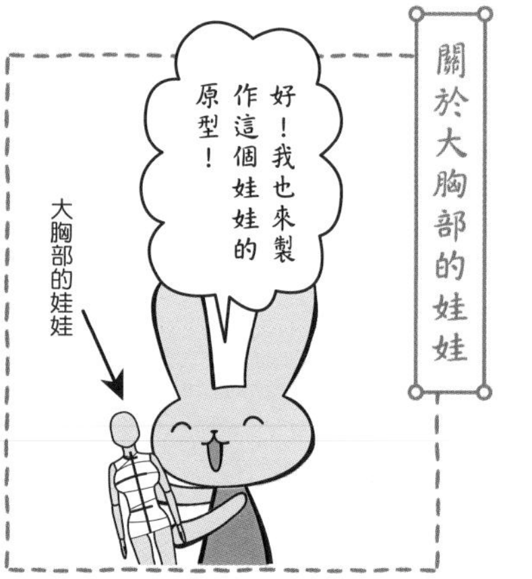
關於大胸部的娃娃
好！我也來製作這個娃娃的原型！
大胸部的娃娃

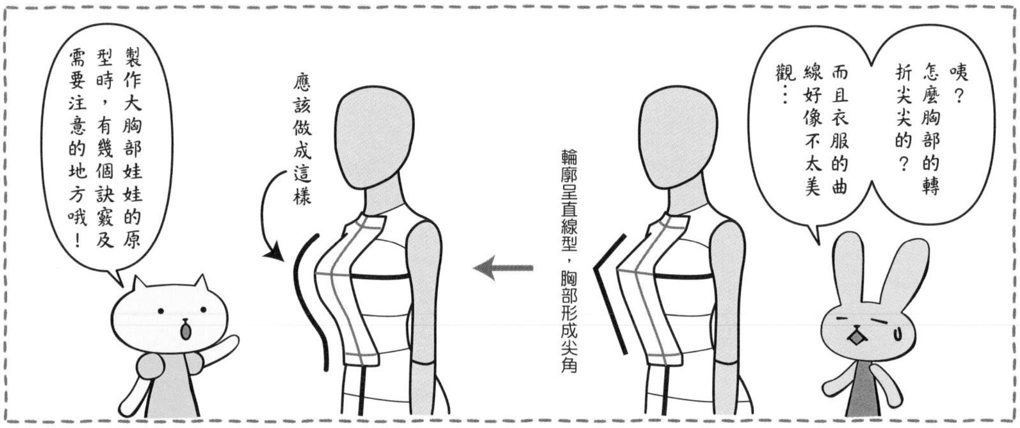
咦？怎麼胸部的轉折尖尖的？而且衣服的曲線好像不太美觀⋯
輪廓呈直線型，胸部形成尖角
應該做成這樣
製作大胸部娃娃的原型時，有幾個訣竅及需要注意的地方哦！

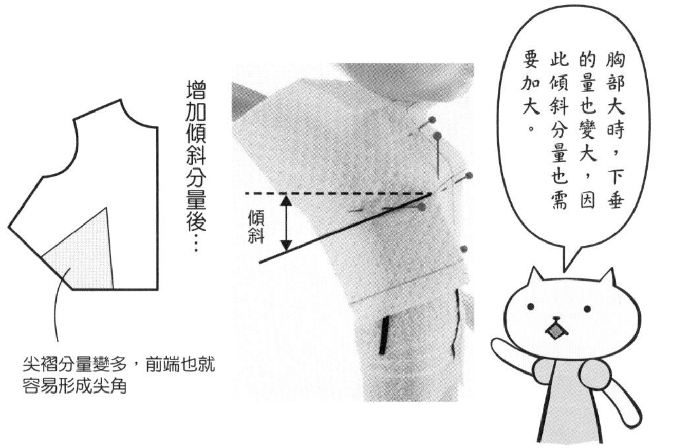
胸部大時，下垂的量也變大，因此傾斜分量也需要加大。
傾斜
增加傾斜分量後⋯
尖褶分量變多，前端也就容易形成尖角

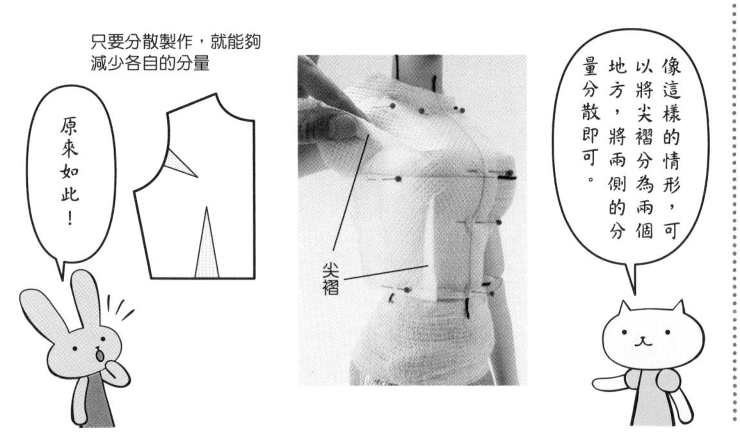
像這樣的情形，可以將尖褶分為兩個地方，將兩側的分量分散即可。
尖褶
只要分散製作，就能夠減少各自的分量
原來如此！

接下來是要說明尖褶形狀的摺法⋯請先看一下這張插圖和娃娃模型
はじめてのメイド服
-DollfieDream®-
荒木さわこ
「はじめてのメード服」
封面 插圖：かみやまねき
萌女角色嗎？
「女王之刃」異端
審問官 斯琪
© HOBBY JAPAN

妳看萌女角色胸部下方的這個凹陷曲線是不是很重要？
這麼說來好像是耶！

普通的直線尖褶，製作出來的衣服線條是這樣的。
胸部下方沒有凹陷曲線

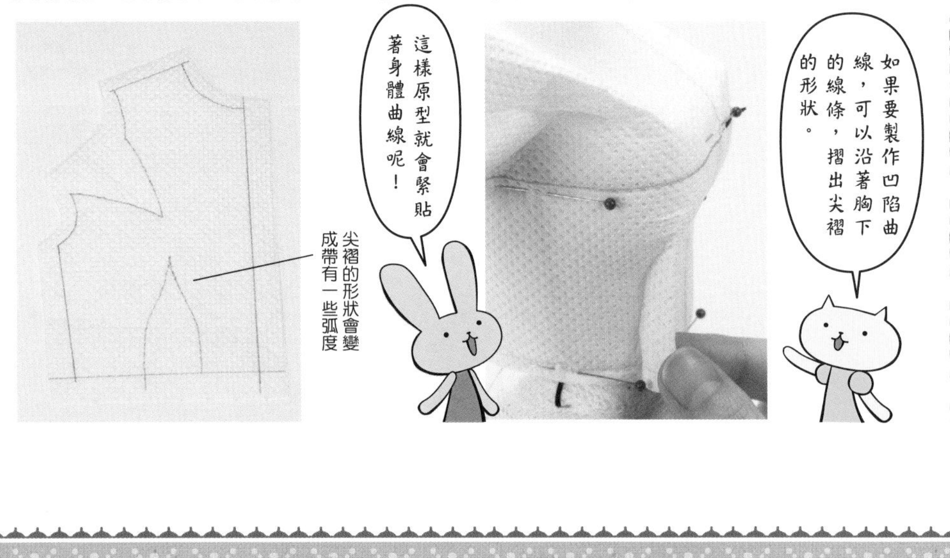
如果要製作凹陷曲線的線條，可以沿著胸下的形狀，摺出尖褶。
這樣原型就會緊貼著身體曲線呢！
尖褶的形狀會變成帶有一些弧度

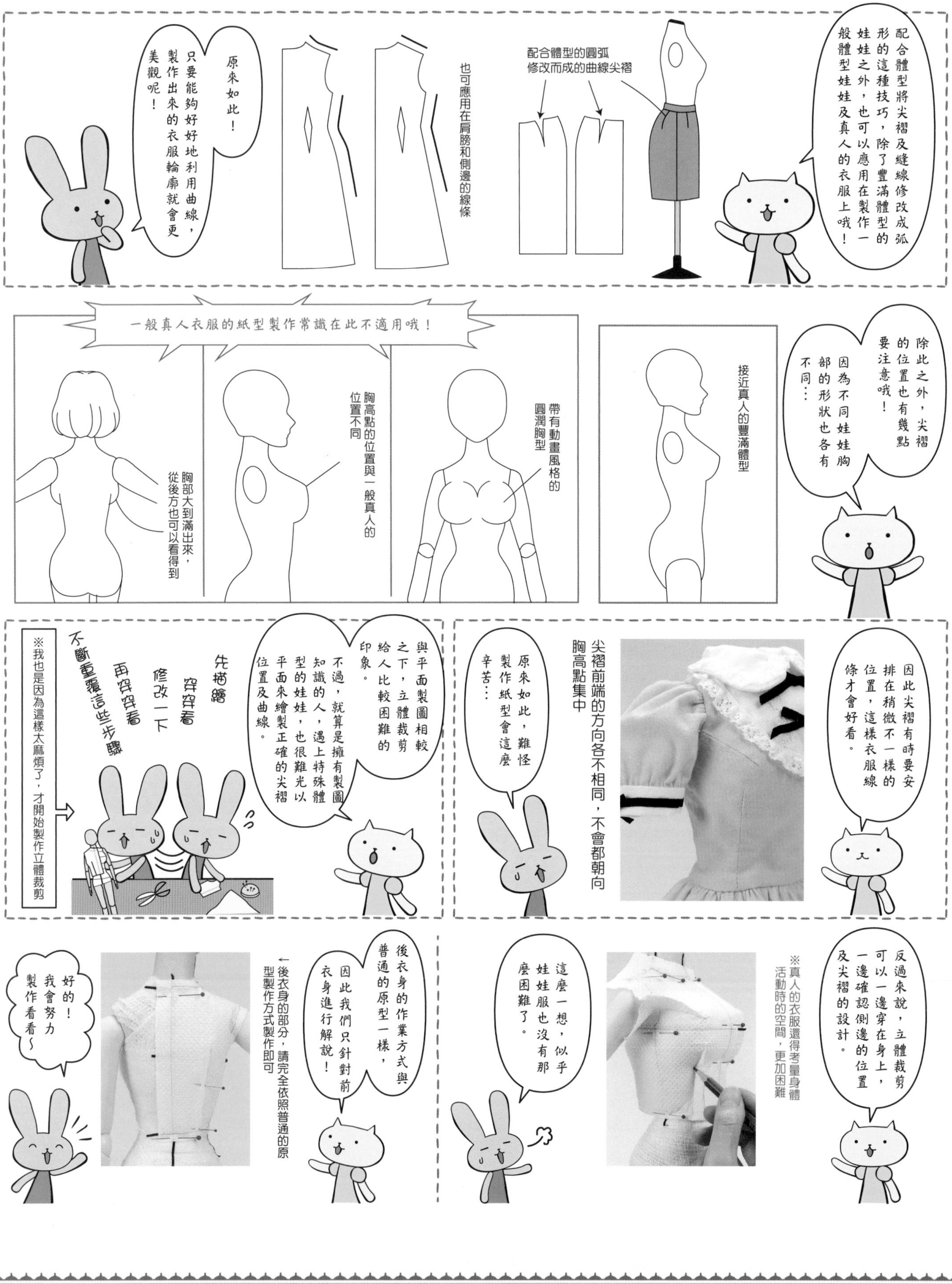
配合體型將尖褶及縫線修改成弧形的這種技巧，除了豐滿體型的娃娃之外，也可以應用在製作一般體型娃娃及真人的衣服上哦！
配合體型的圓弧修改而成的曲線尖褶
也可應用在肩膀和側邊的線條
原來如此！
只要能夠好好地利用曲線，製作出來的衣服輪廓就會更美觀呢！
一般真人衣服的紙型製作常識在此不適用哦！
除此之外，尖褶的位置也有幾點要注意哦！
因為不同娃娃胸部的形狀也各有不同…
接近真人的豐滿體型
帶有動畫風格的圓潤胸型
胸高點的位置與一般真人的位置不同
胸部大到滿出來，從後方也可以看得到
因此尖褶有時要安排在稍微不一樣的位置，這樣衣服線條才會好看。
尖褶前端的方向各不相同，不會都朝向胸高點集中
原來如此，難怪製作紙型會這麼辛苦…
與平面製圖相較之下，立體裁剪給人比較困難的印象。
不過，就算是擁有製圖知識的人，遇上特殊體型的娃娃，也很難光以平面來繪製正確的尖褶位置及曲線。
先描繪
穿穿看
修改一下
再穿穿看
不斷重覆這些步驟
※我也是因為這樣太麻煩了，才開始製作立體裁剪
反過來說，立體裁剪可以一邊穿在身上，一邊確認側邊的位置及尖褶的設計。
※真人的衣服還得考量身體活動時的空間，更加困難
這麼一想，似乎娃娃服也沒有那麼困難了。
後衣身的作業方式與普通的原型一樣，
因此我們只針對前衣身進行解說！
←後衣身的部分，請完全依照普通的原型製作方式製作即可
好的！我會努力製作看看~

大胸部娃娃的原型製作方法

①將廚房紙巾裁成適當大小，畫上「前中心線」、「胸圍線」及「腰圍線」。

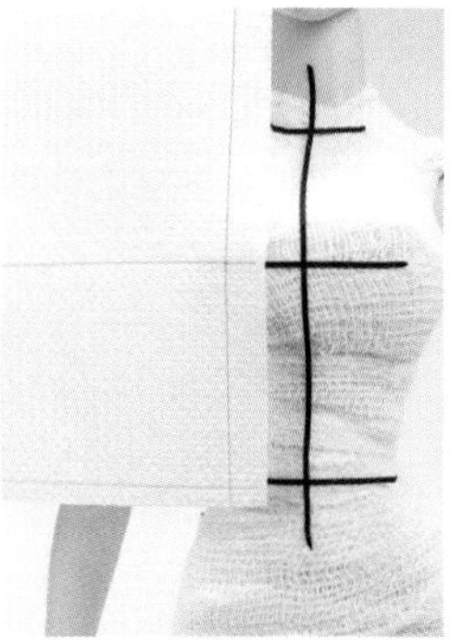

不讓胸下出現凹陷曲線時

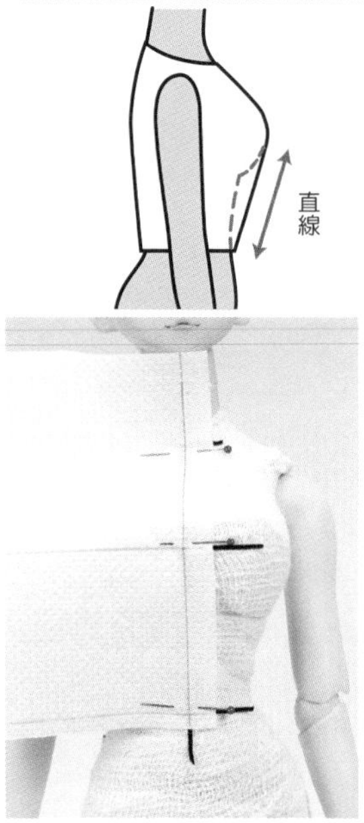
直線

將腰圍線畫在紙巾垂直平坦的位置

依據想要的設計及喜好挑選一種製作法。

要讓胸下出現凹陷曲線時

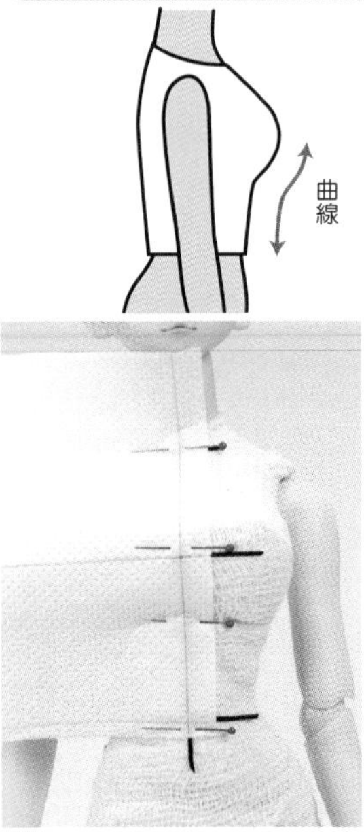
曲線

將腰圍線畫在紙巾於胸下轉折過後的位置

②將紙巾沿著胸圍線水平纏繞，此時如果腰圍線與胸圍線保持平行的話，就這樣以待針上下固定。

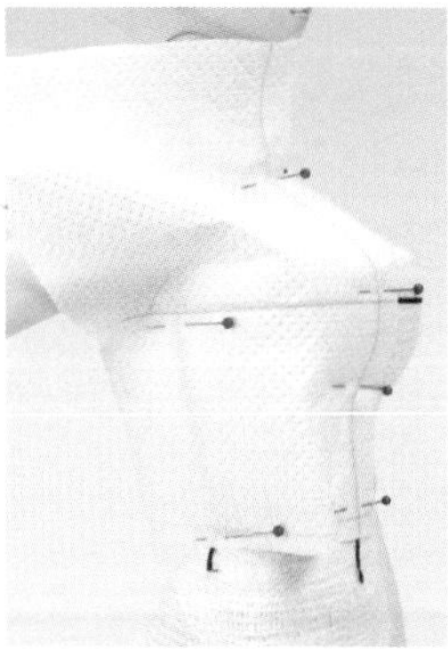

這次側邊沒有傾斜！

如果腰圍線沒有保持平行的話，上下挪動一下位置，以身體的腰圍線為準。

※2處尖褶的位置不是以胸圍線，而是以腰圍線為基準

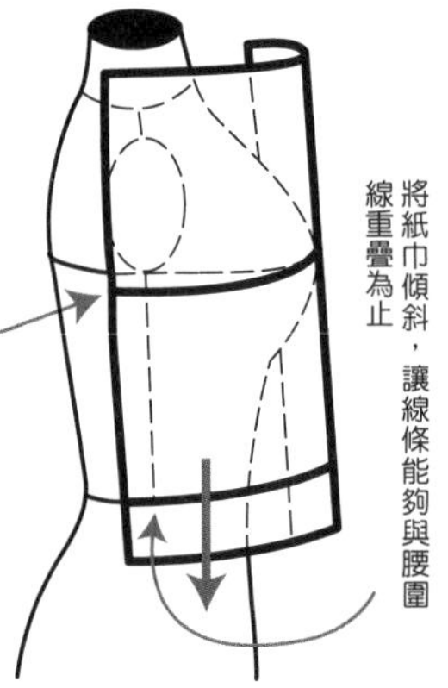
將紙巾傾斜，讓線條能夠與腰圍線重疊為止
這時候胸圍線會與畫在身體上的線條稍微錯開

③將前中心線的領圍與腰部也以待針固定住。

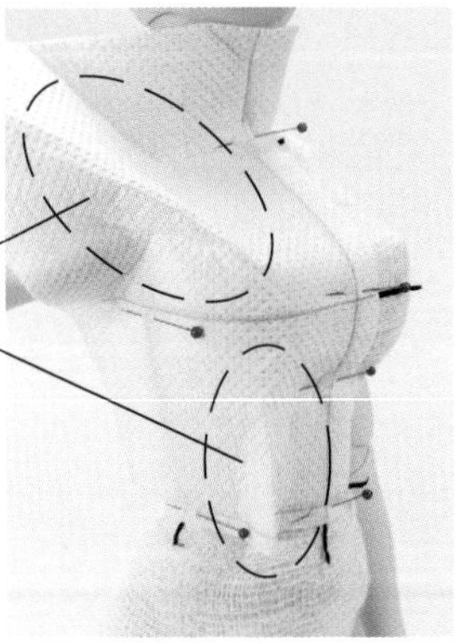
如此一來會在這2個位置出現鬆垂

④將胸下的寬鬆摺起，作出尖褶。

胸下沒有凹陷曲線

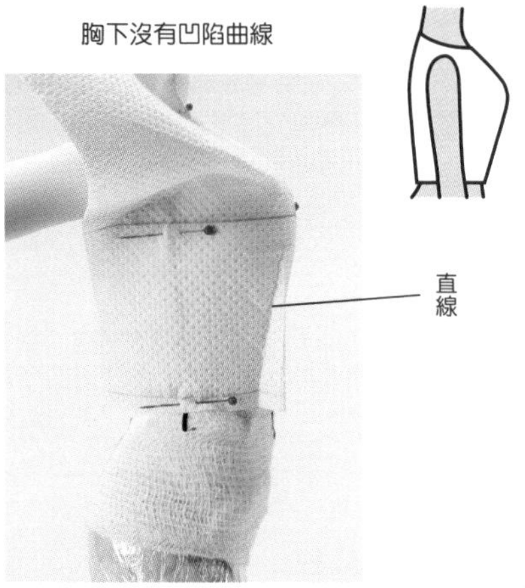
直線

胸下有凹陷曲線

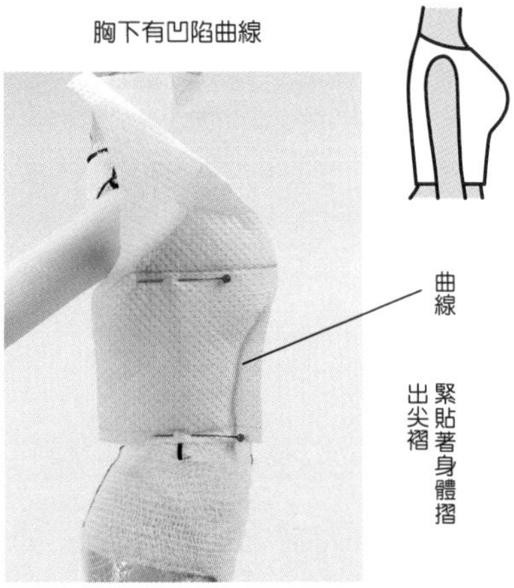
曲線
緊貼著身體摺出尖褶

直接緊貼在身體上摺出尖褶，形狀和位置都比較容易掌握吧！
嗯！這樣一來，說不定比平面製圖簡單呢！

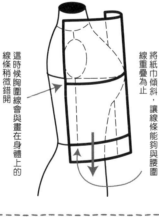

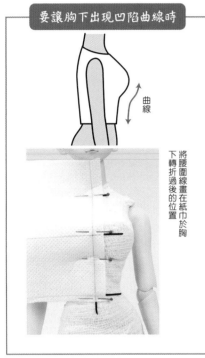

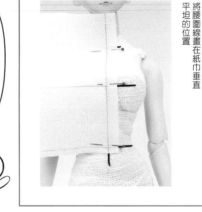

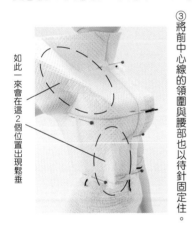

⑤將袖籠的寬鬆部分摺起，作為尖褶。

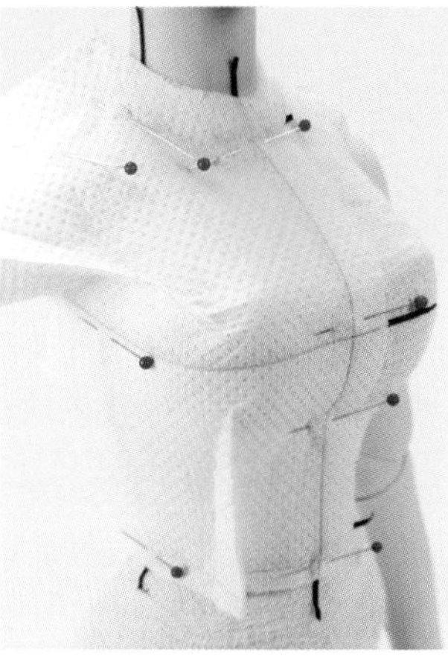

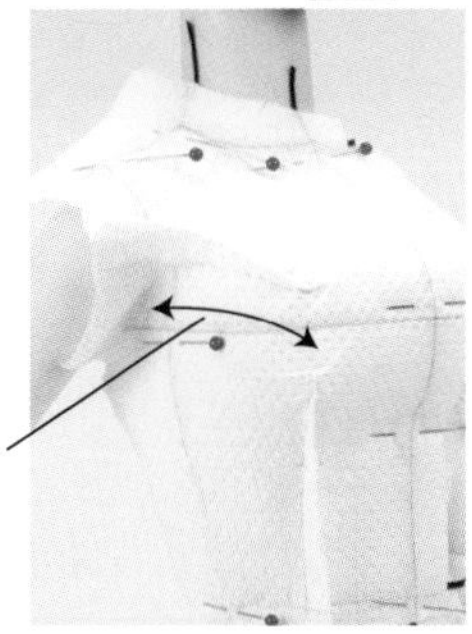
配合曲線摺出弧形

如果是胸型圓潤的娃娃，配合胸型摺出尖褶。

⑥將領圍、袖籠、肩線、側邊線、尖褶與胸下凹陷（只有在摺成曲線時）的位置描在紙巾上。

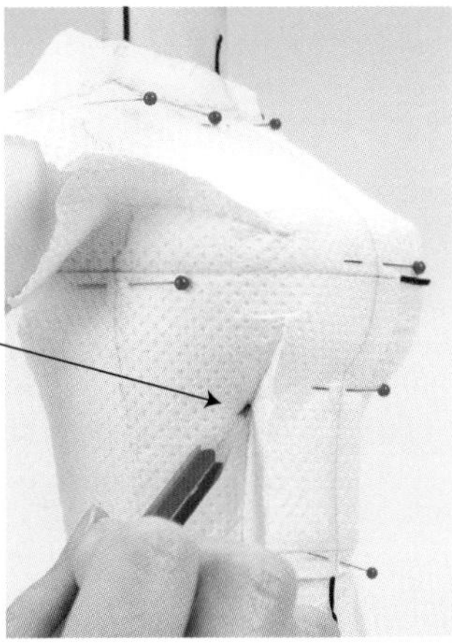

把胸下凹陷的位置也做記號標示出來！

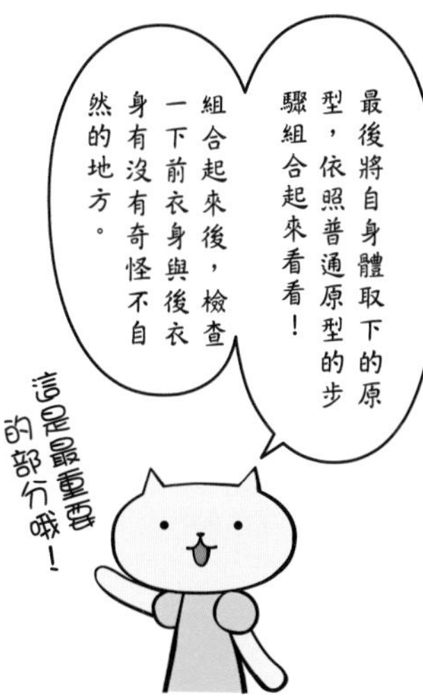
最後將自身體取下的原型，依照普通原型的步驟組合起來看看！
組合起來後，檢查一下前衣身與後衣身有沒有奇怪不自然的地方。
這是最重要的部分哦！

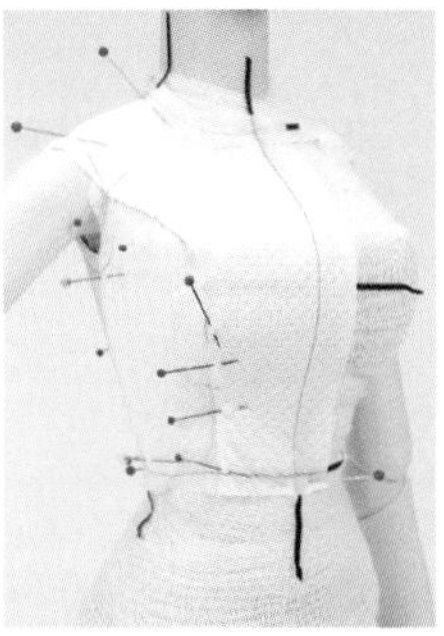

如果待針不好固定的位置，也可以使用保護膠帶固定。

先在前中心線以待針固定，然後輕拉後衣身穿在身體上比較方便作業

如果後衣身的長度不夠的話，可以貼上紙巾追加

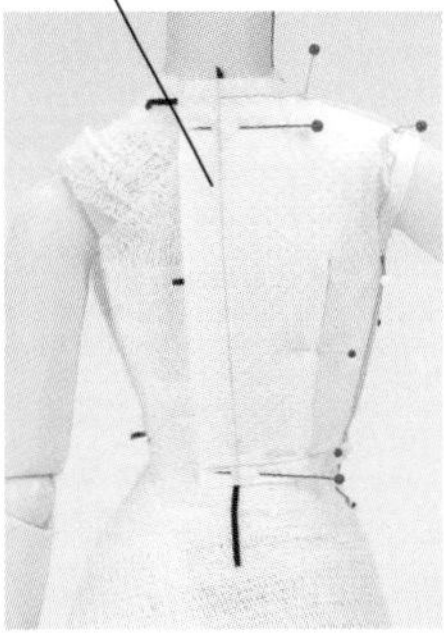

泡芙貓咪老師，胸下的尖褶好難摺進去哦～

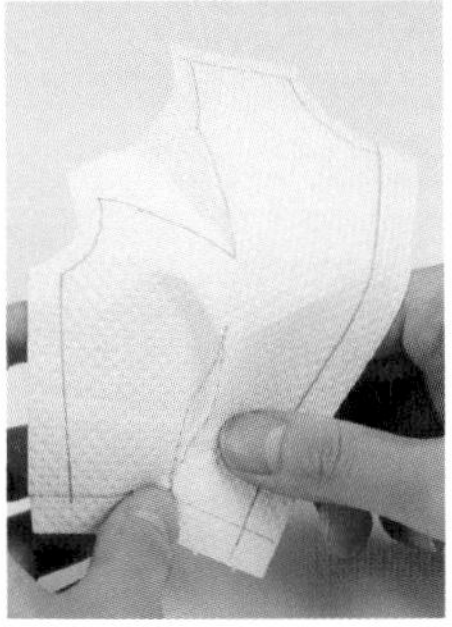

↑因為不是直線，向內摺時會翹起來。

直接摺會不好摺，所以先將多餘的部分裁掉後再摺進去吧！

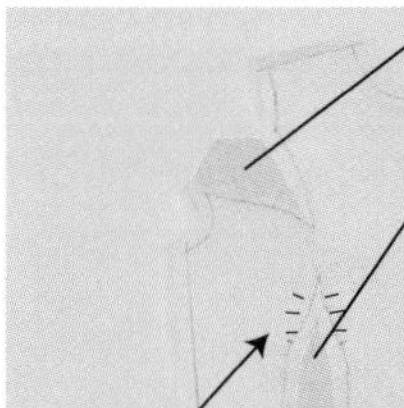
這個部分裁掉
剪出牙口

變得容易重疊了

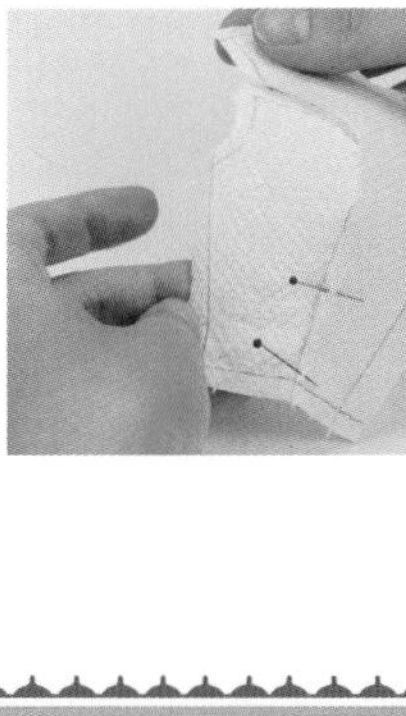

紙型完成！

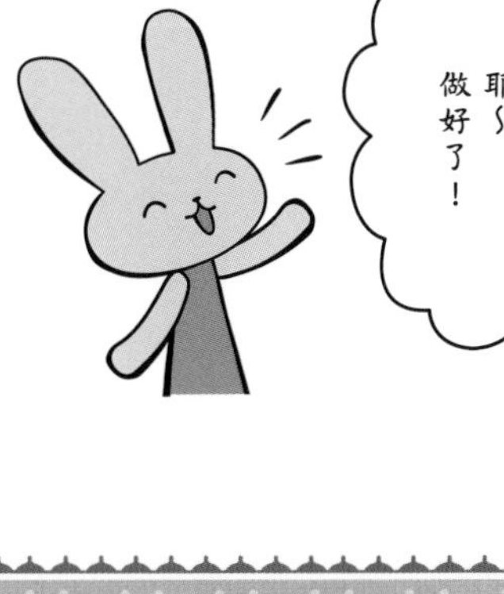
耶～做好了！

以上就是大胸部娃娃的原型製作方法…
後面我會補充說明，實際在教室指導學生時，初學者比較不容易理解的部分。
下一頁就會為各位說明哦！

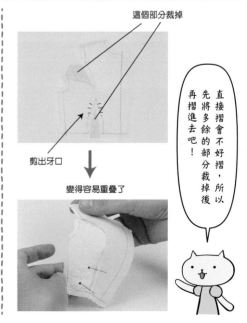

關於袖籠尖褶的位置

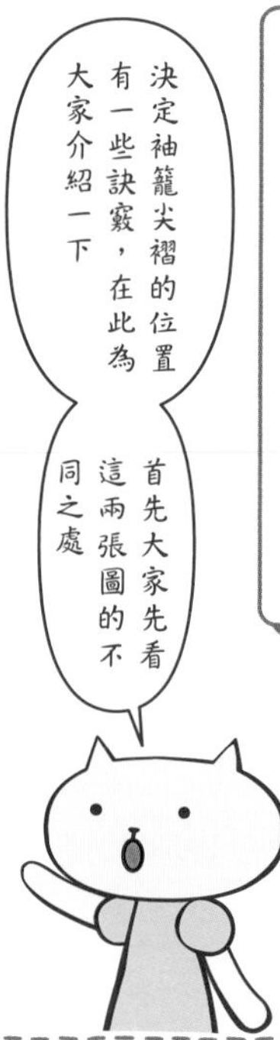
決定袖籠尖褶的位置有一些訣竅，在此為大家介紹一下
首先大家先看這兩張圖的不同之處

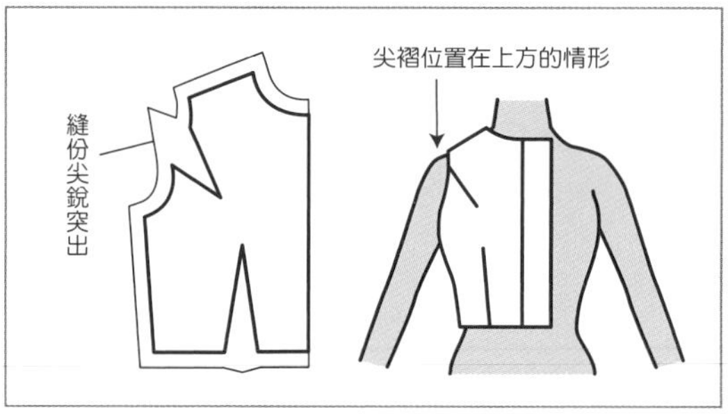
尖褶位置在上方的情形
縫份尖銳突出

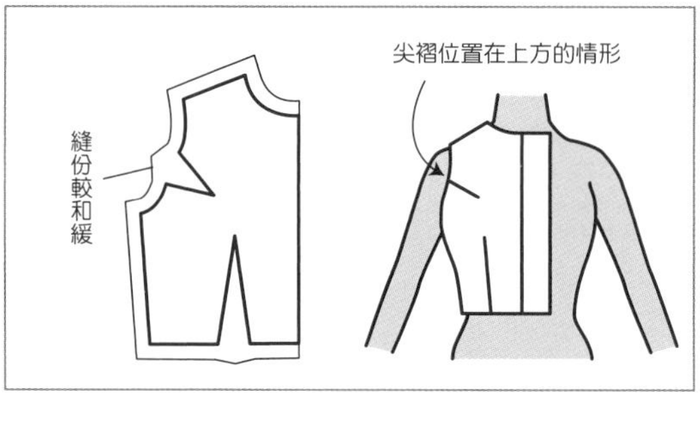
尖褶位置在上方的情形
縫份較和緩

基本上尖褶是朝上方摺疊較多。如果縫份太高的話，有可能肩膀和側邊的尖褶會重疊

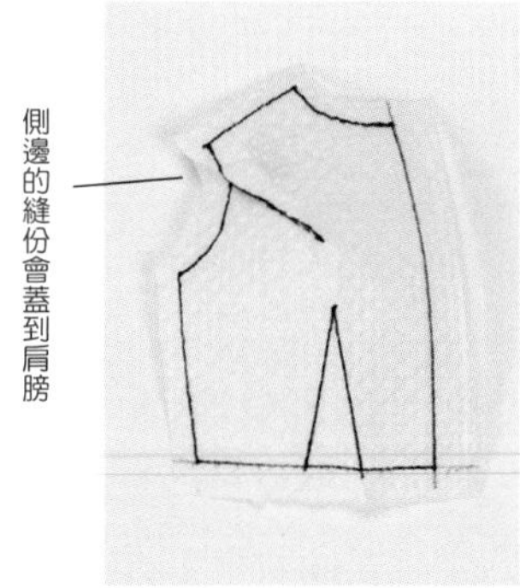
側邊的縫份會蓋到肩膀

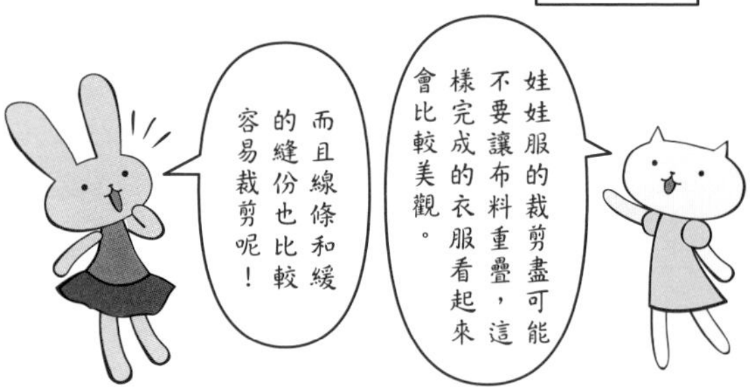
娃娃服的裁剪盡可能不要讓布料重疊，這樣完成的衣服看起來會比較美觀。
而且線條和緩的縫份也比較容易裁剪呢！

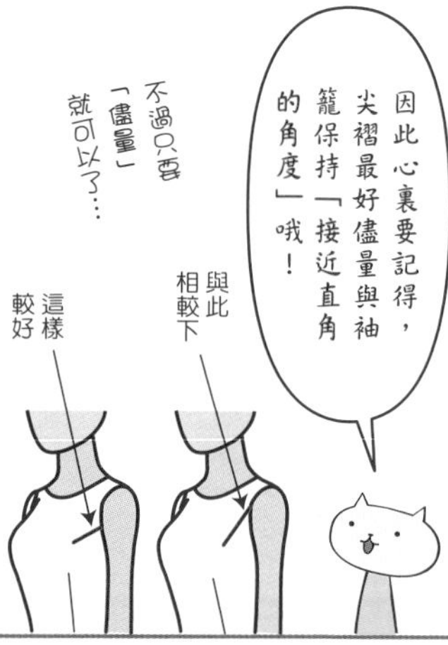
因此心裏要記得，尖褶最好儘量與袖籠保持「接近直角的角度」哦！
與此相較下
這樣較好
不過只要「儘量」就可以了…

尖褶雖然也可以放在領圍、肩膀或是側邊…
不過為了方便原型的展開，需改造作業，因此這裏將尖褶放在「袖籠」上
再說，放在袖籠上，胸部的線條比較好看

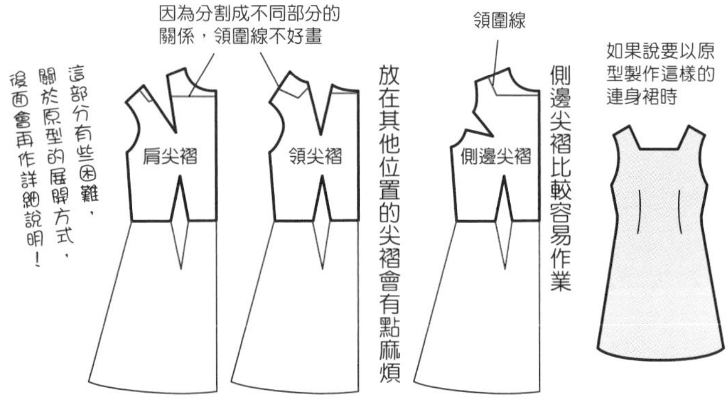
如果說要以原型製作這樣的連身裙時
側邊尖褶比較容易作業
領圍線
側邊尖褶
放在其他位置的尖褶會有點麻煩
因為分割成不同部分的關係，領圍線不好畫
領尖褶
肩尖褶
這部分有些困難，關於原型的展開方式，後面會再作詳細說明！

關於胸下的尖褶

胸下的尖褶如果也能設計成與腰圍線垂直的話，後面的展開作業會比較方便

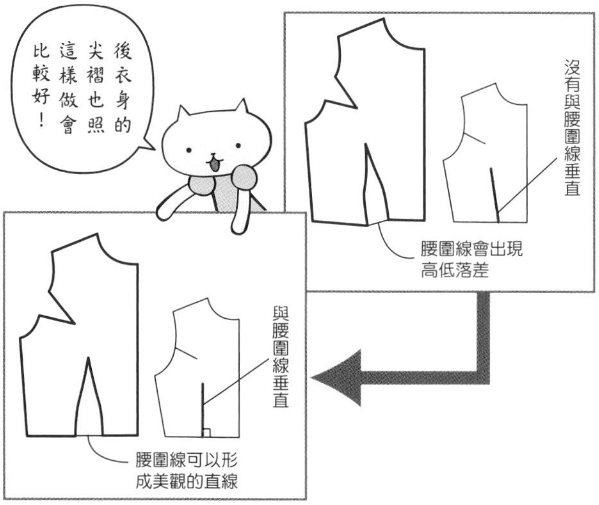
沒有與腰圍線垂直
腰圍線會出現高低落差
與腰圍線垂直
腰圍線可以形成美觀的直線
後衣身的尖褶也照這樣做會比較好！

將尖褶的弧度修改成左右對稱，會比較好縫合

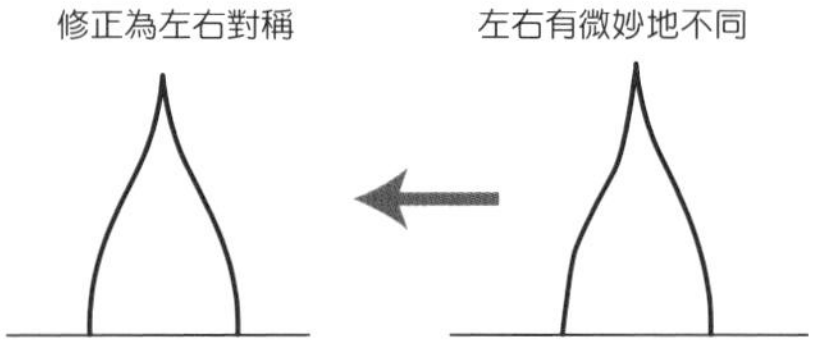
左右有微妙地不同
修正為左右對稱

只不過，有時候不要勉強修正線條，反而能讓衣服的輪廓曲線看起來更美觀。
有時也有像這種特別的形狀

Chapter 4.

原型的展開圖

— BODICE Ⅲ —

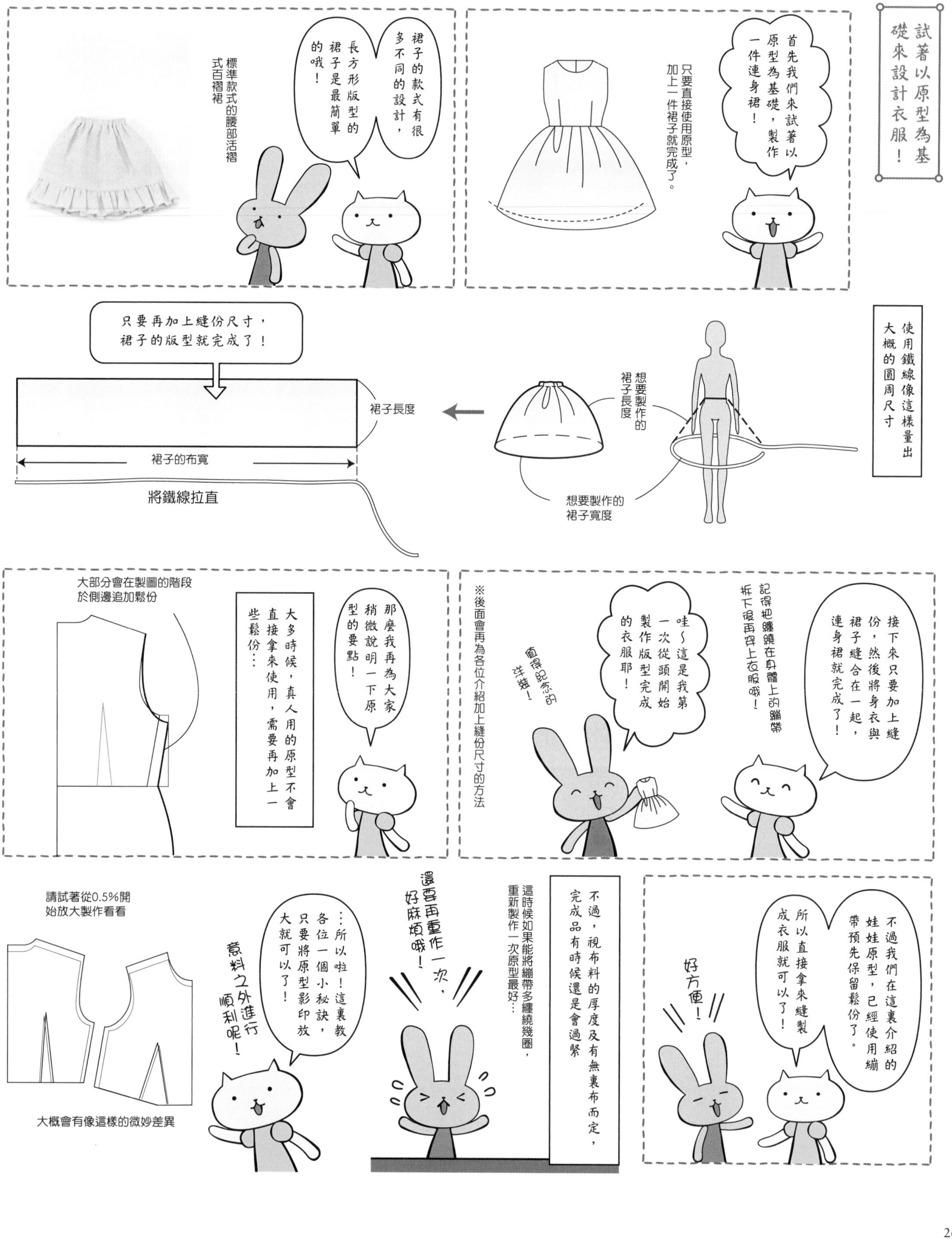
試著以原型為基礎來設計衣服！
首先我們來試著以原型為基礎，製作一件連身裙！
只要直接使用原型，加上一件裙子就完成了。
裙子的款式有很多不同的設計，長方形版型的裙子是最簡單的哦！
標準款式的腰部活褶式百褶裙
使用鐵線像這樣量出大概的圓周尺寸
想要製作的裙子長度
想要製作的裙子寬度
只要再加上縫份尺寸，裙子的版型就完成了！
裙子長度
裙子的布寬
將鐵線拉直
接下來只要加上縫份，然後將身衣與裙子縫合在一起，連身裙就完成了！
記得把纏繞在身體上的繃帶拆下後再穿上衣服哦！
哇～這是我第一次從頭開始製作版型完成的衣服耶！
值得紀念的洋裝！
※後面會再為各位介紹加上縫份尺寸的方法
那麼我再為大家稍微說明一下原型的要點！
大多時候，真人用的原型不會直接拿來使用，需要再加上一些鬆份⋯
大部分會在製圖的階段於側邊追加鬆份
不過我們在這裏介紹的娃娃原型，已經使用繃帶預先保留鬆份了。
所以直接拿來縫製成衣服就可以了！
好方便！
不過，視布料的厚度及有無裏布而定，完成品有時候還是會過緊
這時候如果能將繃帶多纏繞幾圈，重新製作一次原型最好⋯
還要再重作一次，好麻煩哦！
⋯所以啦！這裏教各位一個小秘訣，只要將原型影印放大就可以了！
意料之外進行順利呢！
請試著從0.5%開始放大製作看看
大概會有像這樣的微妙差異

請試著將原型的尖褶以拼圖的感覺挪動調整看看

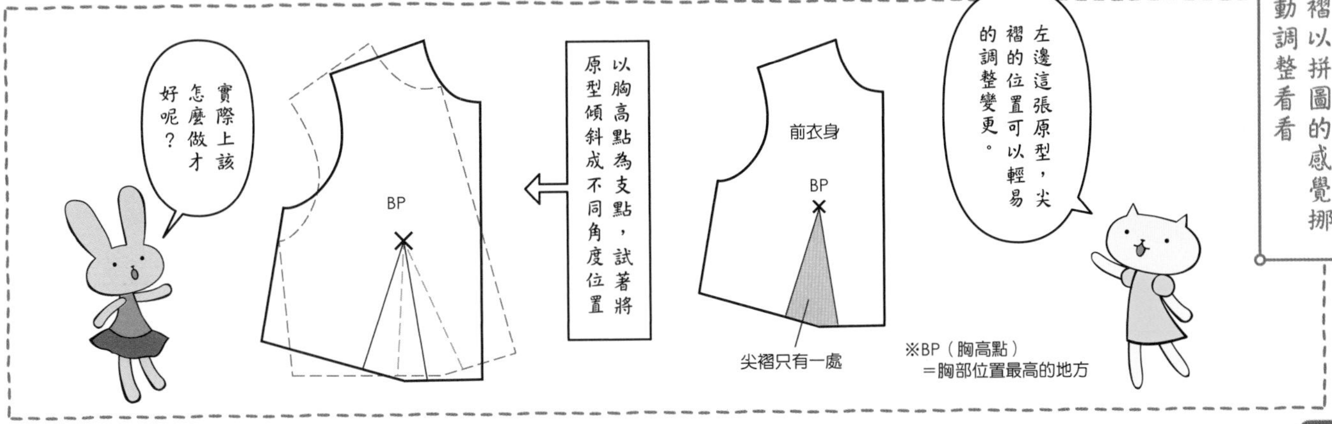

左邊這張原型，尖褶的位置可以輕易的調整變更。
※BP（胸高點）
＝胸部位置最高的地方
前衣身
BP
尖褶只有一處
以胸高點為支點，試著將原型傾斜成不同角度位置
BP
實際上該怎麼做才好呢？

派內爾剪接線的紙型

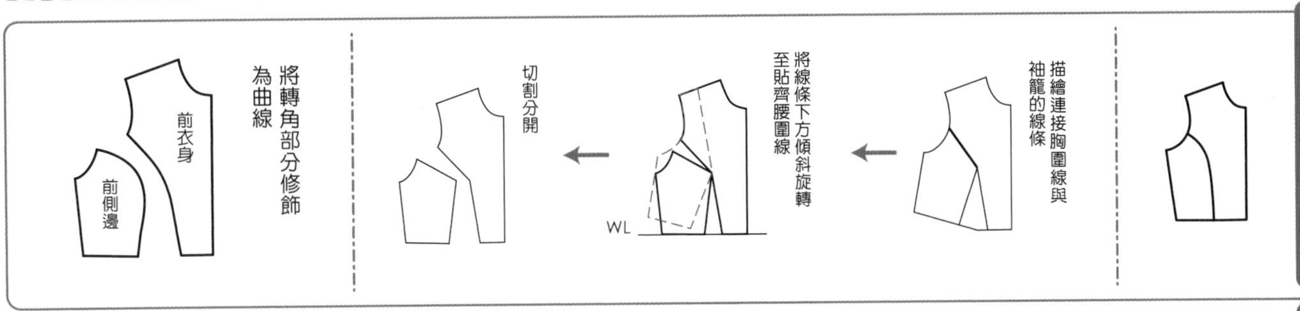
描繪連接胸圍線與袖籠的線條
將線條下方傾斜旋轉至貼齊腰圍線
WL
切割分開
將轉角部分修飾為曲線
前衣身
前側邊

公主剪接線的紙型

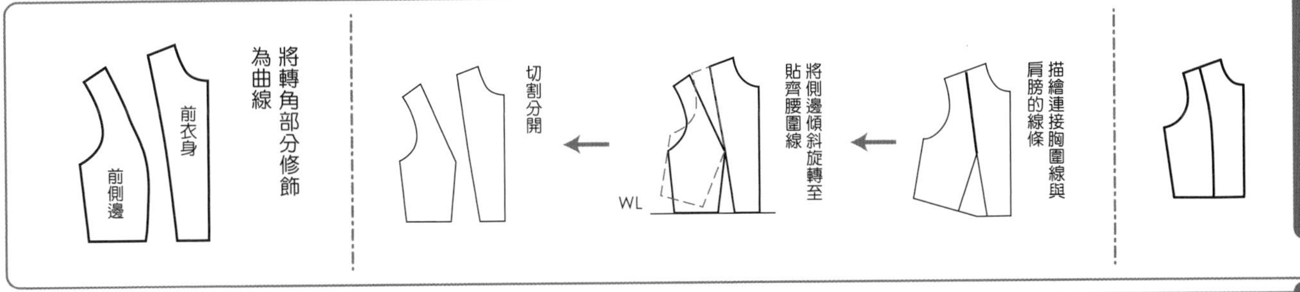
描繪連接胸圍線與肩膀的線條
將側邊傾斜旋轉至貼齊腰圍線
WL
切割分開
將轉角部分修飾為曲線
前衣身
前側邊

領圍活褶款式的紙型

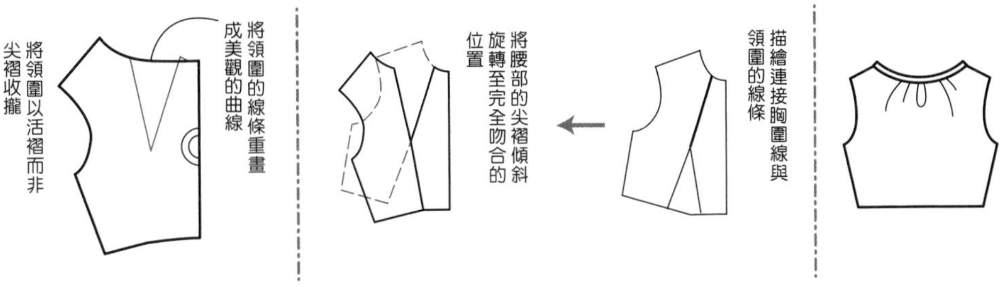
描繪連接胸圍線與領圍的線條
將腰部的尖褶傾斜旋轉至完全吻合的位置
將領圍的線條重畫成美觀的曲線
將領圍以活褶而非尖褶收攏

範例 「Dollybird15」收錄刊載的紙型

對初學者來說，平面的製圖可能比較不容易理解。
那我們就以實際的娃娃身體來作解說吧！
呃…好像懂了，又好像不太懂。

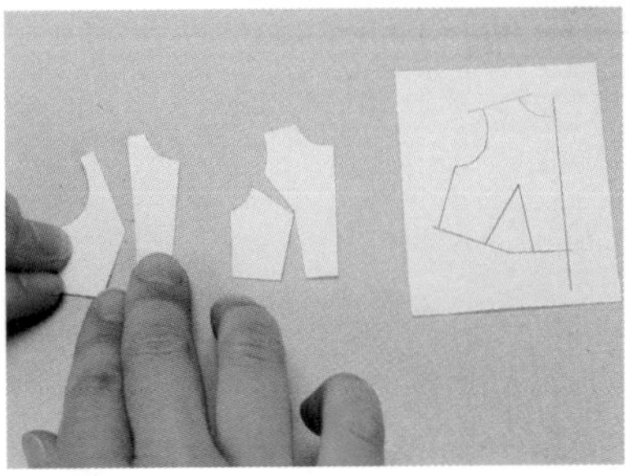

將紙型複印後切開，以拼圖的感覺移動組合看看

由原型開始製作派內爾剪接線、公主剪接線的方法

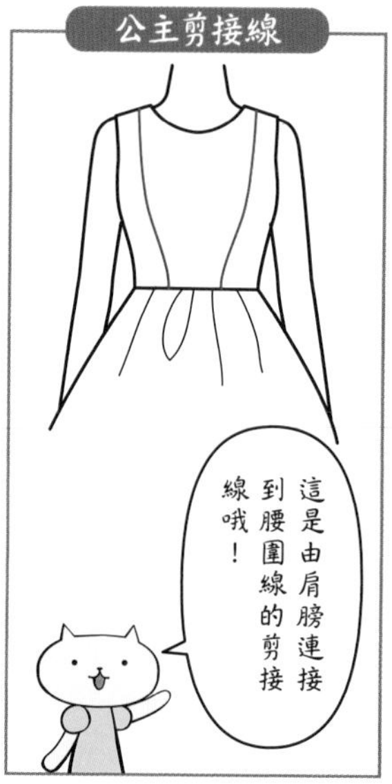
公主剪接線
這是由肩膀連接到腰圍線的剪接線哦！

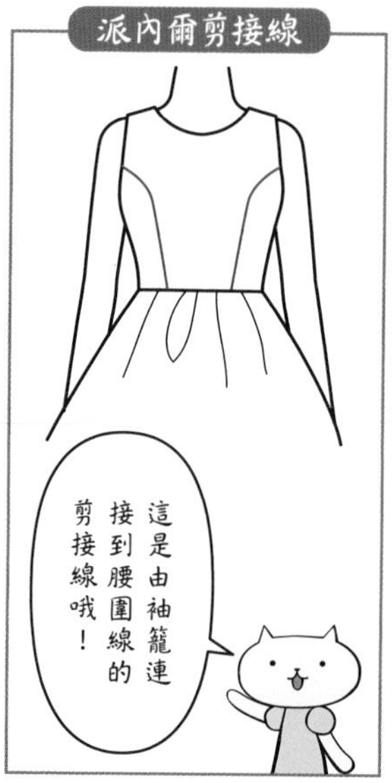
派內爾剪接線
這是由袖籠連接到腰圍線的剪接線哦！

前衣身原型

①將原型穿在娃娃身上，決定好派內爾剪接線或公主剪接線的位置

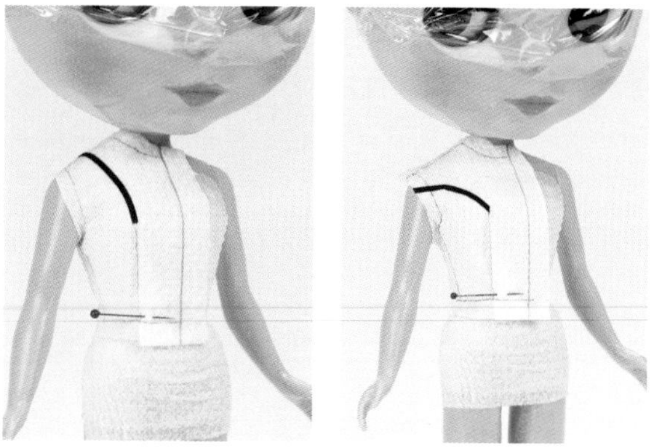

使用標線膠帶或是以鉛筆描繪都可以

②將原型自身上取下，描繪在紙上

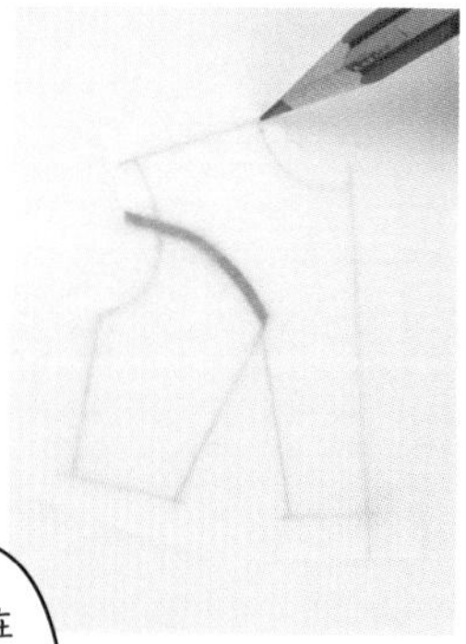

在下方打光，或者使用描繪紙，會比較方便透寫作業

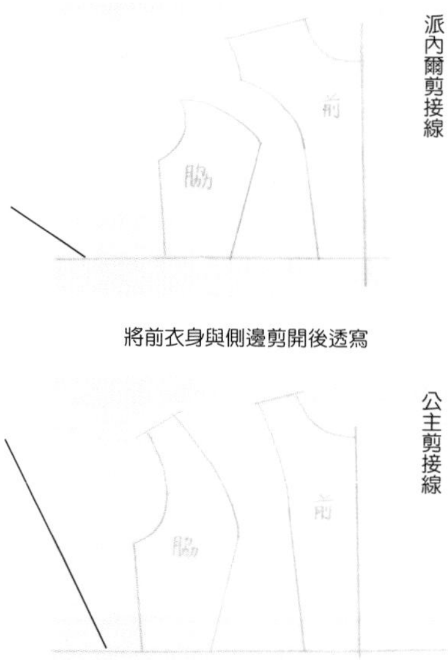
派內爾剪接線
前
脇
描繪時，將腰圍線的位置統整在一條線上比較好
公主剪接線
前
脇

將前衣身與側邊剪開後透寫

③將側邊紙型的轉角處修改為曲線

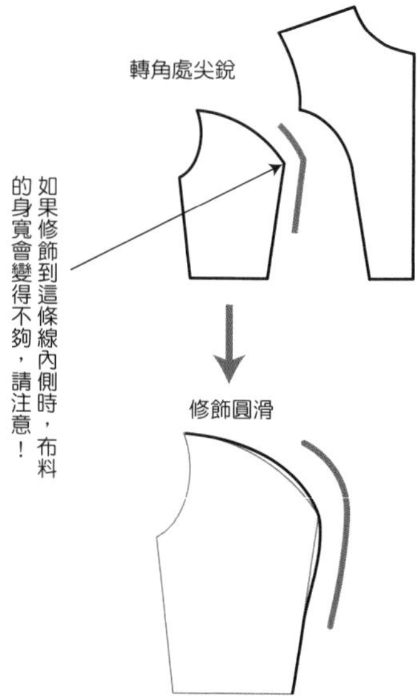
轉角處尖銳
如果修飾到這條線內側時，布料的身寬會變得不夠，請注意！
修飾圓滑

④描繪到廚房紙巾，再組合一次看看

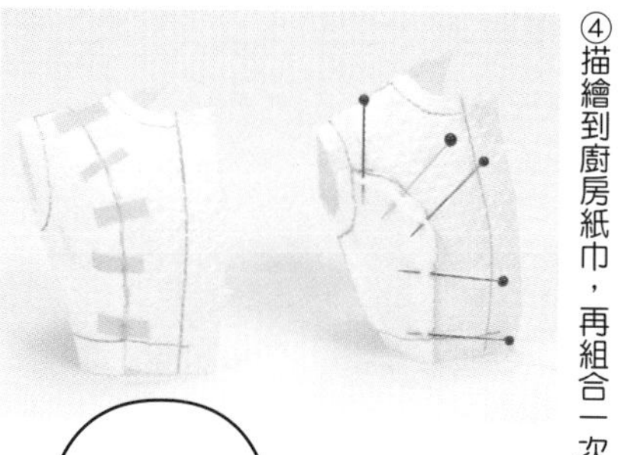

如果用待針不好組合的話，可以使用保護膠帶哦！

先用廚房紙巾確認一次有沒有不自然的地方。如此一來，在假縫布料的時候，可以減少修正的次數呢！

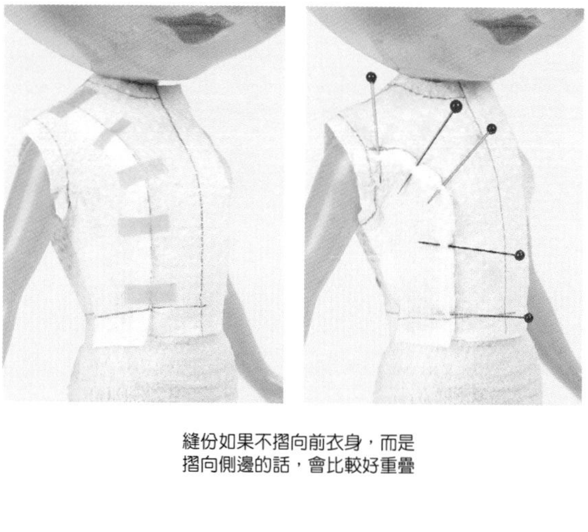

縫份如果不摺向前衣身，而是摺向側邊的話，會比較好重疊

好像比想像中的簡單

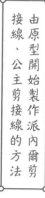

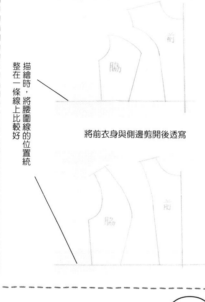

有2處尖褶的派內爾剪接線製作方法

泡芙貓咪老師，有2處尖褶的原型也是同樣的製作方法嗎？
嗯～如果是派內爾剪接線的話，以平面圖製作可能比較輕鬆。
平面圖？
2處尖褶

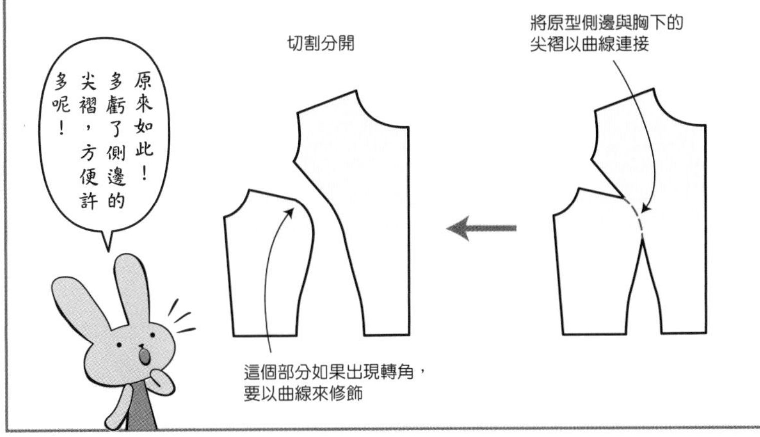
將原型側邊與胸下的尖褶以曲線連接
切割分開
這個部分如果出現轉角，要以曲線來修飾
原來如此！多虧了側邊的尖褶，方便許多呢！

有2處尖褶的公主剪接線製作方法

那麼公主剪接線要怎麼做才好呢？
線條沒有辦法連接在一起耶？
這個時候就要這麼做！

①在廚房紙巾上描繪畫出部分的前中心線、側邊線、腰圍線、領圍及肩線、胸下的尖褶

側邊與肩線不要畫出來

②將胸下的尖褶摺起來貼緊身體

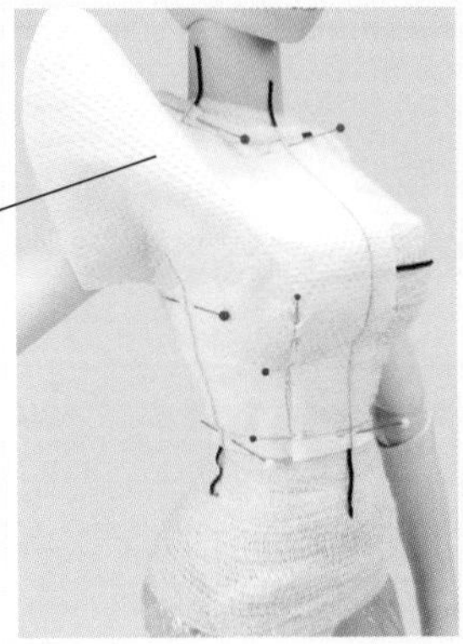

如此在肩膀附近會出現鬆垂

③摺出肩膀的尖褶

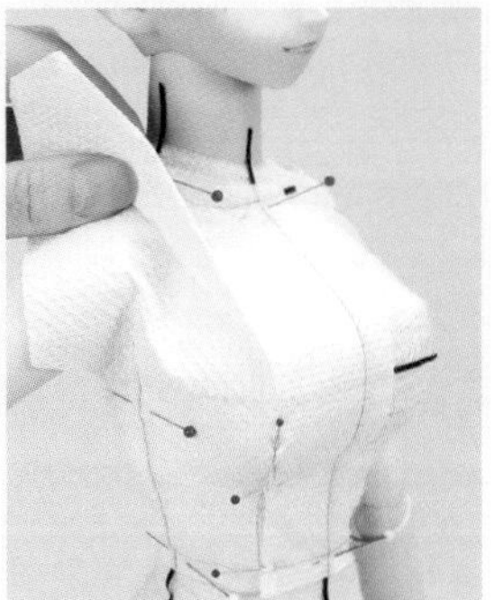

④畫出連接肩膀與側邊尖褶的線條，再畫上新的肩線與袖籠

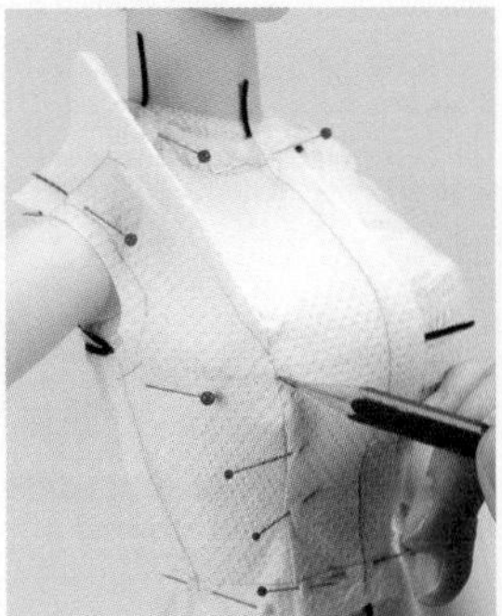

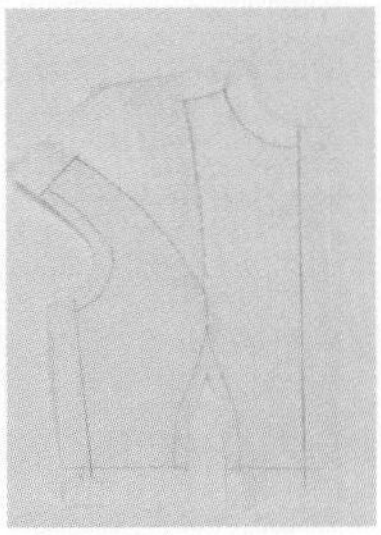

自身體取下之後的狀態

描繪到紙上

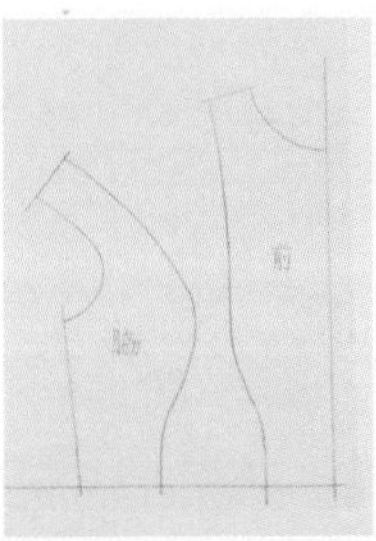

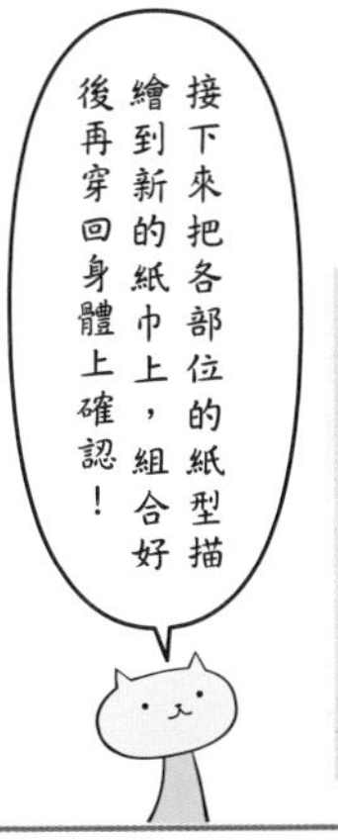
接下來把各部位的紙型描繪到新的紙巾上，組合好後再穿回身體上確認！

如果想要設計成與原型不同的領圍，要在摺出肩膀尖褶之前決定款式。

最好是調整到與領圍及袖籠的縫份盡可能不會重疊的位置

如果想要在領圍，或是特別的位置製作尖褶的話，也是相同的作業方式。
比方說像這種設計

將側邊與中心當作配布，並在中心線加上細褶的設計

熟練之後，就算是平面圖也能夠多少畫得出來。
不過如果不太清楚的話，穿上娃娃身體直接確認是最快的！
依照不同的設計，可以區分使用平面製圖，或是立體裁剪方法製作對吧！

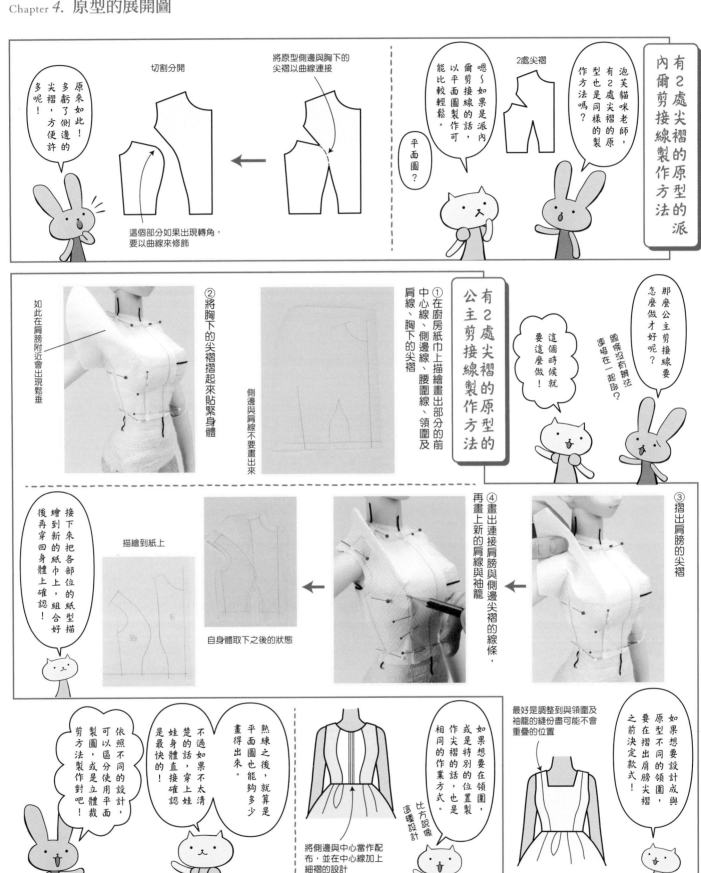

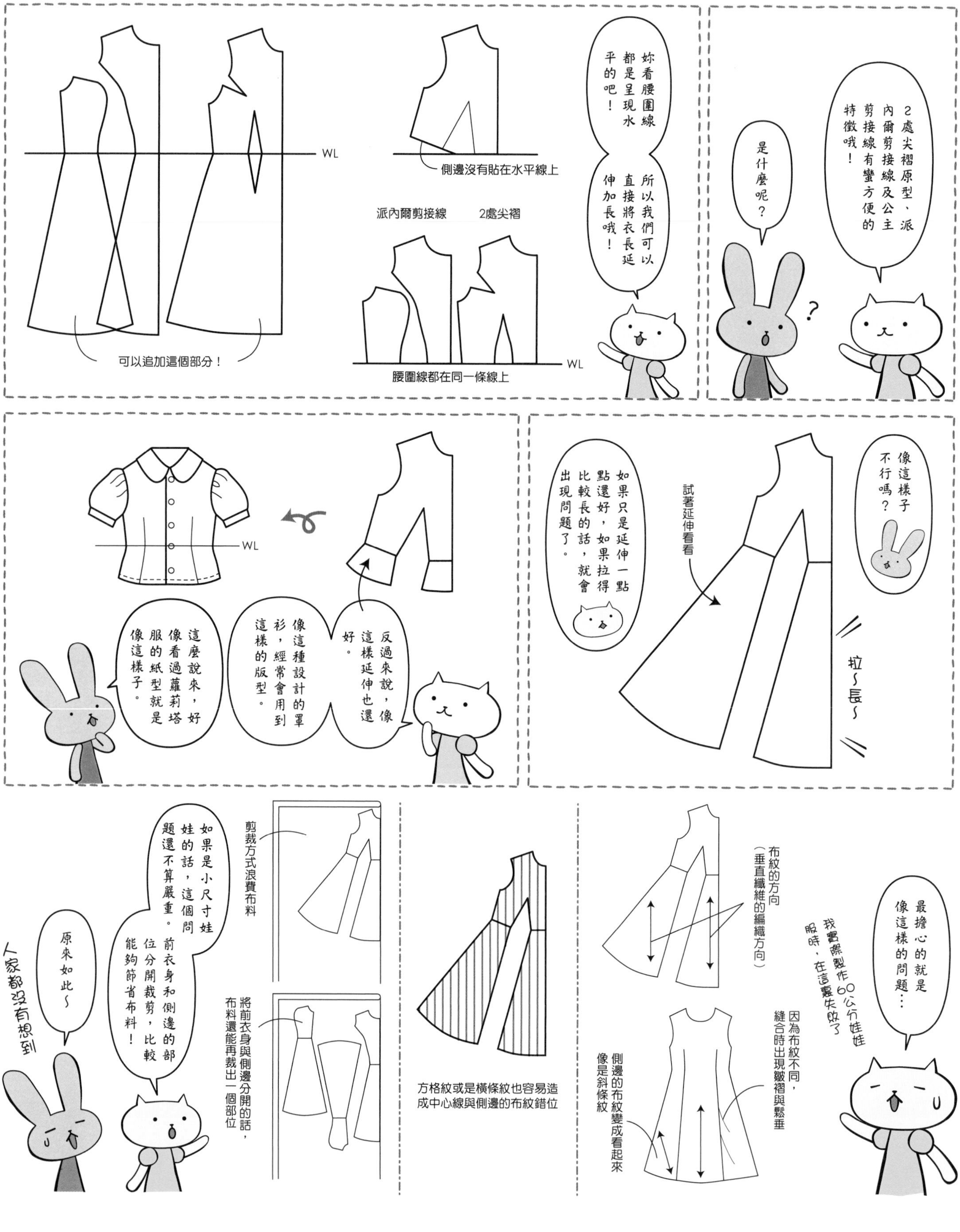
2處尖褶原型、派內爾剪接線及公主剪接線有蠻方便的特徵哦！
是什麼呢？
?
妳看腰圍線都是呈現水平的吧！
所以我們可以直接將衣長延伸加長哦！
WL
側邊沒有貼在水平線上
派內爾剪接線
2處尖褶
WL
腰圍線都在同一條線上
可以追加這個部分！
像這樣子不行嗎？
如果只是延伸一點點還好，如果拉得比較長的話，就會出現問題了。
試著延伸看看
拉~長~
反過來說，像這樣延伸也還好。
像這種設計的罩衫，經常會用到這樣的版型。
這麼說來，好像看過蘿莉塔服的紙型就是像這樣子。
WL
最擔心的就是像這樣的問題…
我實際製作60公分娃娃服時，在這裏失敗了
布紋的方向（垂直纖維的編織方向）
因為布紋不同，縫合時出現皺褶與鬆垂
側邊的布紋變成看起來像是斜條紋
方格紋或是橫條紋也容易造成中心線與側邊的布紋錯位
剪裁方式浪費布料
將前衣身與側邊分開的話，布料還能再裁出一個部位
如果是小尺寸娃娃的話，這個問題還不算嚴重。前衣身和側邊的部位分開裁剪，比較能夠節省布料！
原來如此~
人家都沒有想到

將衣擺自腰圍線向下延伸時的注意點
泡芙貓咪老師，人家馬上用原型試著做了一份單衫的紙型哦！
參考前面幾頁的說明試著動手做了！
啊啊！
衣服下擺太緊了！
被百褶裙的布料厚度撐開了
如果製作前不預先考量下身要穿的配件的布料厚度，最後會穿不上去哦！
只好把這件當作內衣專用的單衫了⋯
要多加注意哦

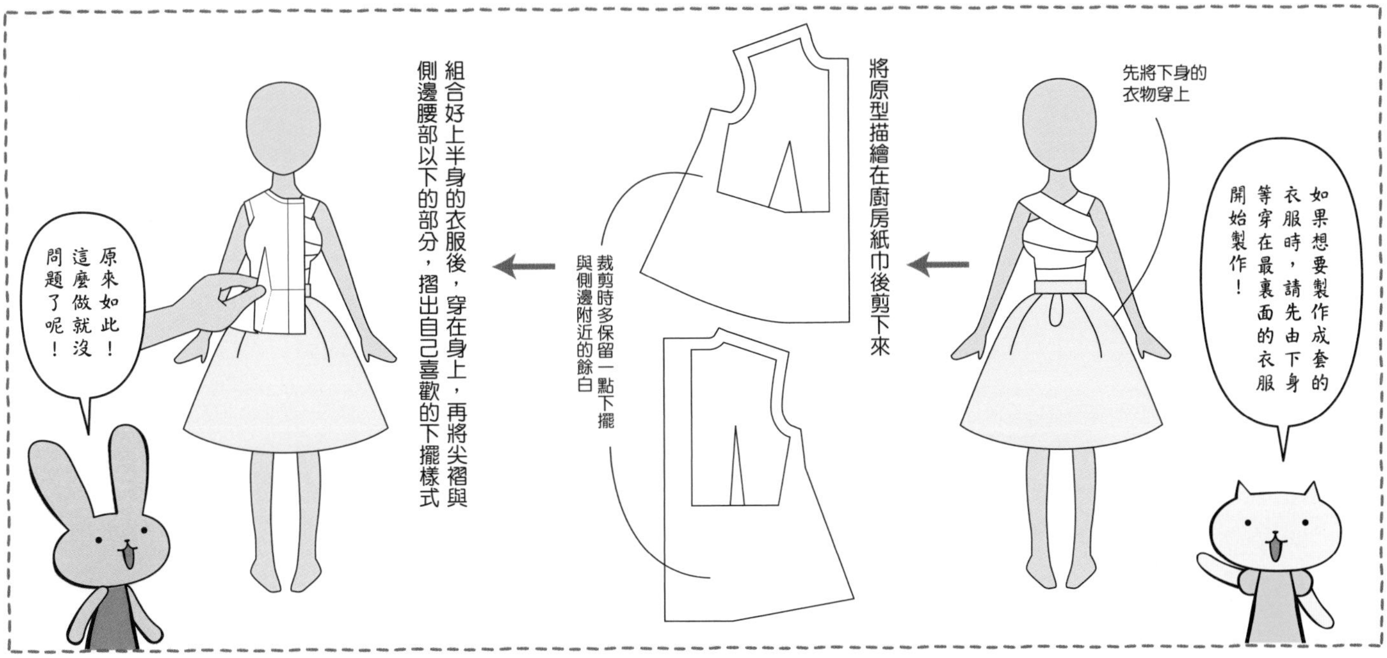
如果想要製作成套的衣服時，請先由下身等穿在最裏面的衣服開始製作！
先將下身的衣物穿上
將原型描繪在廚房紙巾後剪下來
裁剪時多保留一點下擺與側邊附近的餘白
組合好上半身的衣服後，穿在身上，再將尖褶與側邊腰部以下的部分，摺出自己喜歡的下擺樣式
原來如此！這麼做就沒問題了呢！

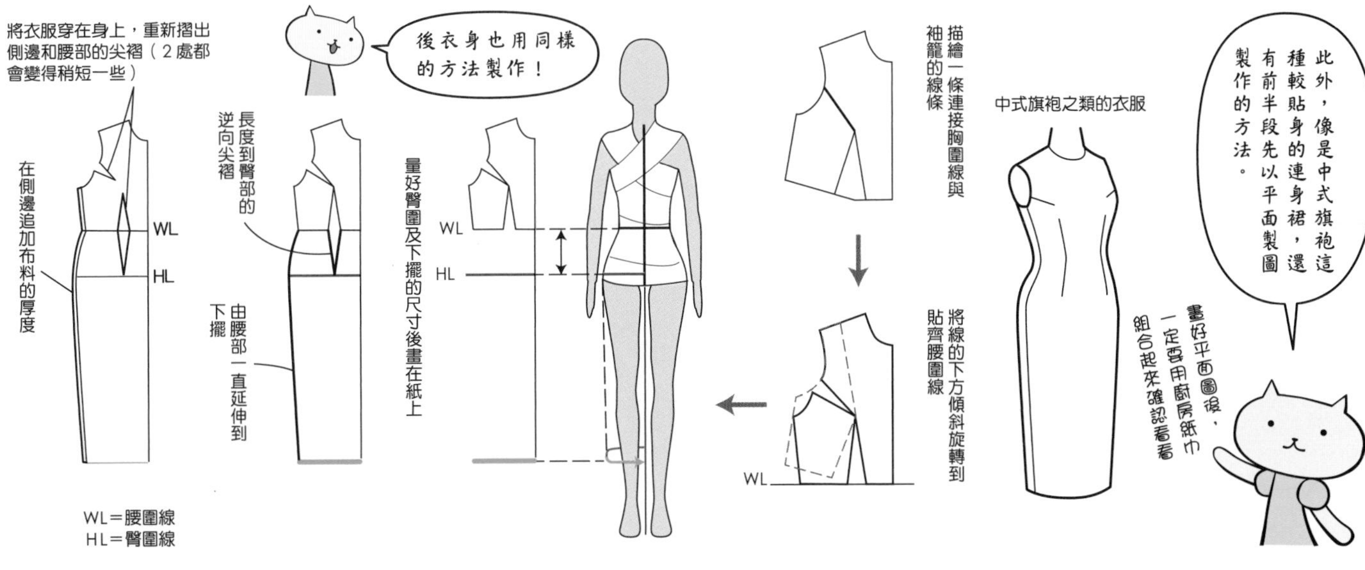
此外，像是中式旗袍這種較貼身的連身裙，還有前半段先以平面製圖製作的方法。
中式旗袍之類的衣服
畫好平面圖後，一定要用廚房紙巾組合起來確認看看
描繪一條連接胸圍線與袖籠的線條
將線的下方傾斜旋轉到貼齊腰圍線
WL
後衣身也用同樣的方法製作！
量好臀圍及下擺的尺寸後畫在紙上
WL
HL
長度到臀部的逆向尖褶
由腰部一直延伸到下擺
將衣服穿在身上，重新摺出側邊和腰部的尖褶（2處都會變得稍短一些）
在側邊追加布料的厚度
WL
HL
WL＝腰圍線
HL＝臀圍線

Chapter 5.

製作袖子

— SLEEVE —

Chapter 5. 製作袖子

袖子版型的製作方法

1.測量前後袖籠的長度

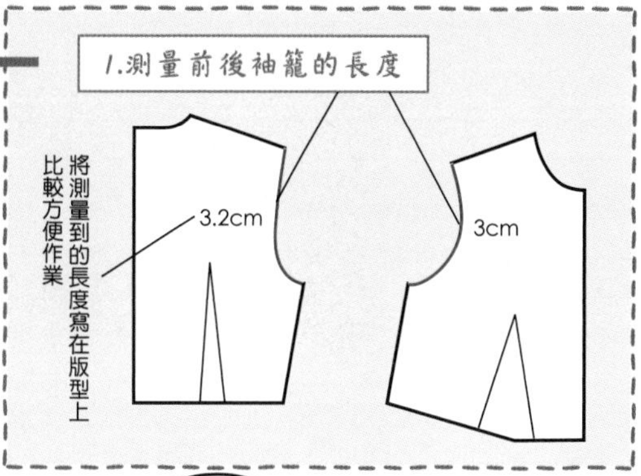
將測量到的長度寫在版型上比較方便作業
3.2cm
3cm

2.使用直尺直接測量袖山的長度

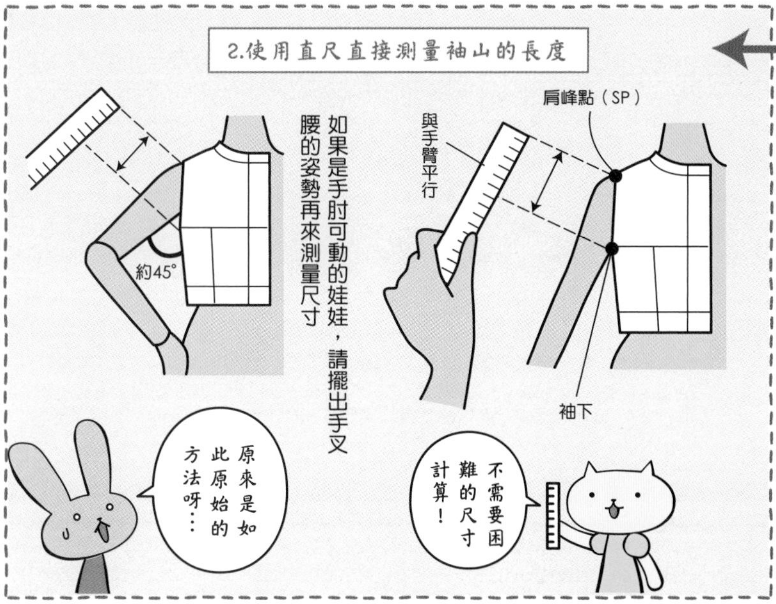
如果是手肘可動的娃娃，請擺出手叉腰的姿勢再來測量尺寸
約45°
與手臂平行
肩峰點（SP）
袖下
原來是如此原始的方法呀…
不需要困難的尺寸計算！

這是沒有打褶的標準袖子的描繪方法。
只要先製作出這個版型，以後就可以變化成其他各種不同的袖子款式哦！
簡單說這就是「袖子原型」啦！

3.先畫一個十字的直角線，再由袖山的高度畫出前AH與後AH長度的線條

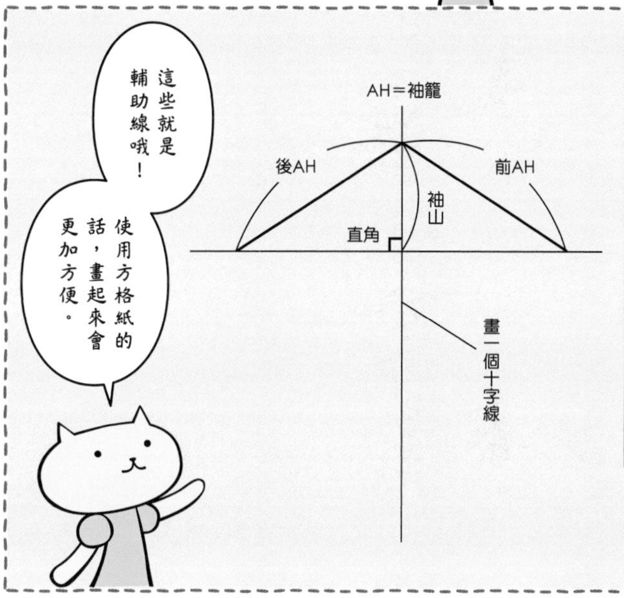
這些就是輔助線哦！
使用方格紙的話，畫起來會更加方便。
AH＝袖籠
後AH
前AH
袖山
直角
畫一個十字線

如果前後相差實在太多，讓人很在意的話，可以將肩線與側邊線稍微錯開一下修正

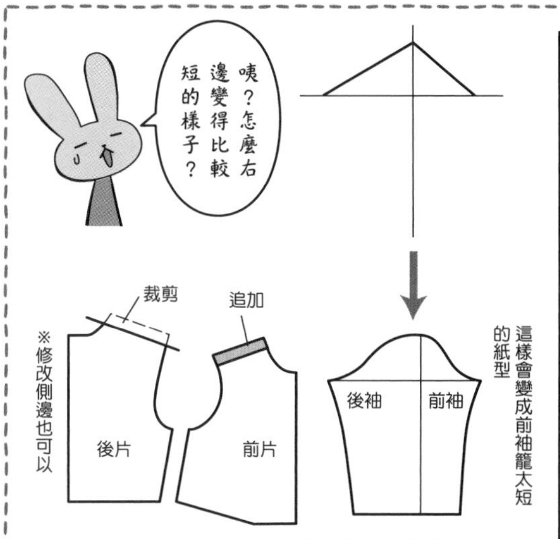
咦？怎麼右邊變得比較短的樣子？
這樣會變成前袖籠太短的紙型
後袖
前袖
裁剪
追加
※修改側邊也可以
後片
前片

※有時不要勉強修正到完美，對娃娃的身體來說，反而會是美觀合身的紙型

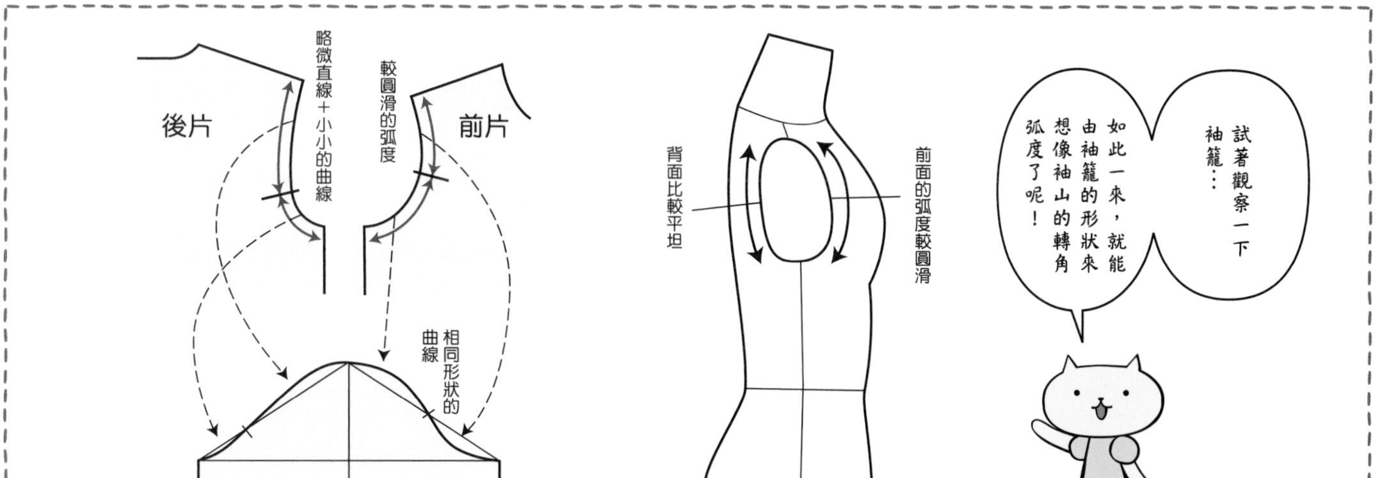
後片
前片
略微直線＋小小的曲線
較圓滑的弧度
相同形狀的曲線
背面比較平坦
前面的弧度較圓滑
試著觀察一下袖籠…
如此一來，就能由袖籠的形狀來想像袖山的轉角弧度了呢！

4.袖山的描繪方法

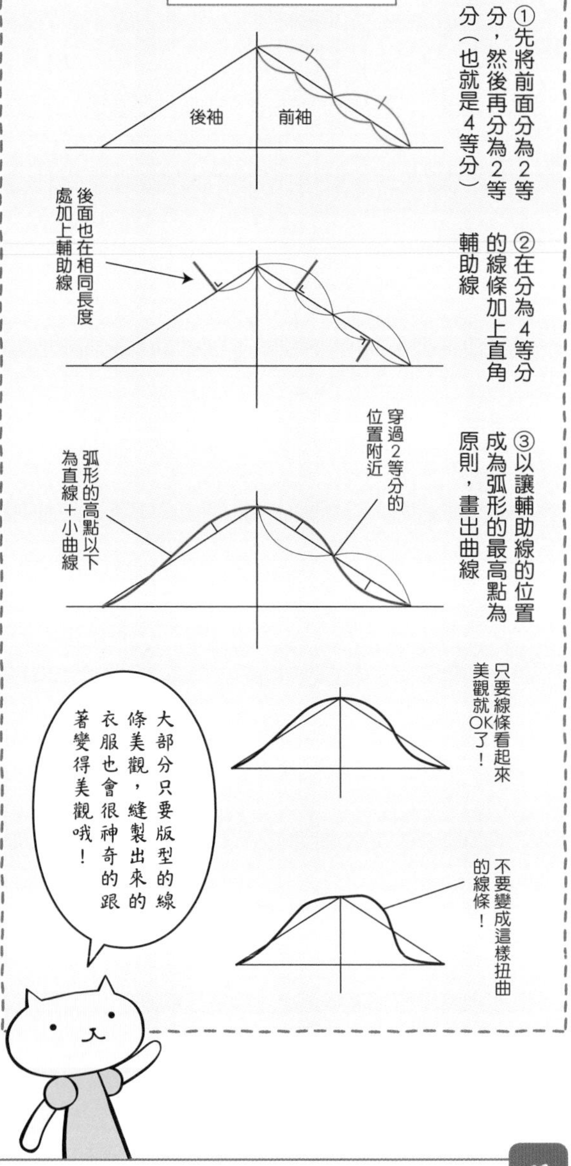

①先將前面分為2等分，然後再分為2等分（也就是4等分）
後袖
前袖
②在分為4等分的線條加上直角輔助線
後面也在相同長度處加上輔助線
③以讓輔助線的位置成為弧形的最高點為原則，畫出曲線
穿過2等分的位置附近
弧形的高點以下為直線＋小曲線
只要線條看起來美觀就OK了！
不要變成這樣扭曲的線條！
大部分只要版型的線條美觀，縫製出來的衣服也會很神奇的跟著變得美觀哦！

5.袖下的描繪方法

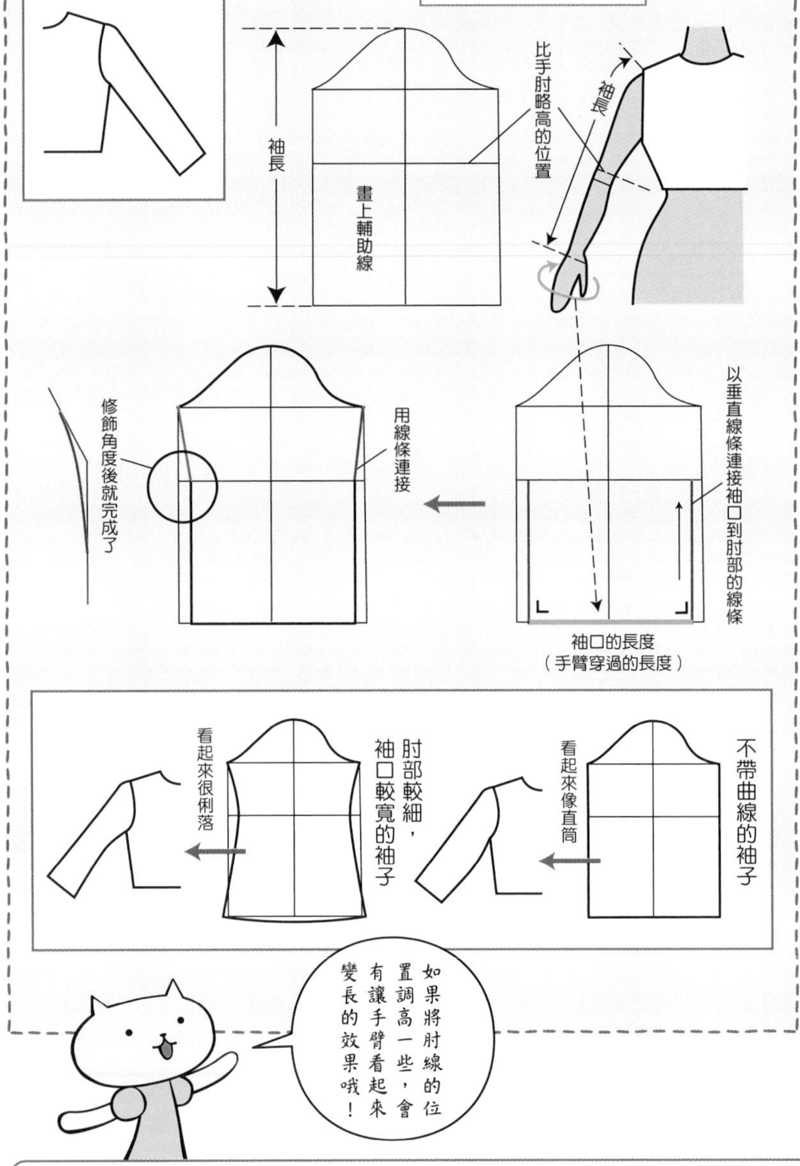

基本款式的袖子
袖長
比手肘略高的位置
袖長
畫上輔助線
以垂直線條連接袖口到肘部的線條
用線條連接
修飾角度後就完成了
袖口的長度
（手臂穿過的長度）
不帶曲線的袖子
看起來像直筒
肘部較細，袖口較寬的袖子
看起來很俐落
如果將肘線的位置調高一些，會有讓手臂看起來變長的效果哦！

關於縮縫分量

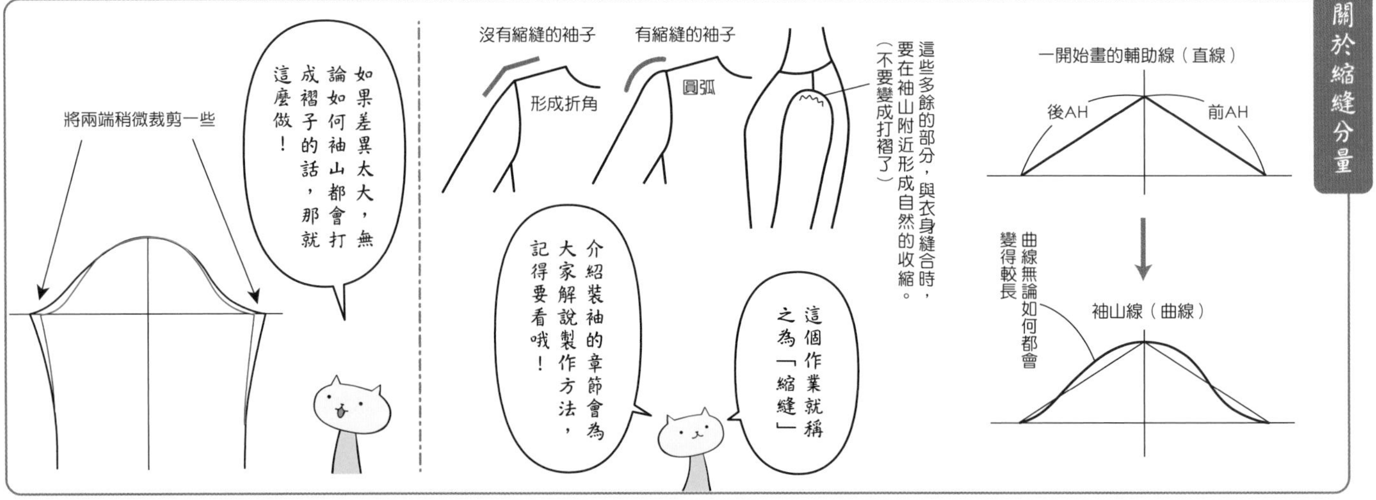

一開始畫的輔助線（直線）
後AH
前AH
曲線無論如何都會變得較長
袖山線（曲線）
沒有縮縫的袖子
形成折角
有縮縫的袖子
圓弧
這些多餘的部分，與衣身縫合時，要在袖山附近形成自然的收縮。（不要變成打褶了）
這個作業就稱之為「縮縫」
介紹裝袖的章節會為大家解說製作方法，記得要看哦！
將兩端稍微裁剪一些
如果差異太大，無論如何袖山都會打成褶子的話，那就這麼做！

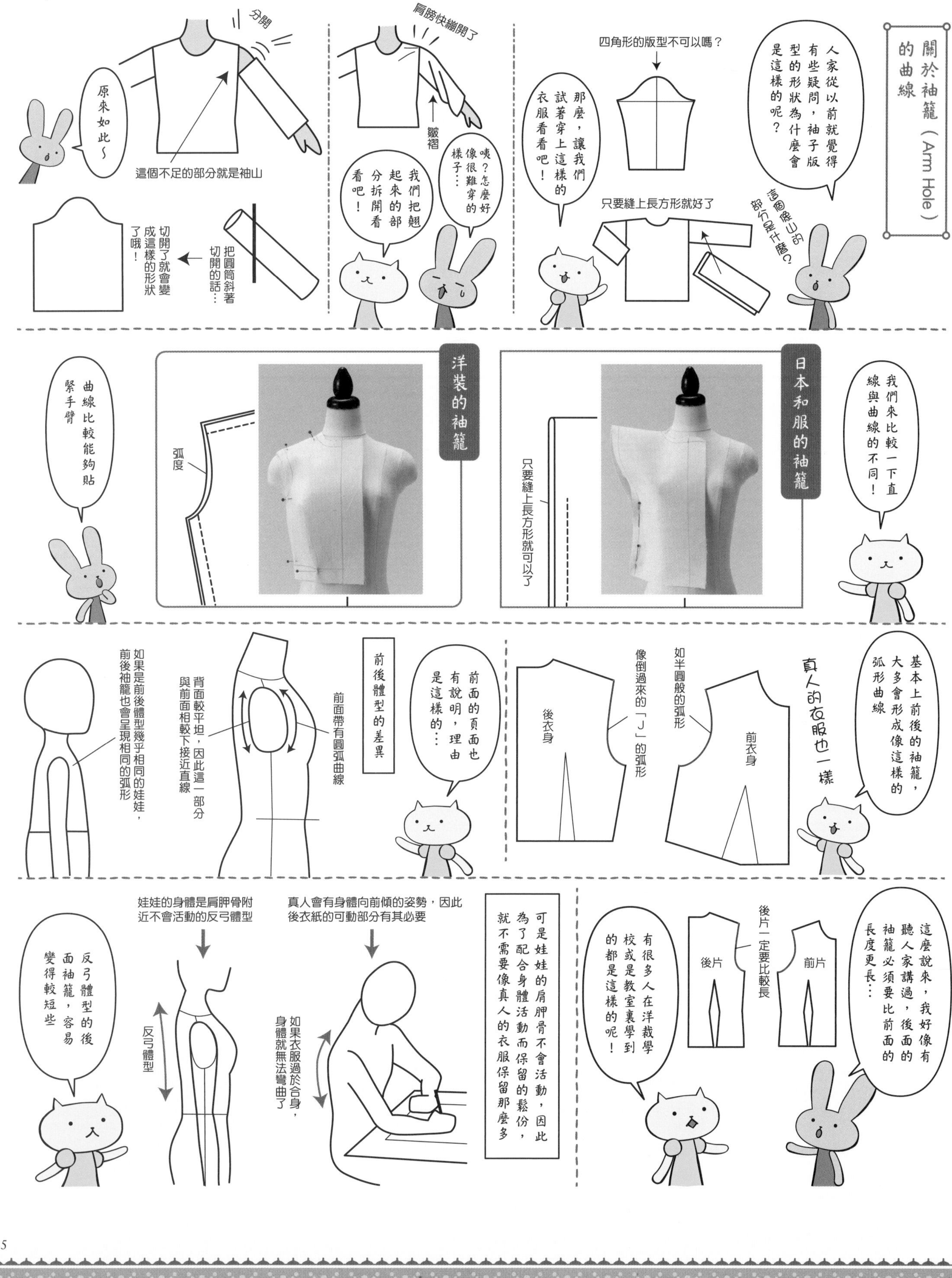
關於袖籠的曲線（Arm Hole）
人家從以前就覺得有些疑問，袖子版型的形狀為什麼會是這樣的呢？
這個像山的部分是什麼？
四角形的版型不可以嗎？
那麼，讓我們試著穿上這樣的衣服看看吧！
只要縫上長方形就好了
肩膀快繃開了
皺褶
咦？怎麼好像很難穿的樣子…
我們把翹起來的部分拆開看看吧！
分開
這個不足的部分就是袖山
原來如此～
把圓筒斜著切開的話…
切開了就會變成這樣的形狀了哦！
我們來比較一下直線與曲線的不同！
日本和服的袖籠
只要縫上長方形就可以了
洋裝的袖籠
弧度
曲線比較能夠貼緊手臂
基本上前後的袖籠，大多會形成像這樣的弧形曲線
真人的衣服也一樣
如半圓般的弧形
前衣身
像倒過來的「J」的弧形
後衣身
前面的頁面也有說明，理由是這樣的…
前後體型的差異
前面帶有圓弧曲線
背面較平坦，因此這一部分與前面相較下接近直線
如果是前後體型幾乎相同的娃娃，前後袖籠也會呈現相同的弧形
這麼說來，我好像有聽人家講過，後面的袖籠必須要比前面的長度更長…
後片一定要比較長
後片
前片
有很多人在洋裁學校或是教室裏學到的都是這樣的呢！
可是娃娃的肩胛骨不會活動，因此為了配合身體活動而保留的鬆份，就不需要像真人的衣服保留那麼多
真人會有身體向前傾的姿勢，因此後衣紙的可動部分有其必要
如果衣服過於合身，身體就無法彎曲了
娃娃的身體是肩胛骨附近不會活動的反弓體型
反弓體型
反弓體型的後面袖籠，容易變得較短些

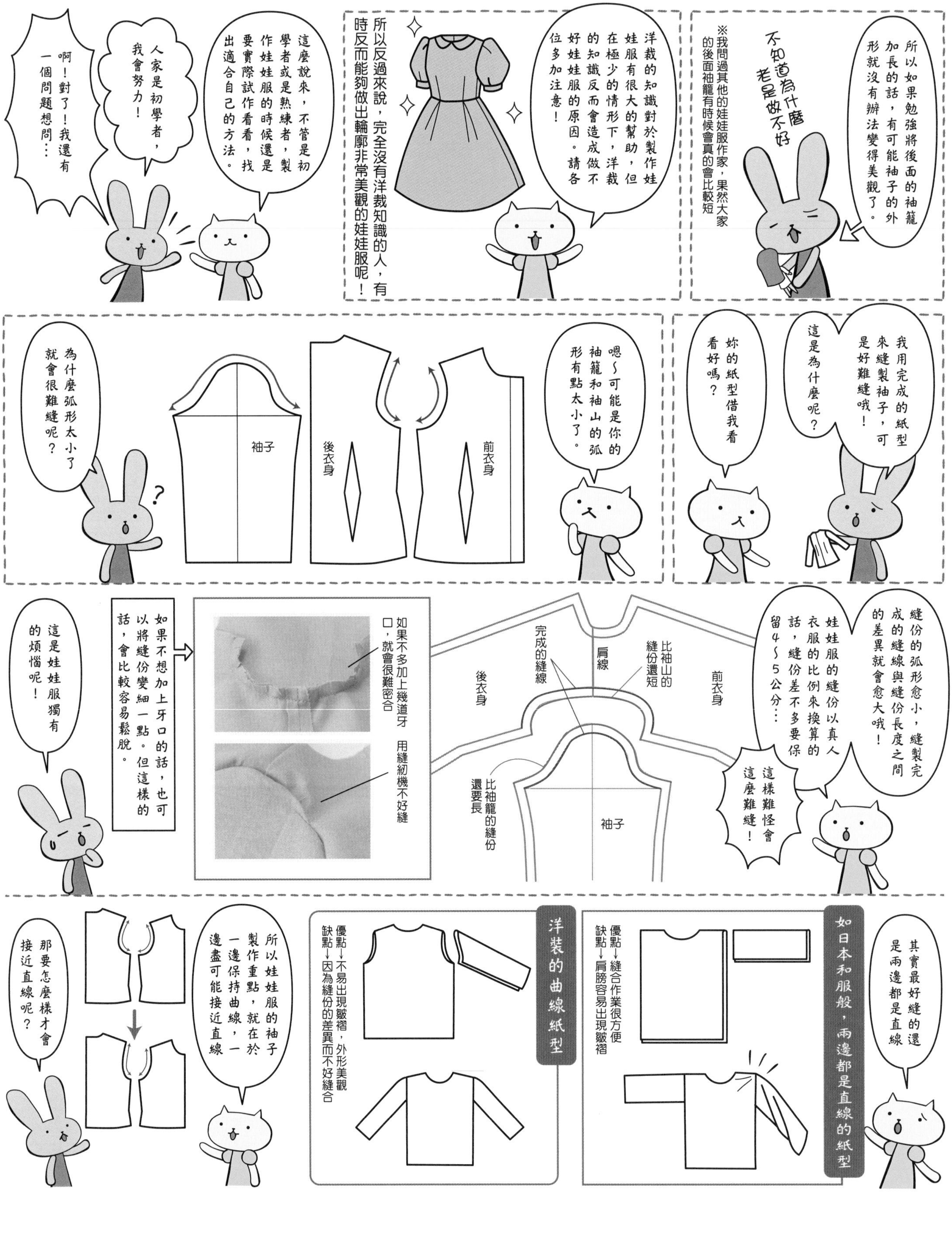
所以如果勉強將後面的袖籠加長的話，有可能袖子的外形就沒有辦法變得美觀了。
不知道為什麼老是做不好
※我問過其他的娃娃服作家，果然大家的後面袖籠有時候會真的會比較短
洋裁的知識對於製作娃娃服有很大的幫助，但在極少的情形下，洋裁的知識反而會造成做不好娃娃服的原因。請各位多加注意！
所以反過來說，完全沒有洋裁知識的人，有時反而能夠做出輪廓非常美觀的娃娃服呢！
這麼說來，不管是初學者或是熟練者，製作娃娃服的時候還是要實際試作看看，找出適合自己的方法。
人家是初學者，我會努力！
啊！對了！我還有一個問題想問…
我用完成的紙型來縫製袖子，可是好難縫哦！
這是為什麼呢？
妳的紙型借我看好嗎？
嗯～可能是你的袖籠和袖山的弧形有點太小了。
前衣身
後衣身
袖子
為什麼弧形太小了就會很難縫呢？
縫份的弧形愈小，縫製完成的縫線與縫份長度之間的差異就會愈大哦！
娃娃服的縫份以真人衣服的比例來換算的話，縫份差不多要保留4～5公分…
這樣難怪會這麼難縫！
前衣身
比袖山的縫份還短
肩線
完成的縫線
後衣身
比袖籠的縫份還要長
袖子
如果不多加上幾道牙口，就會很難密合
用縫紉機不好縫
如果不想加上牙口的話，也可以將縫份變細一點。但這樣的話，會比較容易鬆脫。
這是娃娃服獨有的煩惱呢！
其實最好縫的還是兩邊都是直線
如日本和服般，兩邊都是直線的紙型
優點→縫合作業很方便
缺點→肩膀容易出現皺褶
洋裝的曲線紙型
優點→不易出現皺褶，外形美觀
缺點→因為縫份的差異而不好縫合
所以娃娃服的袖子製作重點，就在於一邊保持曲線，一邊盡可能接近直線
那要怎麼樣才會接近直線呢？

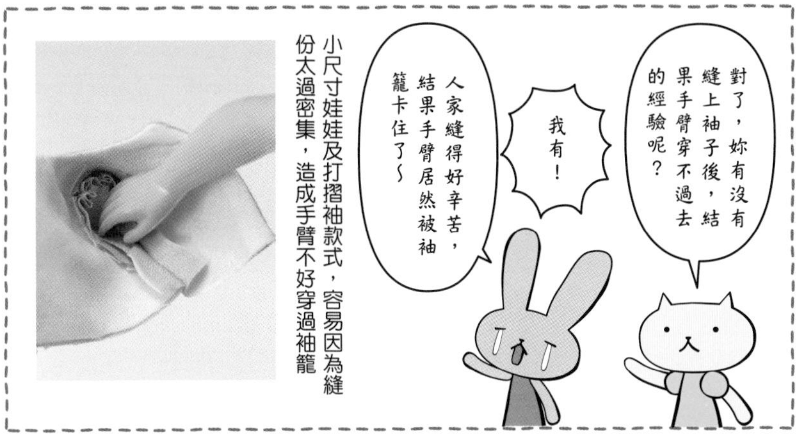
小尺寸娃娃及打摺袖款式，容易因為縫份太過密集，造成手臂不好穿過袖籠
對了，妳有沒有縫上袖子後，結果手臂穿不過去的經驗呢？
我有！
人家縫得好辛苦，結果手臂居然被袖籠卡住了～

一般來說，原型的袖下都會調整到更下方的位置哦！
向下調整
袖籠的曲線變得稍微和緩些呢！
向下調整的參考數值
◎小尺寸娃娃0.3cm～
◎大尺寸娃娃0.5cm～

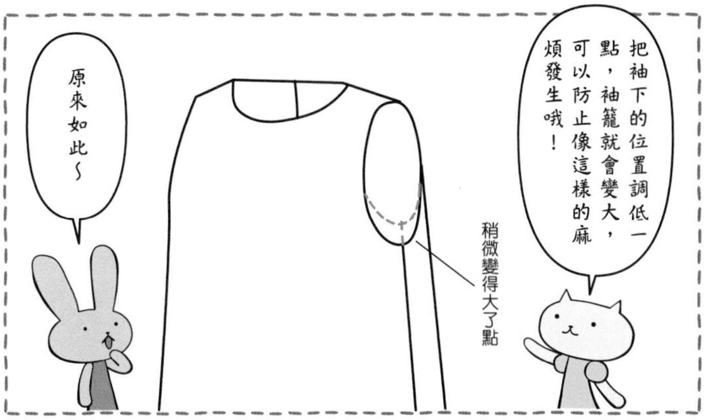
把袖下的位置調低一點，袖籠就會變大，可以防止像這樣的麻煩發生哦！
稍微變得大了點
原來如此～

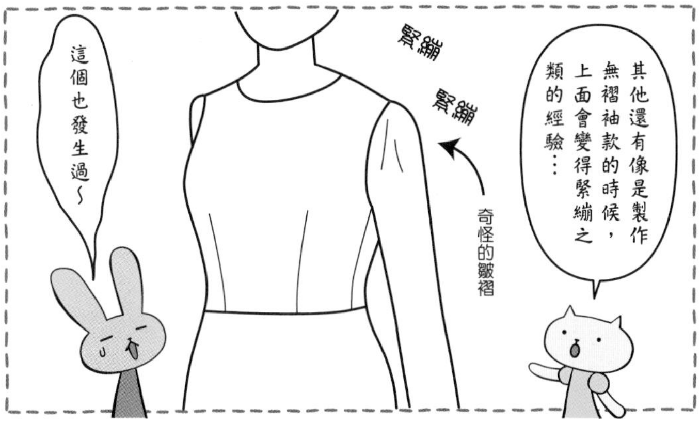
其他還有像是製作無褶袖款的時候，上面會變得緊繃之類的經驗…
緊繃
緊繃
奇怪的皺褶
這個也發生過～

決定肩峰點（SP）的方法

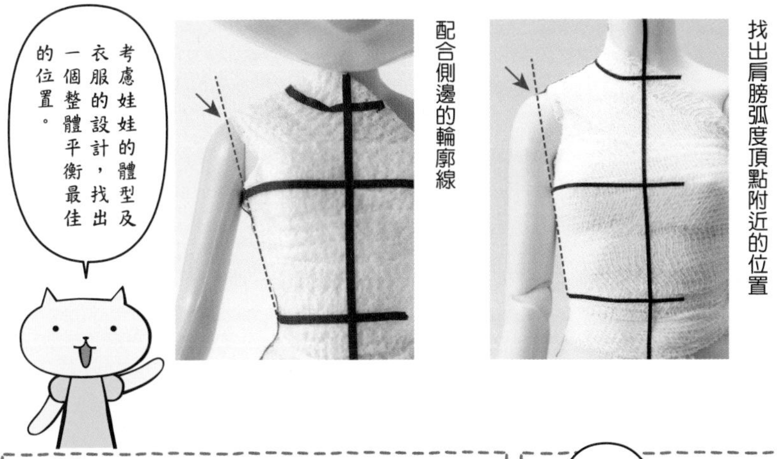
找出肩膀弧度頂點附近的位置
配合側邊的輪廓線
考慮娃娃的體型及衣服的設計，找出一個整體平衡最佳的位置。

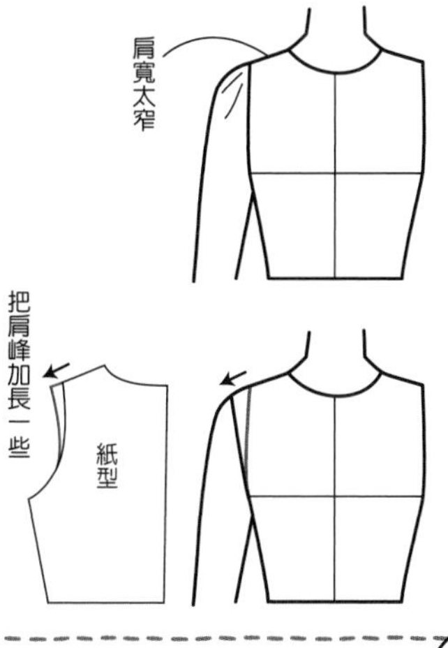
肩寬太窄
把肩峰加長一些
紙型

POINT
如果袖山翹起的話，可以稍微追加一些肩峰，讓肩寬可以加大

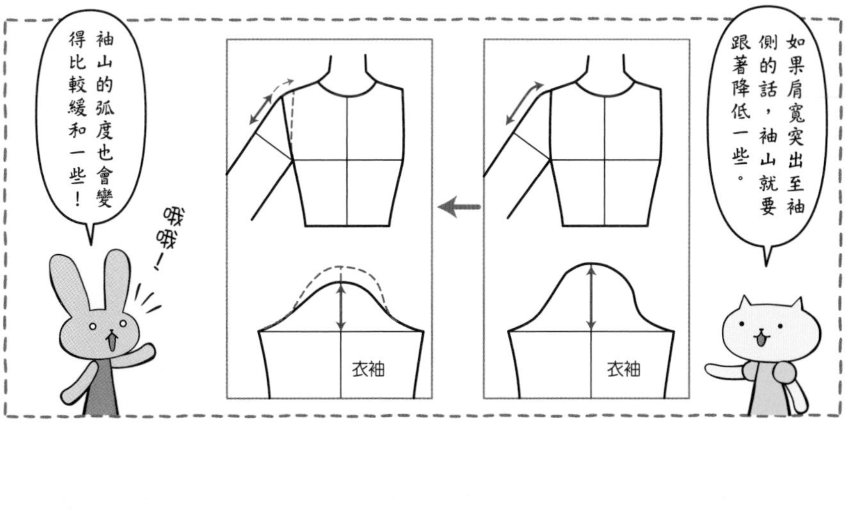
如果肩寬突出至袖側的話，袖山就要跟著降低一些。
衣袖
衣袖
袖山的弧度也會變得比較緩和一些！
哦哦！

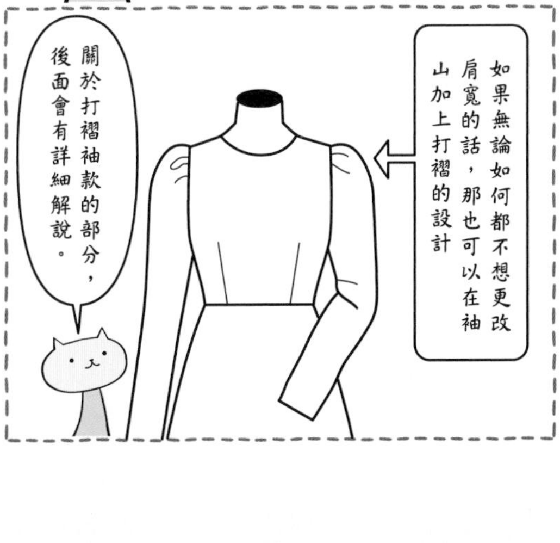
如果無論如何都不想更改肩寬的話，那也可以在袖山加上打褶的設計
關於打褶袖款的部分，後面會有詳細解說。

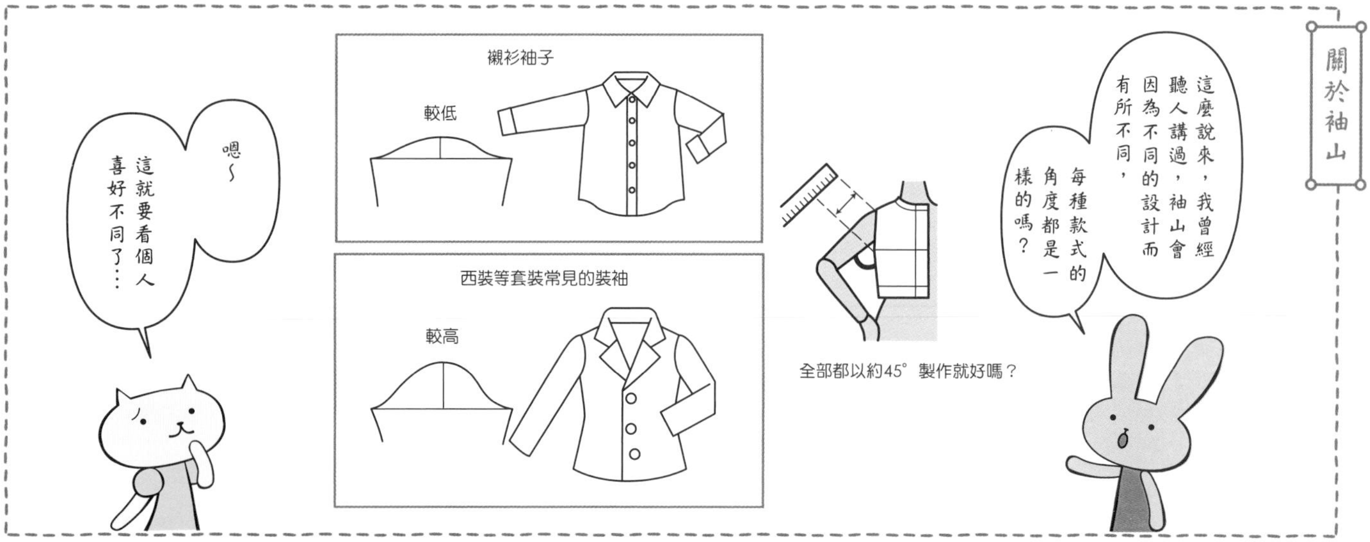
關於袖山
這麼說來，我曾經聽人講過，袖山會因為不同的設計而有所不同，
每種款式的角度都是一樣的嗎？
全部都以約45°製作就好嗎？
襯衫袖子
較低
西裝等套裝常見的裝袖
較高
嗯～
這就要看個人喜好不同了⋯⋯

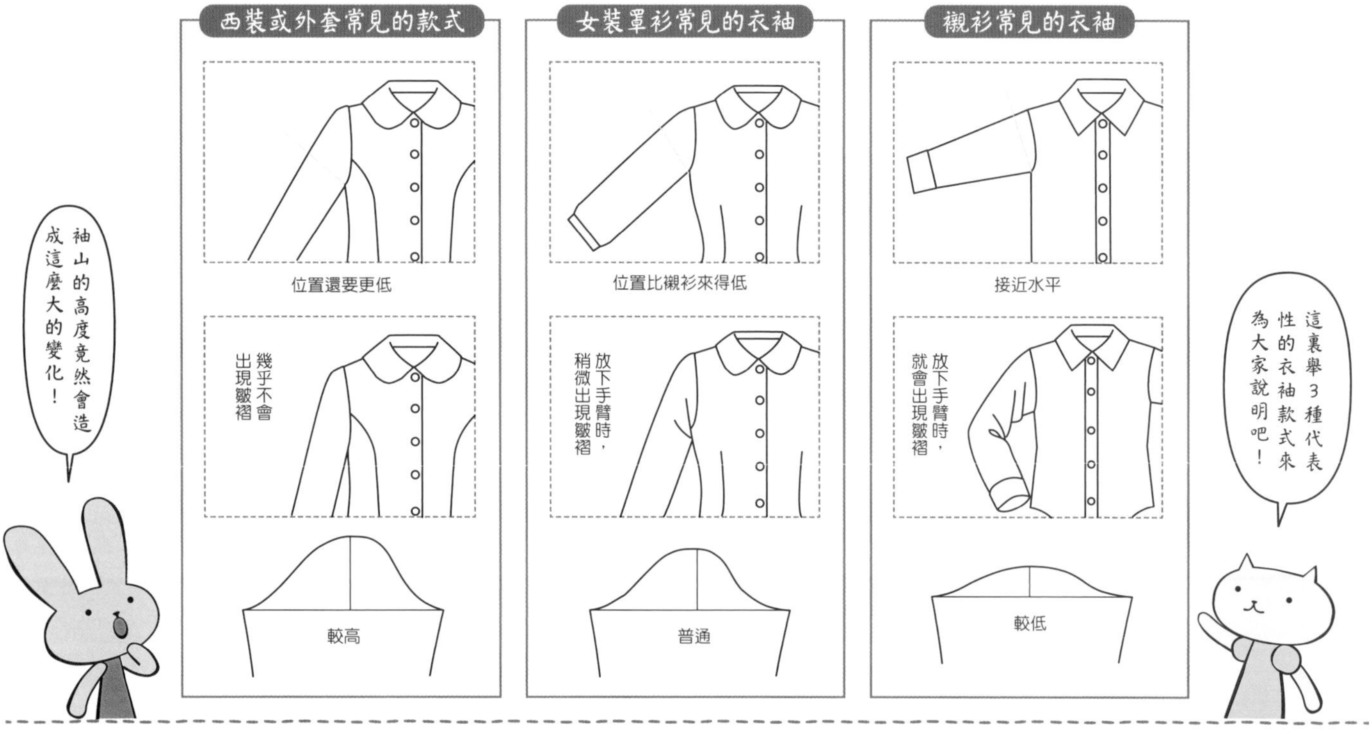
這裏舉3種代表性的衣袖款式來為大家說明吧！
西裝或外套常見的款式
位置還要更低
幾乎不會出現皺褶
較高
女裝罩衫常見的衣袖
位置比襯衫來得低
放下手臂時，稍微出現皺褶
普通
襯衫常見的衣袖
接近水平
放下手臂時，就會出現皺褶
較低
袖山的高度竟然會造成這麼大的變化！

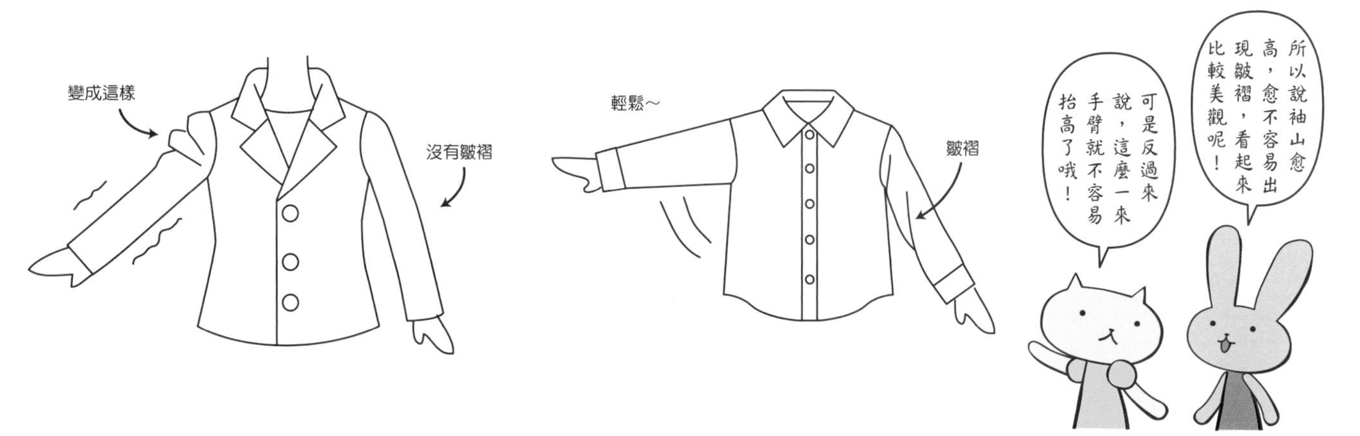
變成這樣
沒有皺褶
輕鬆～
皺褶
所以說袖山愈高，愈不容易出現皺褶，看起來比較美觀呢！
可是反過來說，這麼一來手臂就不容易抬高了哦！

Chapter 5. 製作袖子

娃娃在擺飾時，或是拍照的時候，一般都會決定好特定的姿勢吧？
所以我們不需要製作真人衣服的迷你版，
只要製作當娃娃擺姿勢時穿起來最好看的衣服就可以了吧？
對了，芙莉兔妹妹妳為什麼會想要自己做娃娃服呢？
咦？
突然這麼問？
嗯～應該是因為我想讓娃娃穿上我喜歡的衣服吧！

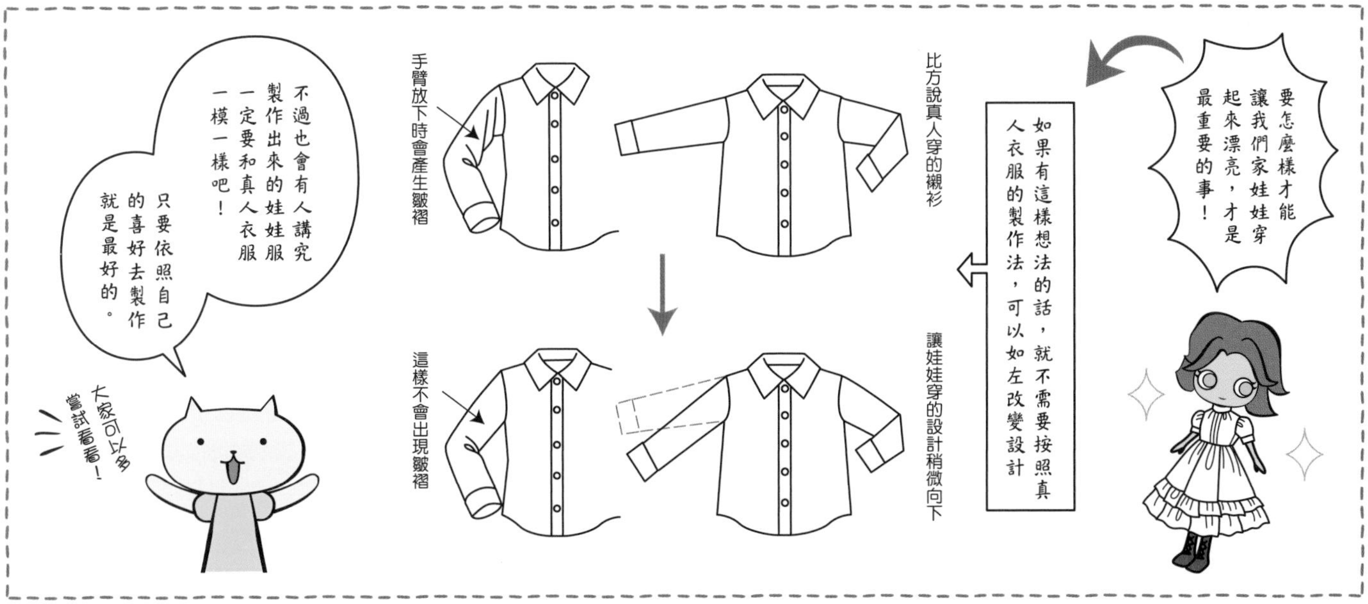
要怎麼樣才能讓我們家娃娃穿起來漂亮，才是最重要的事！
如果有這樣想法的話，就不需要按照真人衣服的製作法，可以如左改變設計
比方說真人穿的襯衫
手臂放下時會產生皺褶
讓娃娃穿的設計稍微向下
這樣不會出現皺褶
不過也會有人講究製作出來的娃娃服一定要和真人衣服一模一樣吧！
只要依照自己的喜好去製作就是最好的。
大家可以多嘗試看看！

自製衣袖定規尺

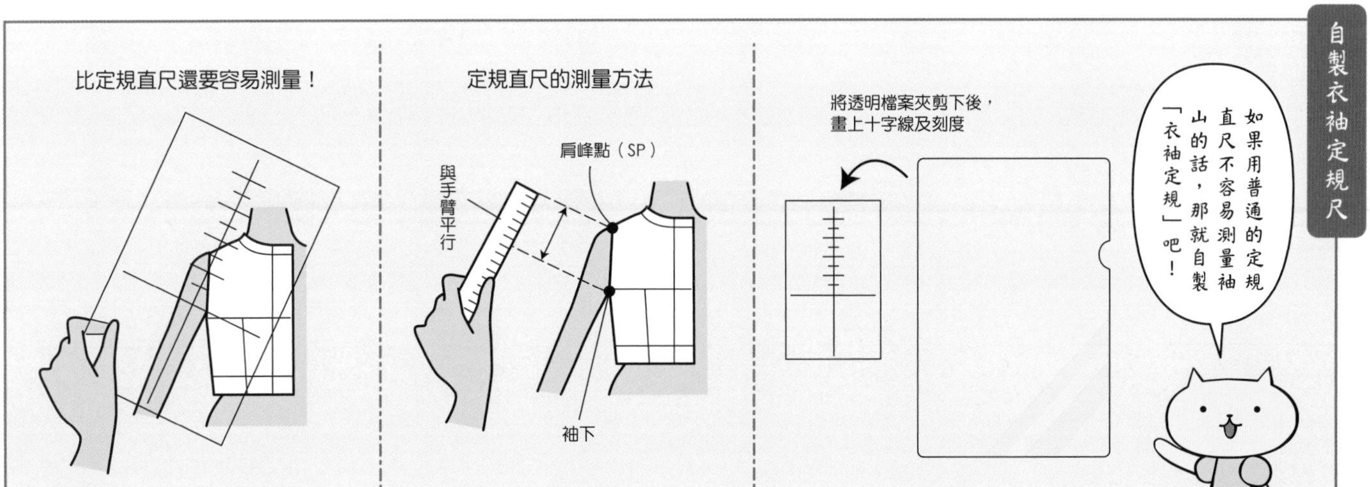
如果用普通的定規直尺不容易測量袖山的話，那就自製「衣袖定規」吧！
將透明檔案夾剪下後，
畫上十字線及刻度
定規直尺的測量方法
肩峰點（SP）
與手臂平行
袖下
比定規直尺還要容易測量！

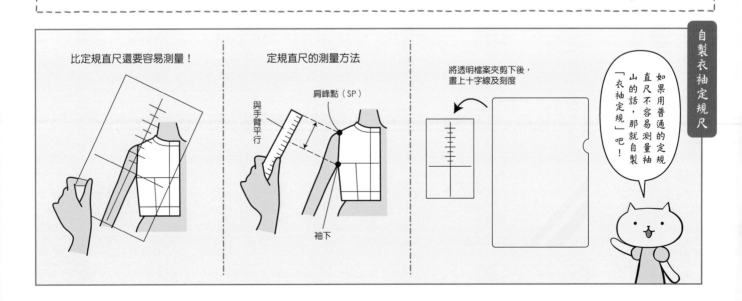

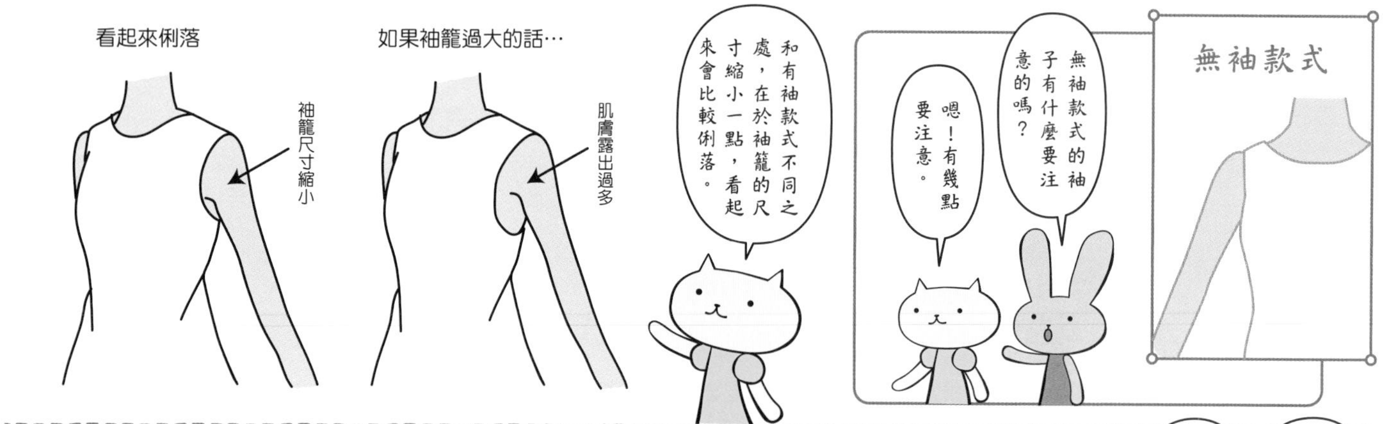
看起來俐落
袖籠尺寸縮小
如果袖籠過大的話…
肌膚露出過多
和有袖款式不同之處，在於袖籠的尺寸縮小一點，看起來會比較俐落。
無袖款式的袖子有什麼要注意的嗎？
嗯！有幾點要注意。
無袖款式

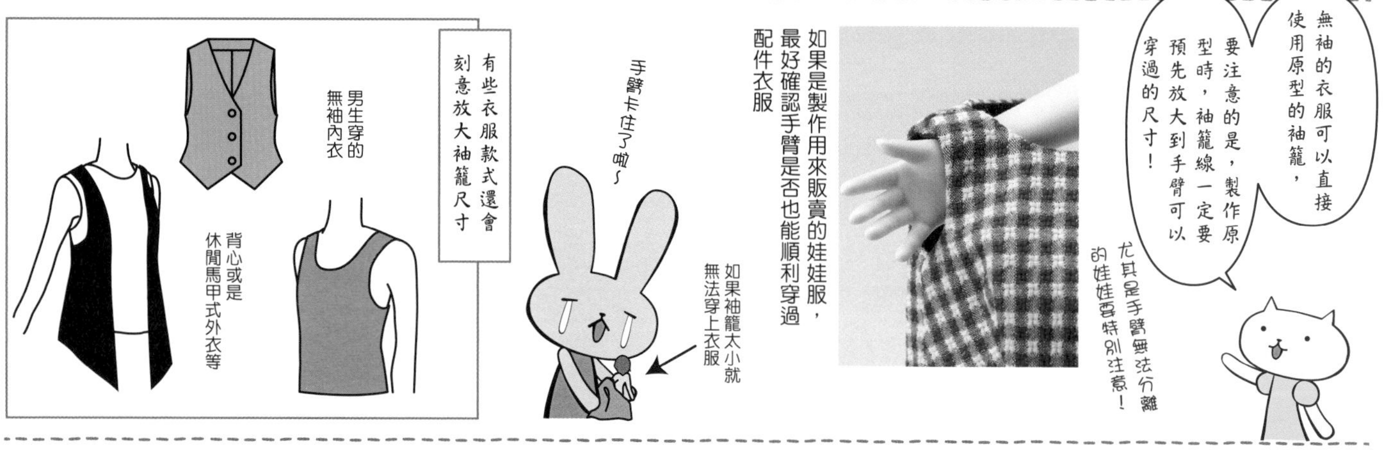
無袖的衣服可以直接使用原型的袖籠，
要注意的是，製作原型時，袖籠線一定要預先放大到手臂可以穿過的尺寸！
尤其是手臂無法分離的娃娃要特別注意！
如果是製作用來販賣的娃娃服，最好確認手臂是否也能順利穿過配件衣服
手臂卡住了啦~
如果袖籠太小就無法穿上衣服
有些衣服款式還會刻意放大袖籠尺寸
男生穿的無袖內衣
背心或是休閒馬甲式外衣等

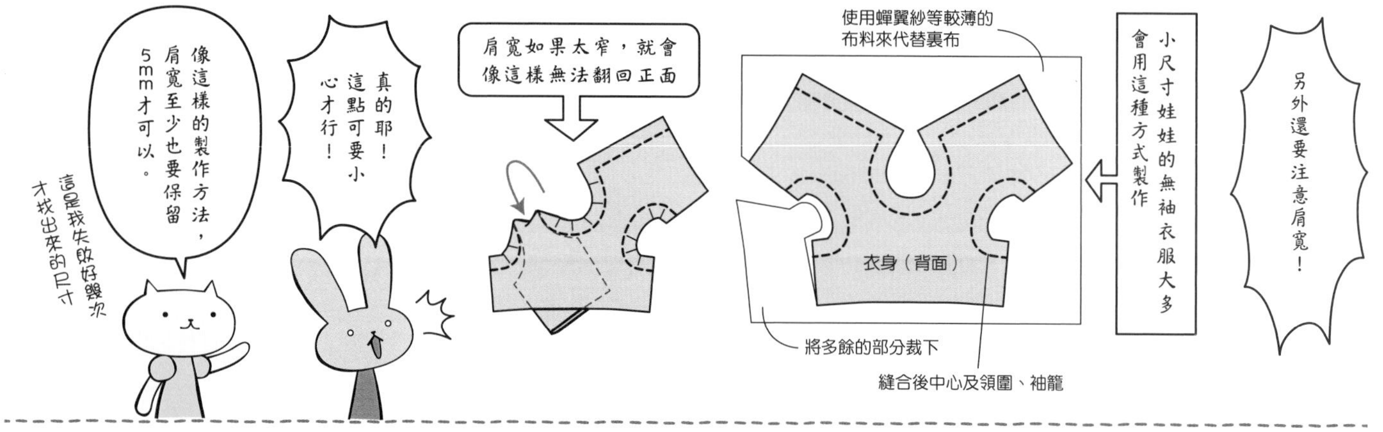
另外還要注意肩寬！
小尺寸娃娃的無袖衣服大多會用這種方式製作
使用蟬翼紗等較薄的布料來代替裏布
衣身（背面）
將多餘的部分裁下
縫合後中心及領圍、袖籠
肩寬如果太窄，就會像這樣無法翻回正面
真的耶！這點可要小心才行！
像這樣的製作方法，肩寬至少也要保留5mm才可以。
這是我失敗好幾次才找出來的尺寸

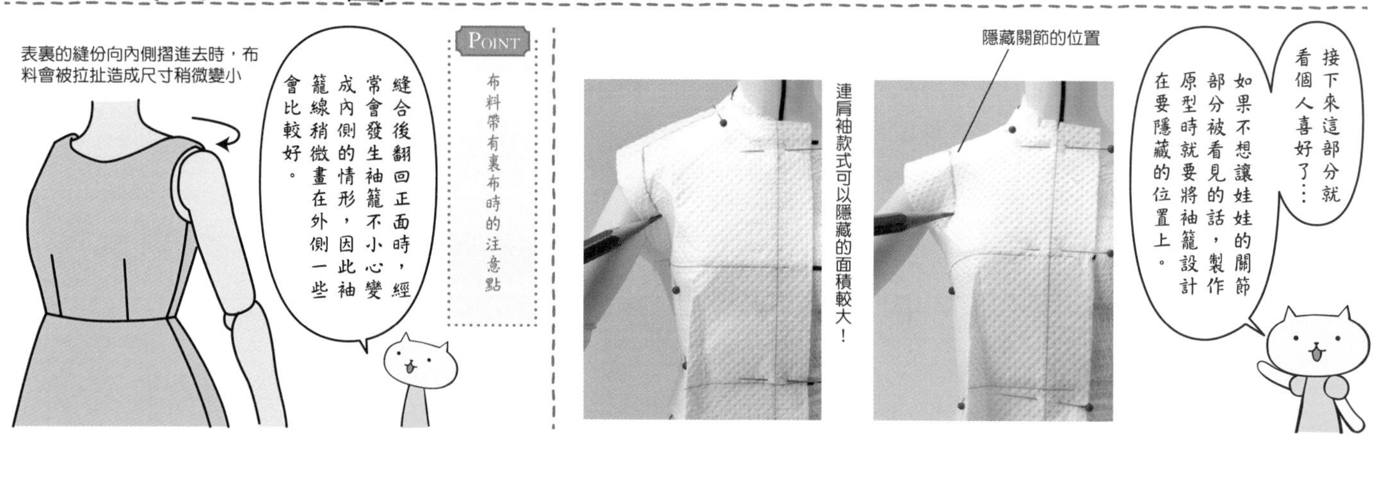
接下來這部分就看個人喜好了…
如果不想讓娃娃的關節部分被看見的話，製作原型時就要將袖籠設計在要隱藏的位置上。
隱藏關節的位置
連肩袖款式可以隱藏的面積較大！
POINT
布料帶有裏布時的注意點
縫合後翻回正面時，經常會發生袖籠不小心變成內側的情形，因此袖籠線稍微畫在外側一些會比較好。
表裏的縫份向內側摺進去時，布料會被拉扯造成尺寸稍微變小

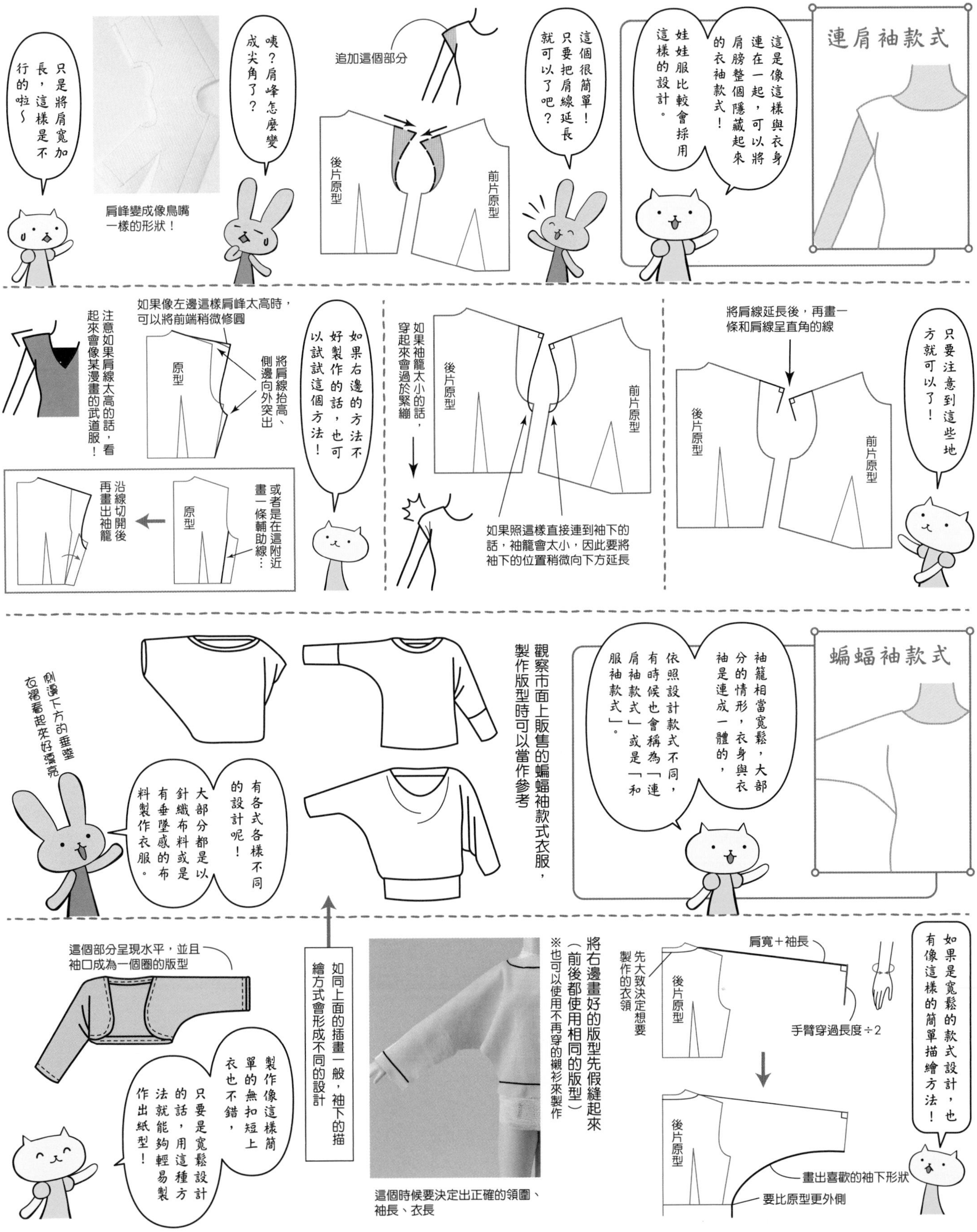
只是將肩寬加長，這樣是不行的啦～
肩峰變成像鳥嘴一樣的形狀！
咦？肩峰怎麼變成尖角了？
追加這個部分
後片原型
前片原型
這個很簡單！只要把肩線延長就可以了吧？
這是像這樣與衣身連在一起，可以將肩膀整個隱藏起來的衣袖款式！娃娃服比較會採用這樣的設計。
連肩袖款式
注意如果肩線太高的話，看起來會像某漫畫的武道服！
如果像左邊這樣肩峰太高時，可以將前端稍微修圓
原型
將肩線抬高、側邊向外突出
如果右邊的方法不好製作的話，也可以試試這個方法！
或者是在這附近畫一條輔助線…
原型
沿線切開後再畫出袖籠
如果袖籠太小的話，穿起來會過於緊繃
後片原型
前片原型
如果照這樣直接連到袖下的話，袖籠會太小，因此要將袖下的位置稍微向下方延長
將肩線延長後，再畫一條和肩線呈直角的線
後片原型
前片原型
只要注意到這些地方就可以了！
蝙蝠袖款式
袖籠相當寬鬆，大部分的情形，衣身與衣袖是連成一體的，依照設計款式不同，有時候也會稱為「連肩袖款式」或是「和服袖款式」。
觀察市面上販售的蝙蝠袖款式衣服，製作版型時可以當作參考
側邊下方的垂墜衣褶看起來好漂亮
有各式各樣不同的設計呢！大部分都是以針織布料或是有垂墜感的布料製作衣服。
如果是寬鬆的款式設計，也有像這樣的簡單描繪方法！
肩寬＋袖長
先大致決定想要製作的衣領
後片原型
手臂穿過長度÷2
後片原型
畫出喜歡的袖下形狀
要比原型更外側
將右邊畫好的版型先假縫起來（前後都使用相同的版型）
※也可以使用不再穿的襯衫來製作
這個時候要決定出正確的領圍、袖長、衣長
如同上面的插畫一般，袖下的描繪方式會形成不同的設計
這個部分呈現水平，並且袖口成為一個圈的版型
製作像這樣簡單的無扣短上衣也不錯，只要是寬鬆設計的話，用這種方法就能夠輕易製作出紙型！

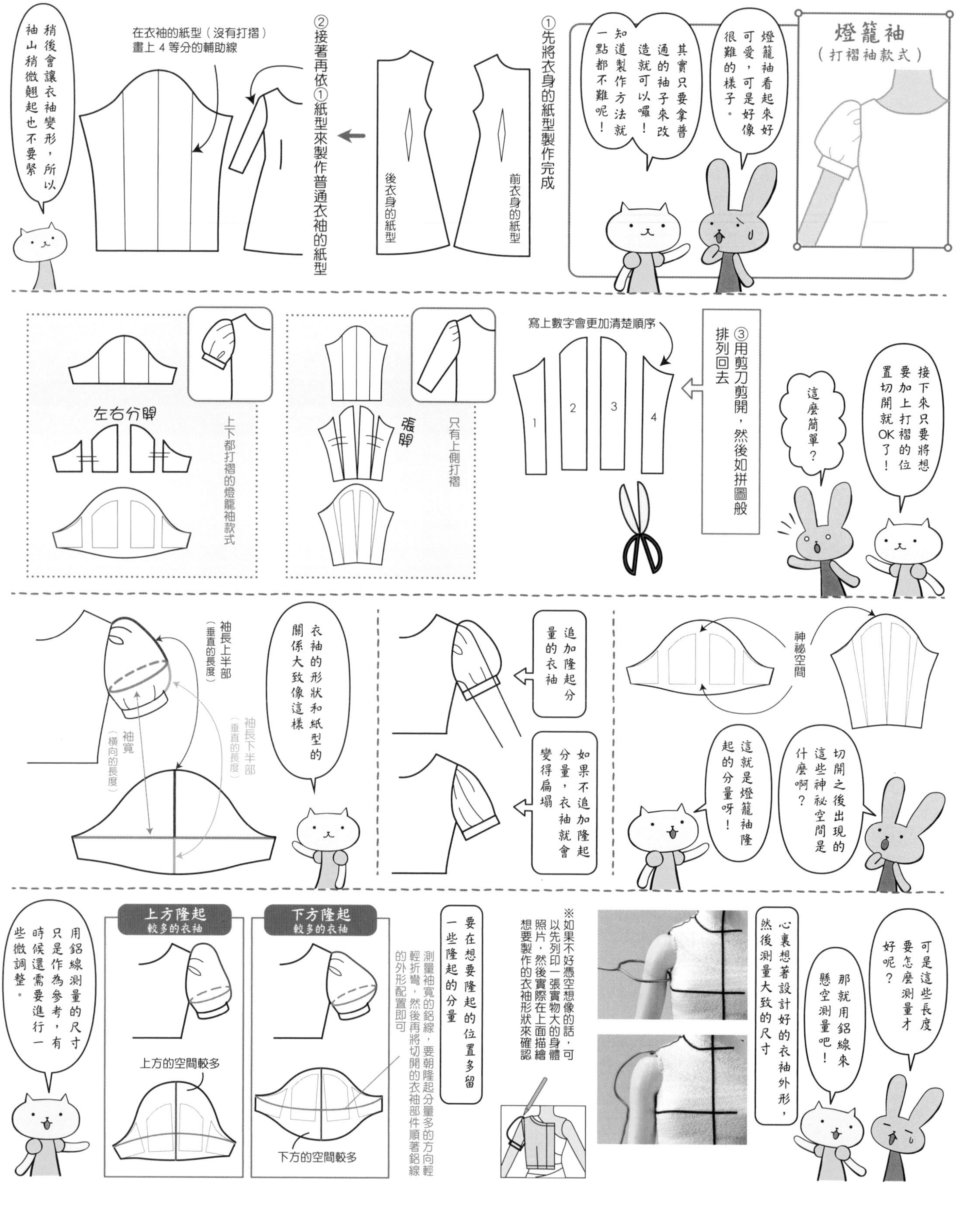
燈籠袖
（打褶袖款式）
燈籠袖看起來好可愛，可是好像很難的樣子。
其實只要拿普通的袖子來改造就可以囉！知道製作方法就一點都不難呢！
①先將衣身的紙型製作完成
前衣身的紙型
後衣身的紙型
②接著再依①紙型來製作普通衣袖的紙型
在衣袖的紙型（沒有打摺）畫上 4 等分的輔助線
稍後會讓衣袖變形，所以袖山稍微翹起也不要緊
接下來只要將想要加上打褶的位置切開就OK了！
這麼簡單？
③用剪刀剪開，然後如拼圖般排列回去
寫上數字會更加清楚順序
1
2
3
4
只有上側打褶
張開
上下都打褶的燈籠袖款式
左右分開
切開之後出現的這些神秘空間是什麼啊？
這就是燈籠袖隆起的分量呀！
神秘空間
追加隆起分量的衣袖
如果不追加隆起分量，衣袖就會變得扁塌
衣袖的形狀和紙型的關係大致像這樣
袖長上半部（垂直的長度）
袖長下半部（垂直的長度）
袖寬（橫向的長度）
可是這些長度要怎麼測量才好呢？
那就用鋁線來懸空測量吧！
心裏想著設計好的衣袖外形，然後測量大致的尺寸
※如果不好憑空想像的話，可以先列印一張實物大的身體照片，然後實際在上面描繪想要製作的衣袖形狀來確認
要在想要隆起的位置多留一些隆起的分量
測量袖寬的鋁線，要朝隆起分量多的方向輕輕折彎，然後再將切開的衣袖部件順著鋁線的外形配置即可
下方隆起
較多的衣袖
下方的空間較多
上方隆起
較多的衣袖
上方的空間較多
用鋁線測量的尺寸只是作為參考，有時候還需要進行一些微調整。

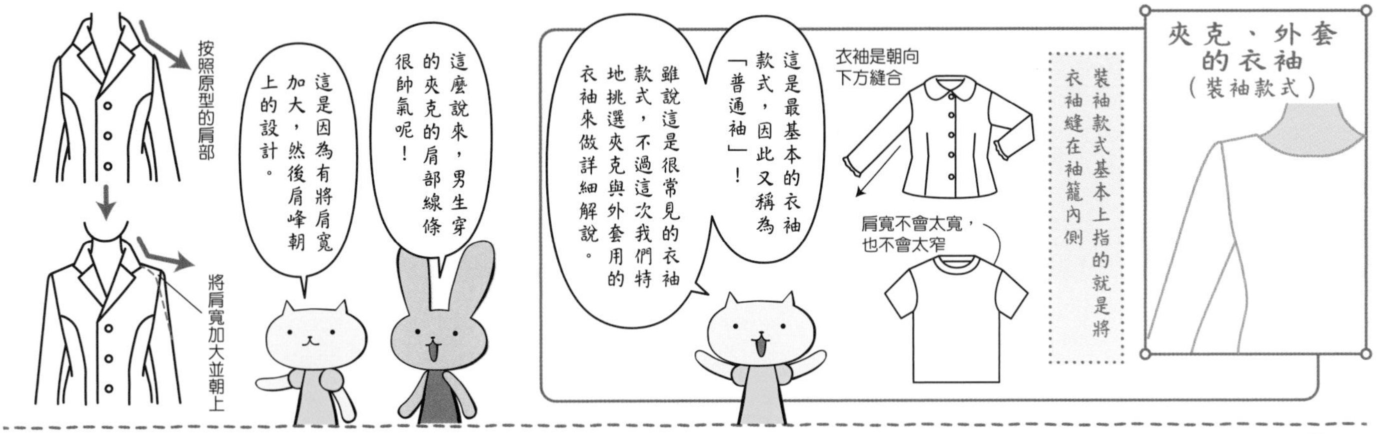
按照原型的肩部
將肩寬加大並朝上
這是因為有將肩寬加大，然後肩峰朝上的設計。
這麼說來，男生穿的夾克的肩部線條很帥氣呢！
這是最基本的衣袖款式，因此又稱為「普通袖」！
雖說這是很常見的衣袖款式，不過這次我們特地挑選夾克與外套用的衣袖來做詳細解說。
衣袖是朝向下方縫合
肩寬不會太寬，也不會太窄
裝袖款式基本上指的就是將衣袖縫在袖籠內側
夾克、外套的衣袖（裝袖款式）

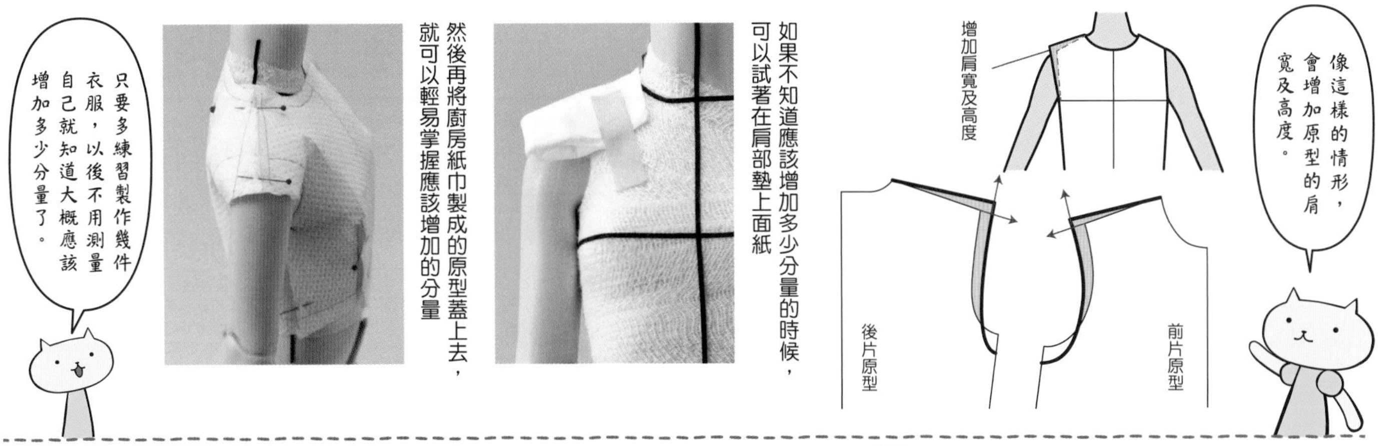
只要多練習製作幾件衣服，以後不用測量自己就知道大概應該增加多少分量了。
然後再將廚房紙巾製成的原型蓋上去，就可以輕易掌握應該增加的分量
如果不知道應該增加多少分量的時候，可以試著在肩部墊上面紙
增加肩寬及高度
後片原型
前片原型
像這樣的情形，會增加原型的肩寬及高度。

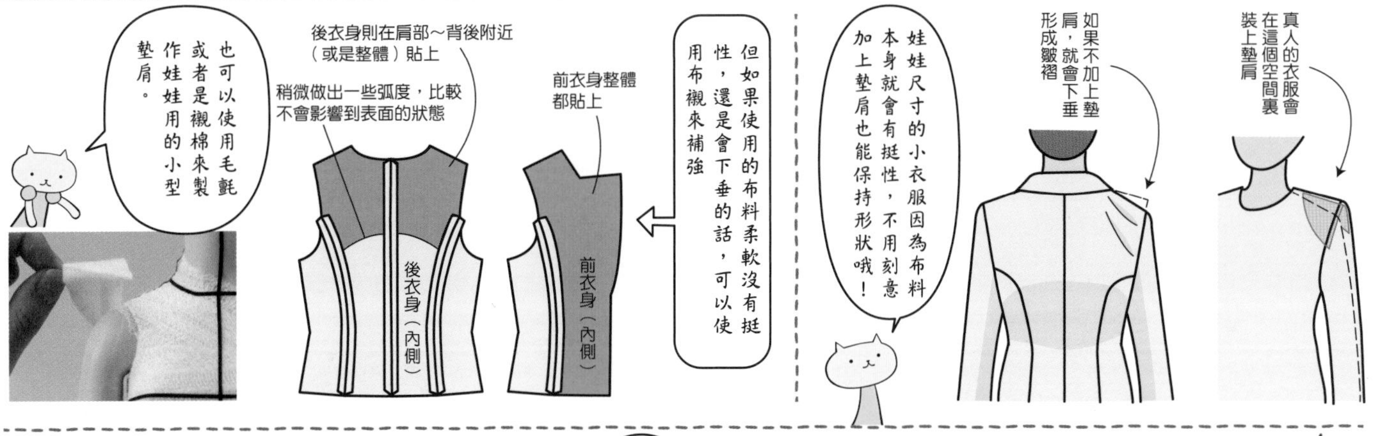
也可以使用毛氈或者是襯棉來製作娃娃用的小型墊肩。
後衣身則在肩部～背後附近（或是整體）貼上
稍微做出一些弧度，比較不會影響到表面的狀態
前衣身整體都貼上
後衣身（內側）
前衣身（內側）
但如果使用的布料柔軟沒有挺性，還是會下垂的話，可以使用布襯來補強
娃娃尺寸的小衣服因為布料本身就會有挺性，不用刻意加上墊肩也能保持形狀哦！
如果不加上墊肩，就會下垂形成皺褶
真人的衣服會在這個空間裏裝上墊肩

看來先製作底下穿的衣服會比較好呢！
袖籠太小
緊繃緊繃
袖籠加大
清爽俐落
製作背心時也要注意！
除了袖籠之外，也不要忘記追加底下衣物的厚度哦！
如果有必要，可以稍微追加領子附近的厚度
夾克的袖籠比襯衫袖籠還要下方
夾克與外套的袖下有以下注意事項！
像夾克或外套這種底下還會穿著襯衫或剪裁上衣的服飾，袖籠的設計必需要比底下穿的衣服袖籠還大才行

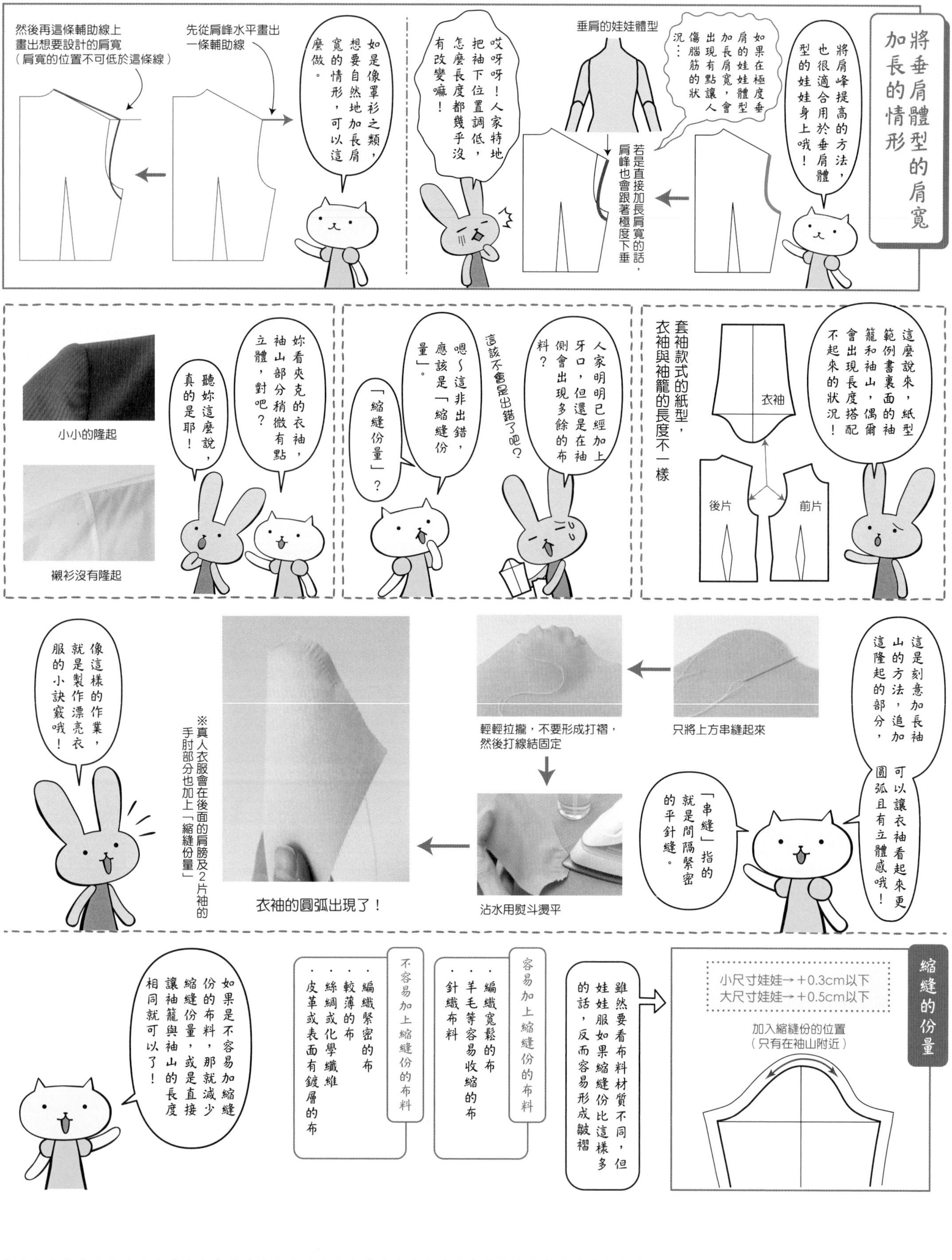
將垂肩體型的肩寬
加長的情形
將肩峰提高的方法，也很適合用於垂肩體型的娃娃身上哦！
如果在極度垂肩的娃娃體型加長肩寬，會出現有點讓人傷腦筋的狀況…
垂肩的娃娃體型
若是直接加長肩寬的話，肩峰也會跟著極度下垂
哎呀呀！人家特地把袖下位置調低，怎麼長度都幾乎沒有改變嘛！
如是像罩衫之類，想要自然地加長肩寬的情形，可以這麼做。
先從肩峰水平畫出一條輔助線
然後再這條輔助線上畫出想要設計的肩寬（肩寬的位置不可低於這條線）
這麼說來，紙型範例書裏面的袖籠和袖山，偶爾會出現長度搭配不起來的狀況！
套袖款式的紙型，衣袖與袖籠的長度不一樣
衣袖
後片
前片
人家明明已經加上牙口，但還是在袖側會出現多餘的布料？
這該不會是出錯了吧？
嗯～這非出錯，應該是「縮縫份量」。
「縮縫份量」？
妳看夾克的衣袖，袖山部分稍微有點立體，對吧？
聽妳這麼說，真的是耶！
小小的隆起
襯衫沒有隆起
這是刻意加長袖山的方法，追加這隆起的部分，可以讓衣袖看起來更圓弧且有立體感哦！
「串縫」指的就是間隔緊密的平針縫。
只將上方串縫起來
輕輕拉攏，不要形成打褶，然後打線結固定
沾水用熨斗燙平
衣袖的圓弧出現了！
※真人衣服會在後面的肩膀及2片袖的手肘部分也加上「縮縫份量」
像這樣的作業，就是製作漂亮衣服的小訣竅哦！
縮縫的份量
小尺寸娃娃→＋0.3cm以下
大尺寸娃娃→＋0.5cm以下
加入縮縫份的位置（只有在袖山附近）
雖然要看布料材質不同，但娃娃服如果縮縫份比這樣多的話，反而容易形成皺褶
容易加上縮縫份的布料
・編織寬鬆的布
・羊毛等容易收縮的布
・針織布料
不容易加上縮縫份的布料
・編織緊密的布
・較薄的布
・絲綢或化學纖維
・皮革或表面有鍍層的布
如果是不容易加縮縫份的布料，那就減少縮縫份量，或是直接讓袖籠與袖山的長度相同就可以了！

插肩袖款式
插肩袖就是像這樣，從領圍到袖下斜切接縫的衣袖款式哦！
可以想成衣袖與衣身的肩膀部分合體之後的樣子

設計上的注意重點

特徵是方便活動，但如果是用無法伸縮的布料製作的話，外觀輪廓會變得比較寬鬆

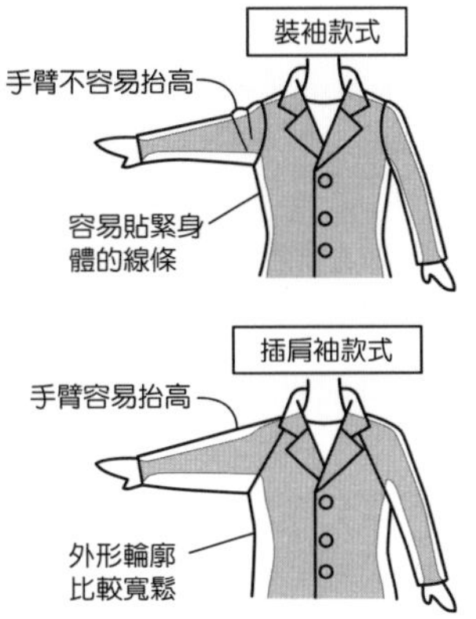
裝袖款式
手臂不容易抬高
容易貼緊身體的線條
插肩袖款式
手臂容易抬高
外形輪廓比較寬鬆

袖籠接近一直線，也不需要保留縮縫份量，聽說對初學者來說是比較好縫製的衣袖款式！
運動服也經常會使用這個款式呢！

這次我來教大家像T恤衫這樣，肩部呈一直線的插肩袖描繪方法！
我研究出一個盡可能簡單的方法，讓任何尺寸的娃娃體型都能輕易製作出紙型，
所以和真人衣服製作順序會有點不一樣。
肩部一直線

① 首先要以標線膠帶來將接縫線的大約位置標示出來（前後兩邊都要）

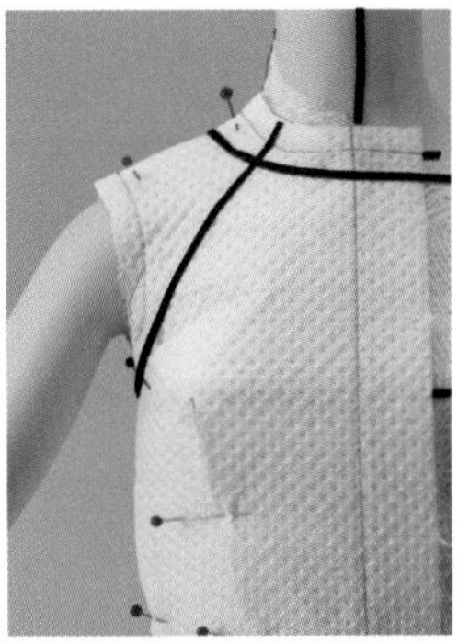

這時候就要事先決定好領圍的設計

② 測量由前中心線到這裏為止的長度

衣身的描繪方法

③ 將袖下的位置稍微多調低一些（與解說衣袖弧度的章節說的數值還要再多些）

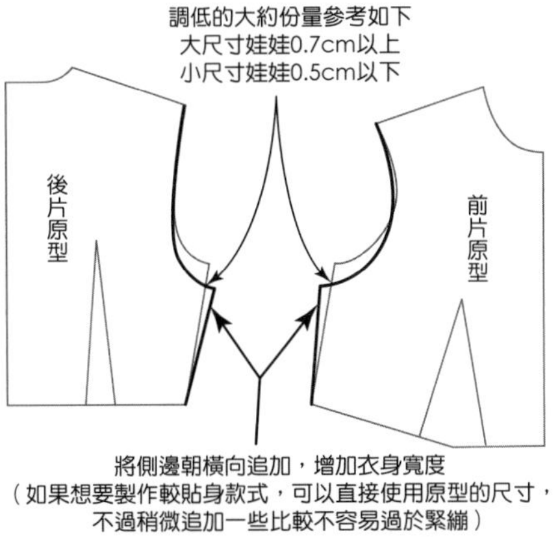
調低的大約份量參考如下
大尺寸娃娃0.7cm以上
小尺寸娃娃0.5cm以下
後片原型
前片原型
將側邊朝橫向追加，增加衣身寬度
（如果想要製作較貼身款式，可以直接使用原型的尺寸，不過稍微追加一些比較不容易過於緊繃）

④ 將事先決定好的領圍接縫線位置與後來描繪的袖籠線條連接起來

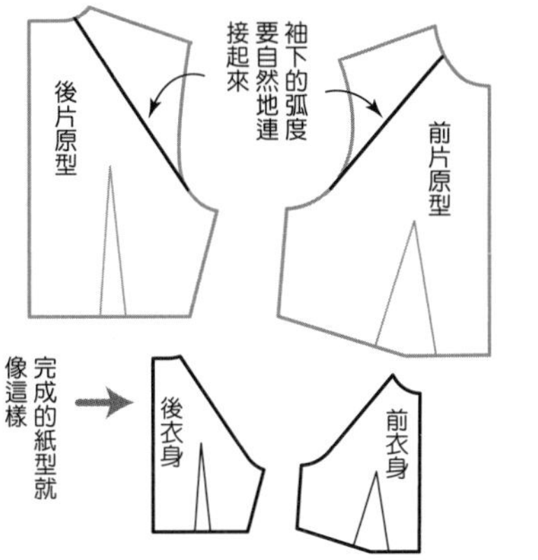
袖下的弧度要自然地連接起來
後片原型
前片原型
完成的紙型就像這樣
後衣身
前衣身

到這邊，衣身的紙型就完成了！

衣袖的描繪方法

⑤ 將衣身的接縫線反轉過來複寫（後面也一樣）

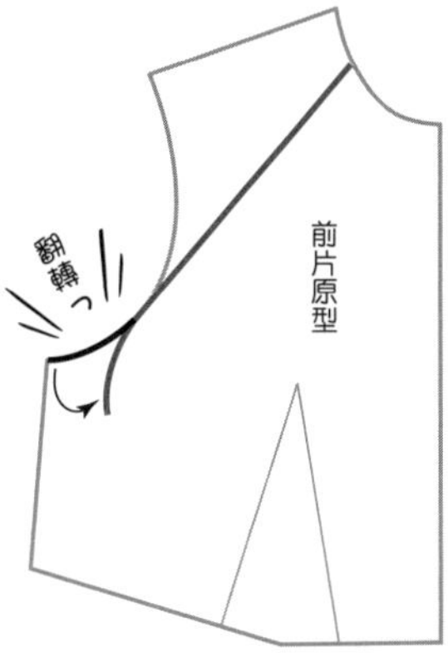
前片原型
翻轉

⑥ 將紙張沿著接縫線摺成兩半，然後透過窗戶或是透寫台的光線描繪會比較方便

⑦ 將袖下的前後兩邊都翻轉之後，貼齊併攏肩線

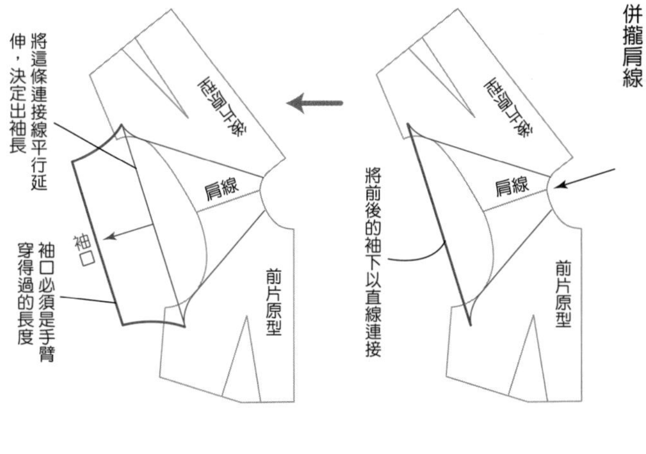
後片原型
肩線
前片原型
將前後的袖下以直線連接
將這條連接線平行延伸，決定出袖長
袖口
袖口必須是手臂穿得過的長度

完成的紙型就像這種形狀（將肩頸點也標示出來會更方便作業）

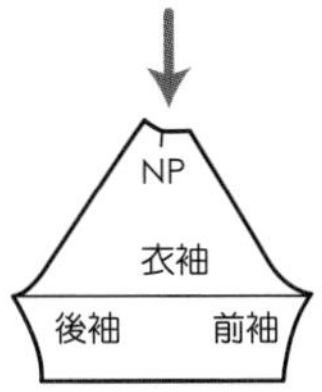
NP
衣袖
後袖
前袖

插肩袖也可以將其切開後加入打褶，有各式各樣的設計可以盡情嘗試哦！
鄉村風格的連身裙好像也不錯呢

根據衣袖的種類不同，我把原型要追加的側邊和肩部的位置參考範例整理如下。
不過因為每個娃娃各有不同，所以沒有標出具體的長度，請大家製作衣袖時可以參考看看！

連肩袖款式

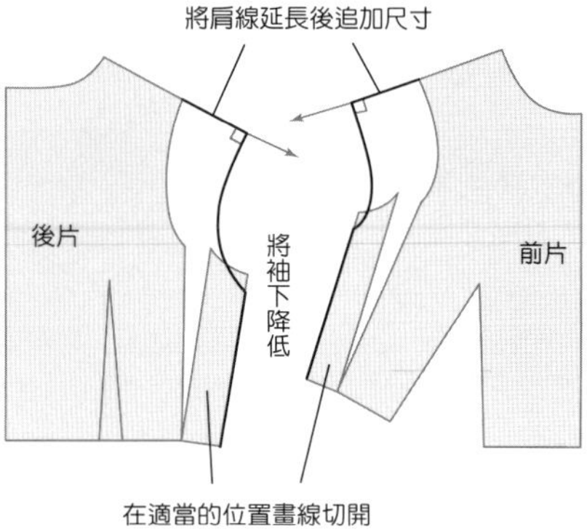
將肩線延長後追加尺寸
後片
將袖下降低
前片
在適當的位置畫線切開

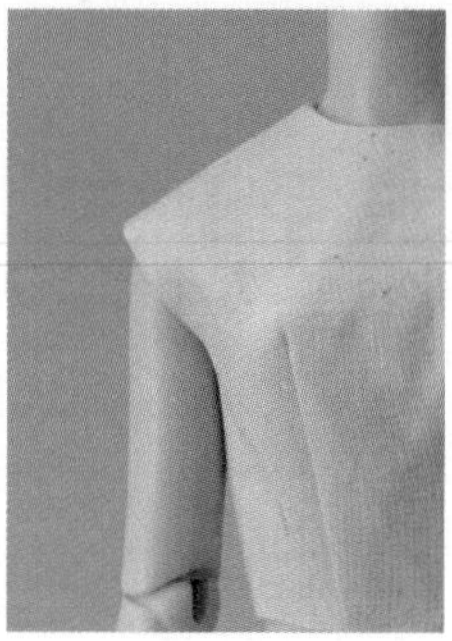

無袖款式

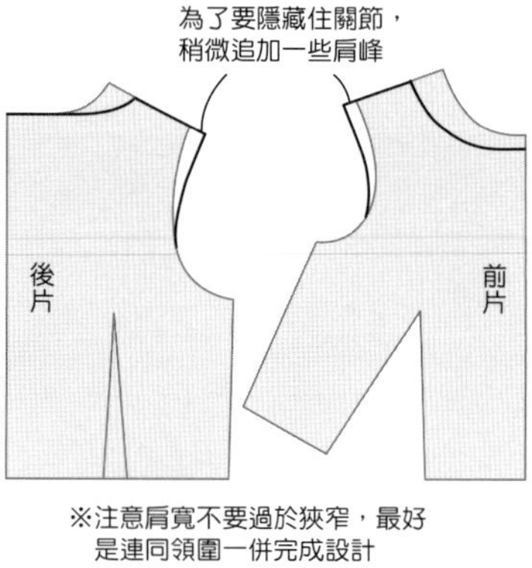
為了要隱藏住關節，
稍微追加一些肩峰
後片
前片
※注意肩寬不要過於狹窄，最好
是連同領圍一併完成設計

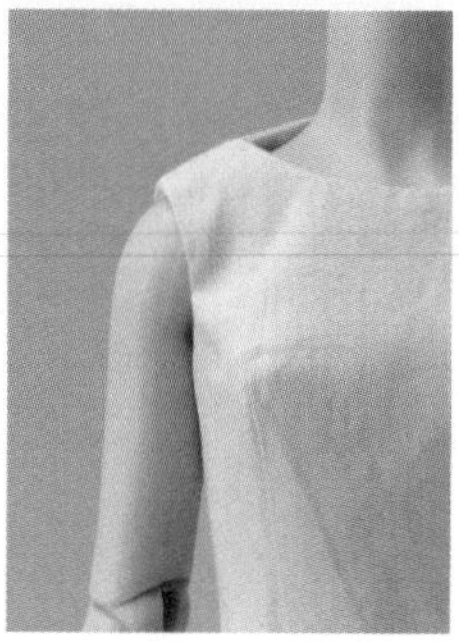

裝袖款式

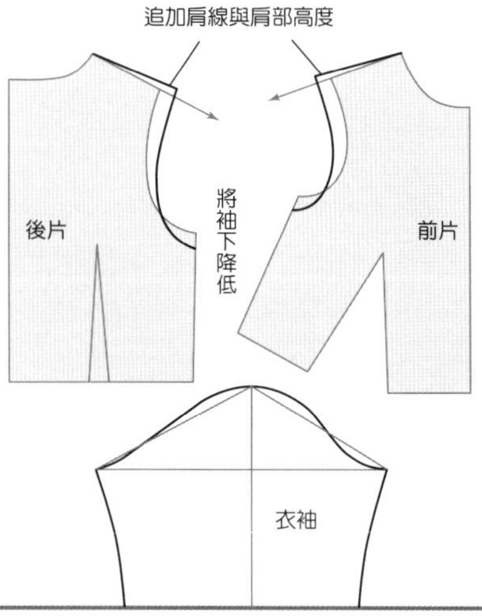
追加肩線與肩部高度
後片
將袖下降低
前片
衣袖

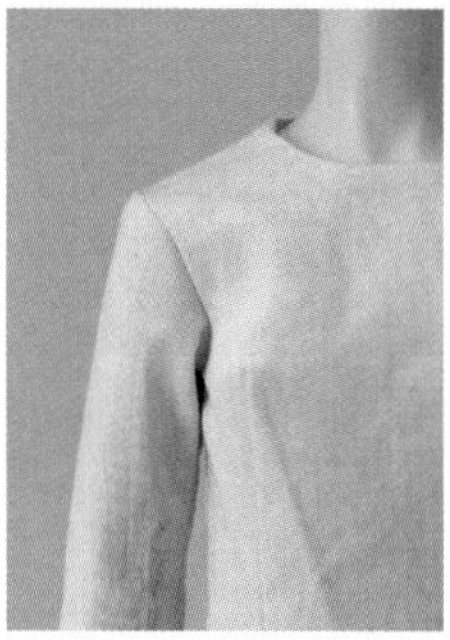

蝙蝠袖款式

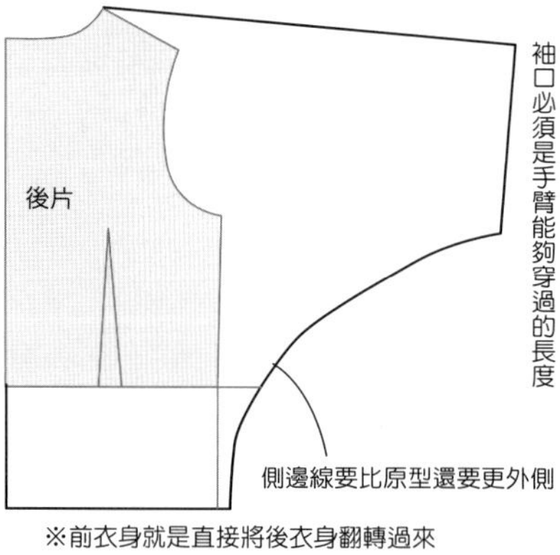
後片
袖口必須是手臂能夠穿過的長度
側邊線要比原型還要更外側
※前衣身就是直接將後衣身翻轉過來

燈籠袖款式

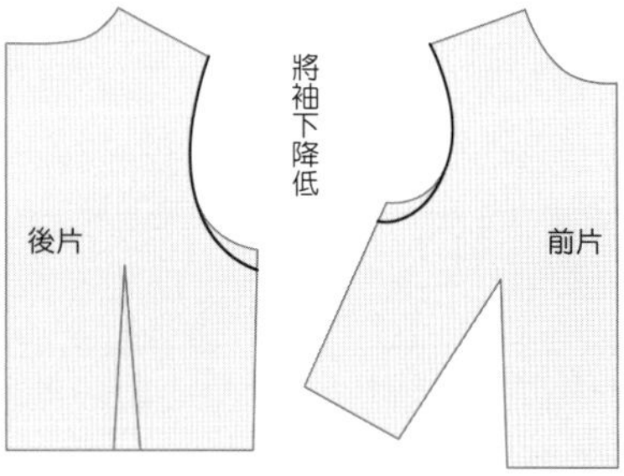
將袖下降低
後片
前片

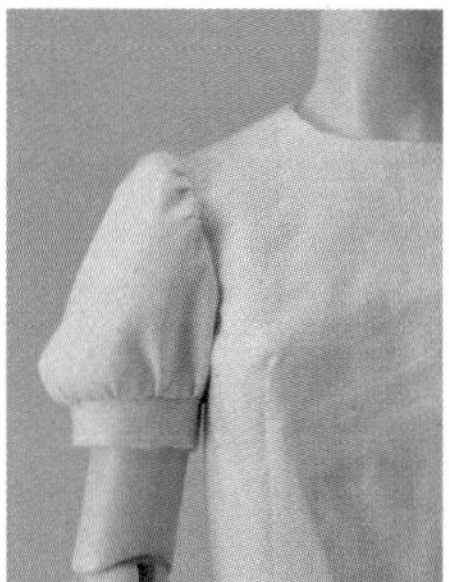

將衣袖切開後，追加打褶的分量

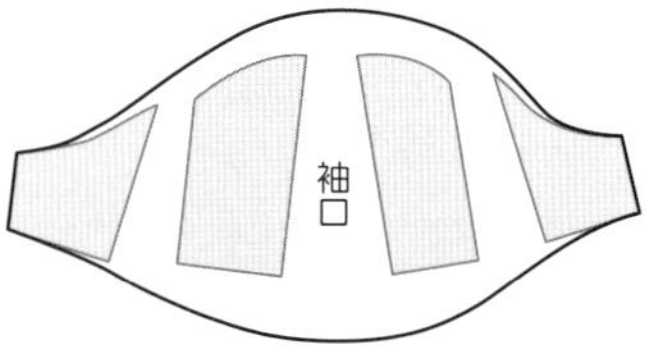
袖口

追加上下隆起的分量

衣袖

考量衣袖的打褶厚度，決定手臂能夠穿過的長度

插肩袖款式

追加側邊尺寸，
並將袖下降低
後片
前片

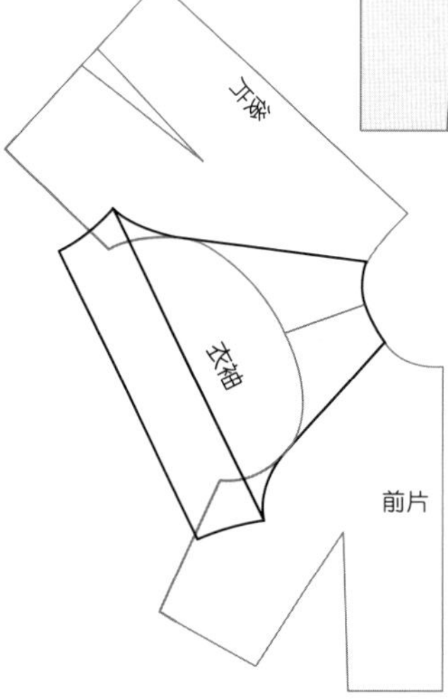
下旅
衣袖
前片

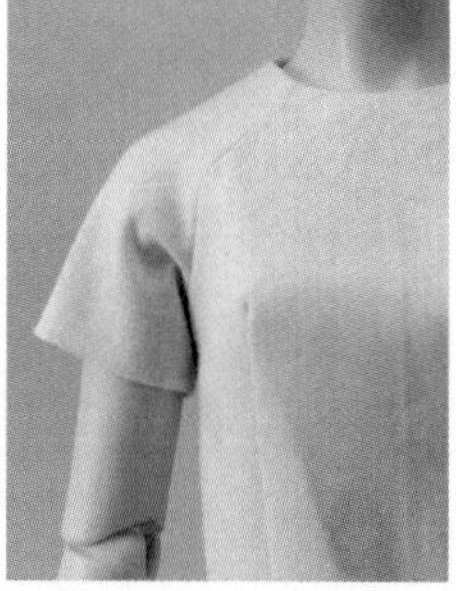

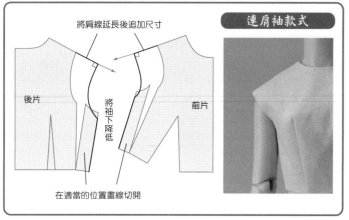

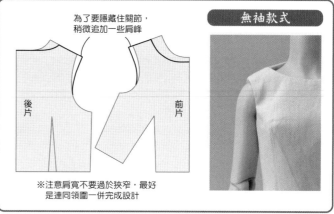

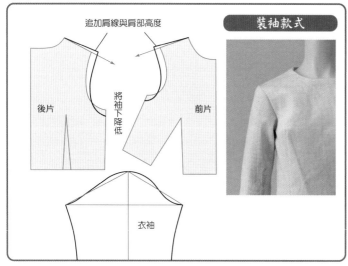

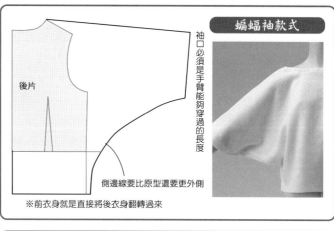

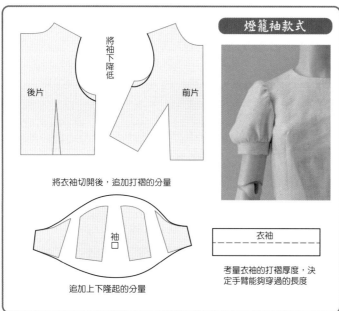

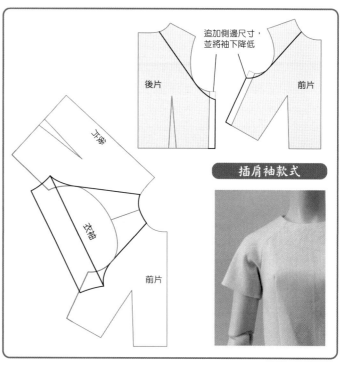

Chapter 6.

製作衣領

— COLLAR —

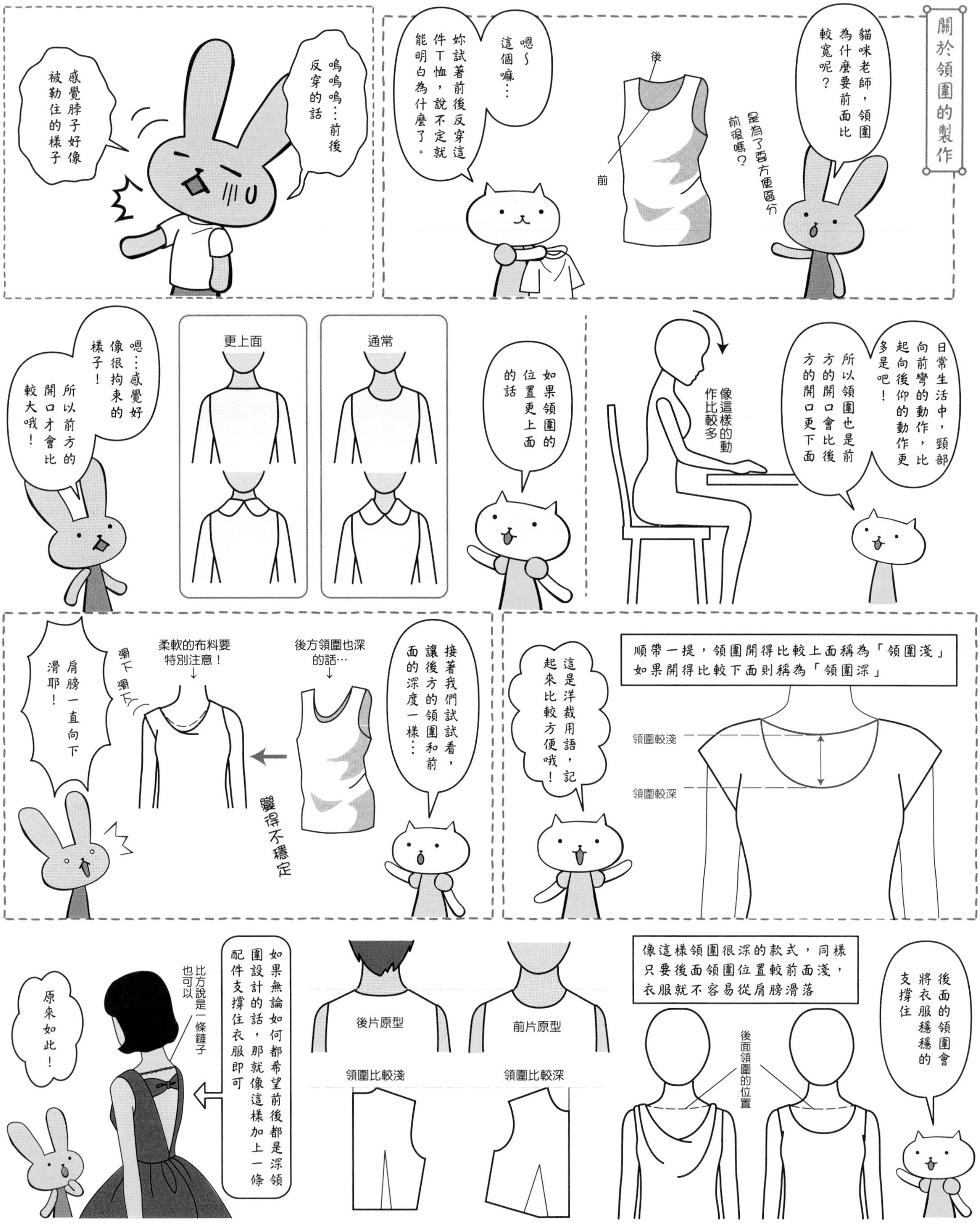
關於領圍的製作
貓咪老師，領圍為什麼要前面比較寬呢？
是為了要方便區分前後嗎？
後
前
嗯～這個嘛…
妳試著前後反穿這件T恤，說不定就能明白為什麼了。
嗚嗚嗚…前後反穿的話
感覺脖子好像被勒住的樣子
日常生活中，頸部向前彎的動作，比起向後仰的動作更多是吧！
所以領圍也是前方的開口會比後方的開口更下面
像這樣的動作比較多
如果領圍的位置更上面的話
通常
更上面
嗯…感覺好像很拘束的樣子！
所以前方的開口才會比較大哦！
順帶一提，領圍開得比較上面稱為「領圍淺」
如果開得比較下面則稱為「領圍深」
領圍較淺
領圍較深
這是洋裁用語，記起來比較方便哦！
接著我們試看看，讓後方的領圍和前面的深度一樣…
後方領圍也深的話…
變得不穩定
柔軟的布料要特別注意！
滑下
滑下
肩膀一直向下滑耶！
後面的領圍會將衣服穩穩的支撐住
像這樣領圍很深的款式，同樣只要後面領圍位置較前面淺，衣服就不容易從肩膀滑落
後面領圍的位置
後片原型
前片原型
領圍比較淺
領圍比較深
如果無論如何都希望前後都是深領圍設計的話，那就像這樣加上一條配件支撐住衣服即可
比方說是一條鏈子也可以
原來如此！

有衣領的設計

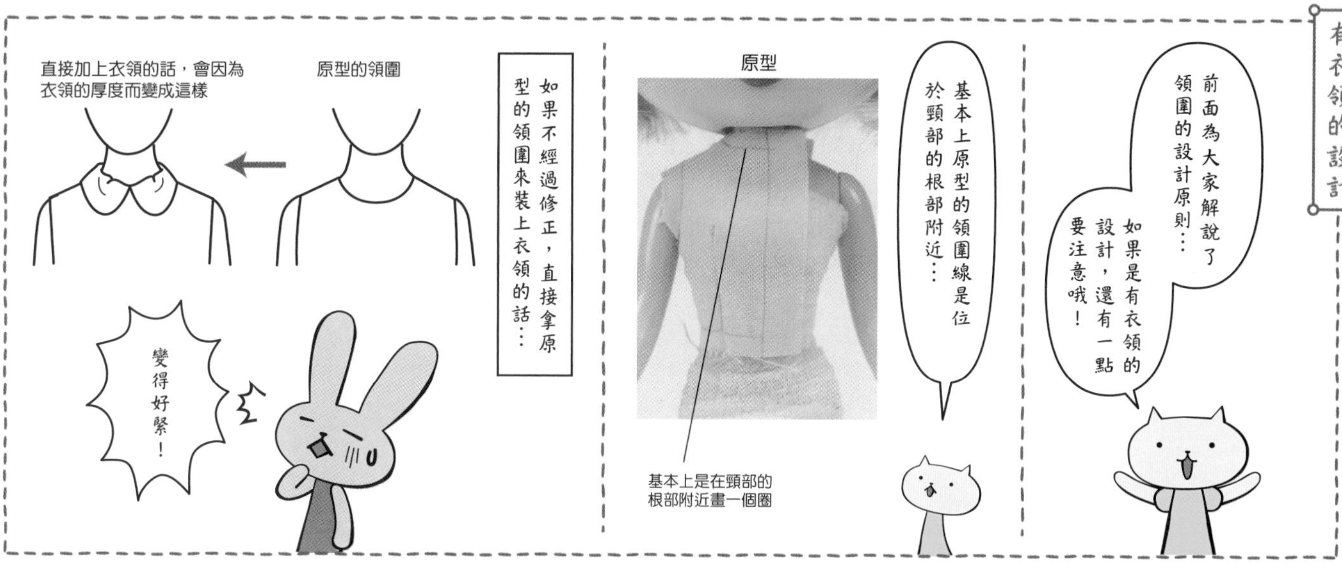
前面為大家解說了領圍的設計原則…
如果是有衣領的設計，還有一點要注意哦！
基本上原型的領圍線是位於頸部的根部附近…
原型
基本上是在頸部的根部附近畫一個圈
如果不經過修正，直接拿原型的領圍來裝上衣領的話…
原型的領圍
直接加上衣領的話，會因為衣領的厚度而變成這樣
變得好緊！

領圍線的修正

如果原型的領圍線緊貼著頸部的根部的話，需要稍微修正

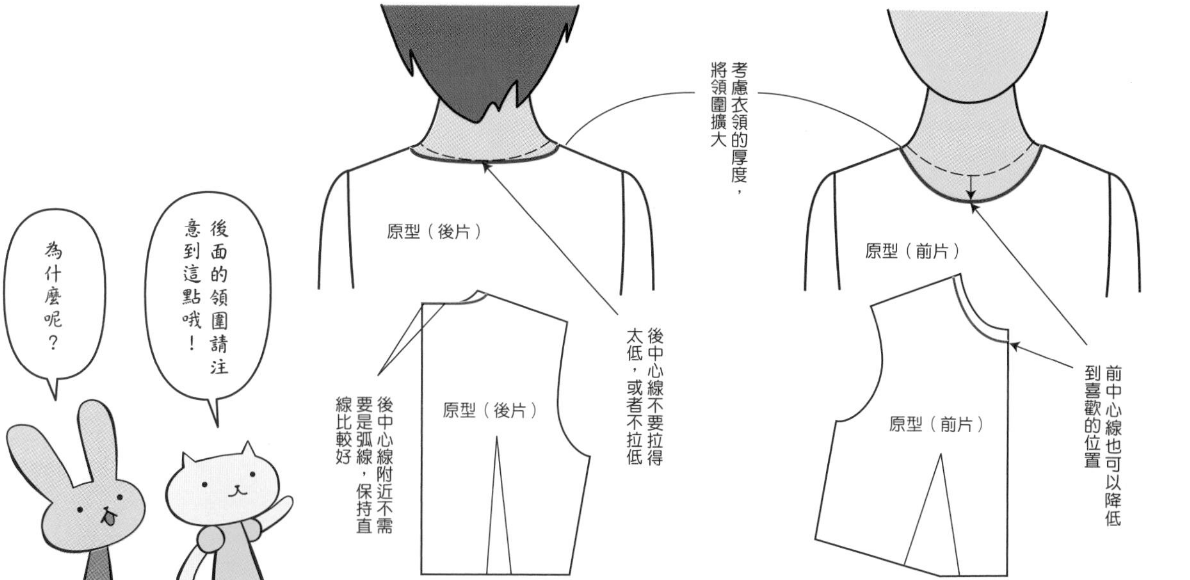
考慮衣領的厚度，將領圍擴大
原型（前片）
原型（後片）
前中心線也可以降低到喜歡的位置
原型（前片）
後中心線不要拉得太低，或者不拉低
原型（後片）
後中心線附近不需要是弧線，保持直線比較好
後面的領圍請注意到這點哦！
為什麼呢？

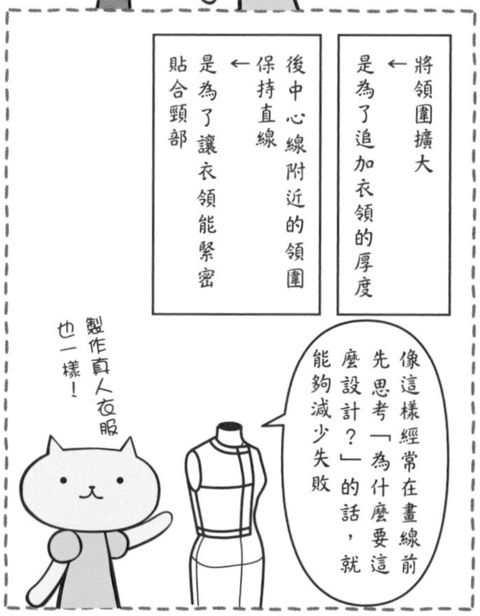
將領圍擴大
← 是為了追加衣領的厚度
後中心線附近的領圍保持直線
← 是為了讓衣領能緊密貼合頸部
像這樣經常在畫線前先思考「為什麼要這麼設計？」的話，就能夠減少失敗
製作真人衣服也一樣！

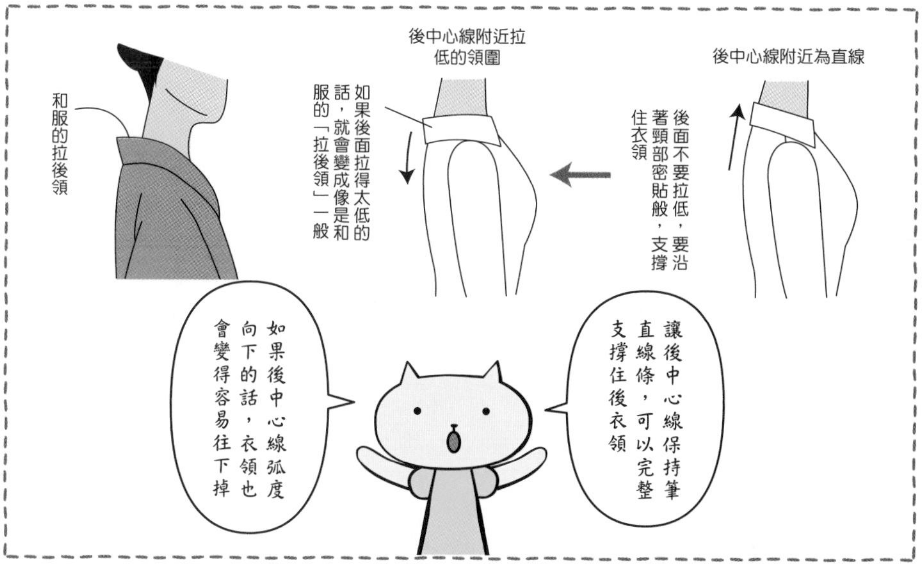
後中心線附近為直線
後面不要拉低，要沿著頸部密貼般，支撐住衣領
後中心線附近拉低的領圍
如果後面拉得太低的話，就會變成像是和服的「拉後領」一般
和服的拉後領
讓後中心線保持筆直線條，可以完整支撐住後衣領
如果後中心線弧度向下的話，衣領也會變得容易往下掉

關於肩寬

袖籠的寬幅增加的話，肩寬就會變得狹窄，縫份如果有重疊到可能還會露出來…

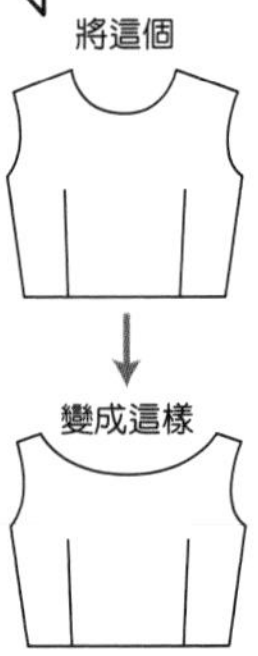
將這個
變成這樣

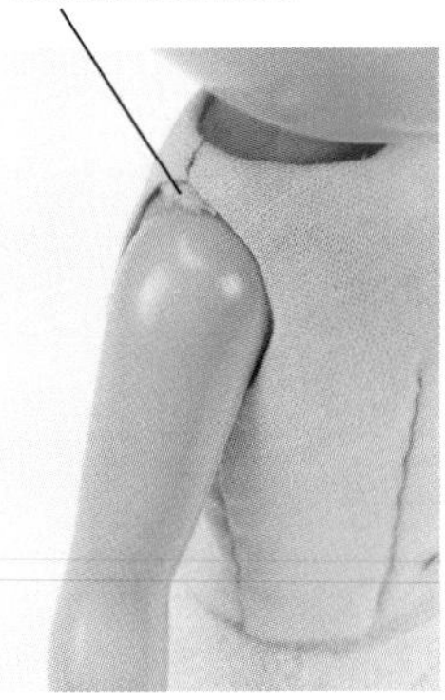
衣袖的縫份露出來了

如果為了不露出來而減少縫份，可能會造成衣服迸開！

那要怎麼辦才好呢？

領圍較寬的設計，請把肩寬也加長吧！

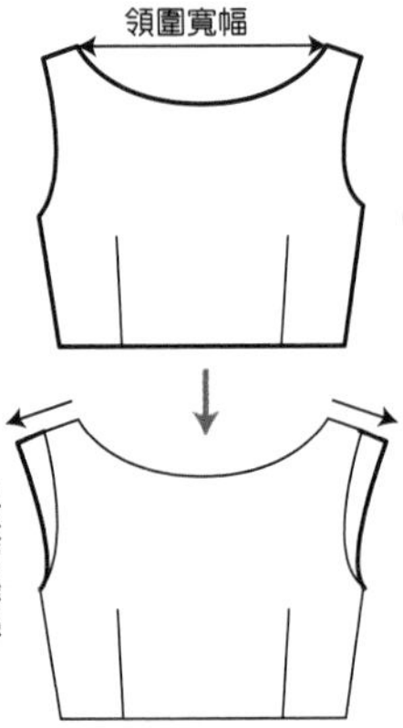
領圍寬幅
延長肩峰追加寬幅

變寬了呢！

像一字領這種容易造成肩寬過於狹窄的設計，可以試著搭配連肩袖的設計看看

以設計的角度來說，這兩者也是搭配性很高的組合

另外，如果肩寬太狹窄時，要製作無袖的衣服就會很辛苦

如果是將領圍與袖籠縫好後翻回正面的製作方法，肩寬太狹窄的話會無法翻回正面

肩寬太狹窄就會像這樣
無法翻回正面

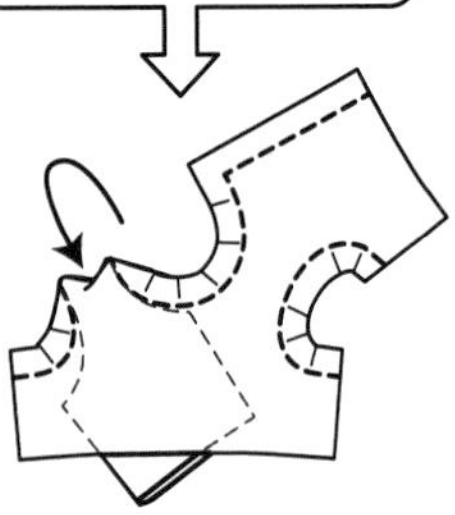

關於肩寬的部分，在無袖款式的章節有詳細解說，請一併參考看看哦！

無領款式及有無裏布

請比較看看，有無裏布對於衣領的位置，會有怎麼樣的影響？

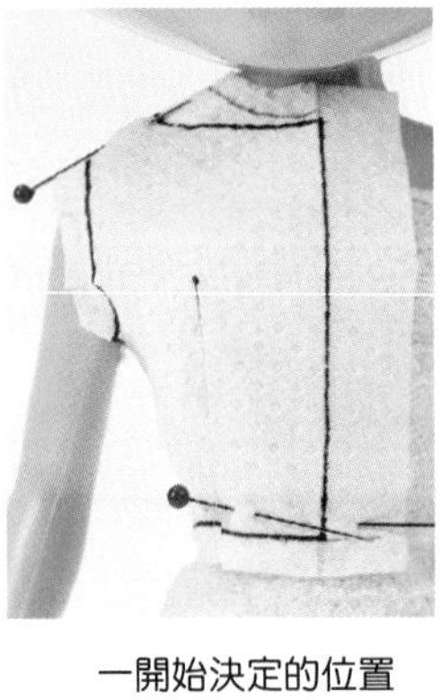

一開始決定的位置

使用相同的版型製作，也會有微妙的差異！

只是像這樣將縫份摺向裏層而已

裏

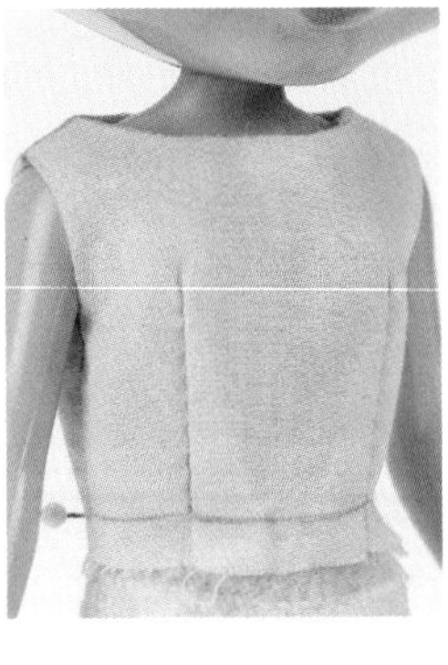

有裏布或翻邊的狀態

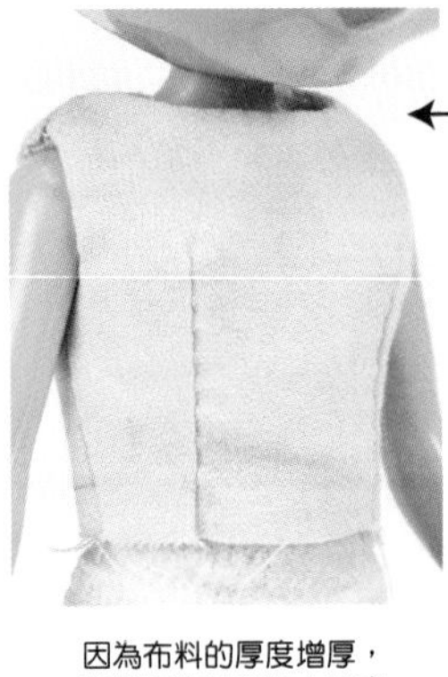

因為布料的厚度增厚，讓領圍的位置向上抬高

這個狀況在製作真人衣服的時候，幾乎不需要特別去意識到…

不過娃娃服的設計很容易會受到布料厚度的影響呢！

尤其是小尺寸娃娃要注意！

好難哦…

雖然有點麻煩，不過衣領的部分，最好使用正式縫製用的布料先試作一次比較好

只要試作衣領

多練習製作幾件衣服，以後就能在某種程度上掌握到大概的尺寸了！

多一次試作的功夫，可以製作出理想中的衣領形狀對吧！

我會努力的！

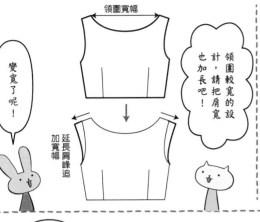

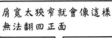

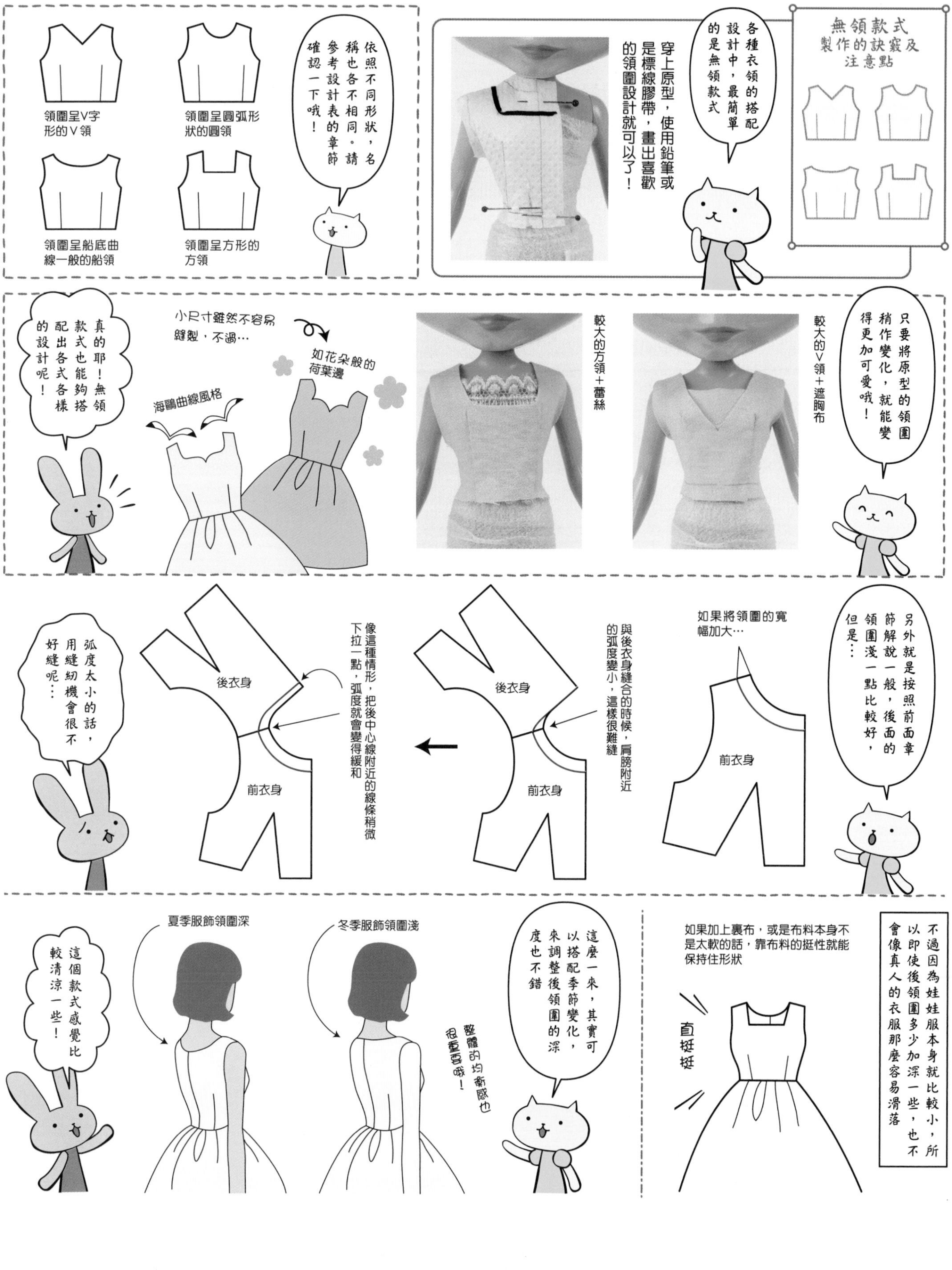
領圍呈V字形的V領
領圍呈圓弧形狀的圓領
領圍呈船底曲線一般的船領
領圍呈方形的方領
依照不同形狀，名稱也各不相同。請參考設計表的章節確認一下哦！
各種衣領的搭配設計中，最簡單的是無領款式
穿上原型，使用鉛筆或是標線膠帶，畫出喜歡的領圍設計就可以了！
無領款式
製作的訣竅及注意點
只要將原型的領圍稍作變化，就能變得更加可愛哦！
較大的V領＋遮胸布
較大的方領＋蕾絲
小尺寸雖然不容易縫製，不過…
如花朵般的荷葉邊
海鷗曲線風格
真的耶！無領款式也能夠搭配出各式各樣的設計呢！
另外就是按照前面章節解說一般，後面的領圍淺一點比較好，但是…
如果將領圍的寬幅加大…
前衣身
與後衣身縫合的時候，肩膀附近的弧度變小，這樣很難縫
後衣身
前衣身
像這種情形，把後中心線附近的線條稍微下拉一點，弧度就會變得緩和
後衣身
前衣身
弧度太小的話，用縫紉機會很不好縫呢…
不過因為娃娃服本身就比較小，所以即使後領圍多少加深一些，也不會像真人的衣服那麼容易滑落
如果加上裏布，或是布料本身不是太軟的話，靠布料的挺性就能保持住形狀
直挺挺
這麼一來，其實可以搭配季節變化，來調整後領圍的深度也不錯
整體的均衡感也很重要哦！
冬季服飾領圍淺
夏季服飾領圍深
這個款式感覺比較清涼一些！

這樣不會貼緊頸部，比較像是套上一個圈的狀態
如果這麼做，就會變成像這樣子哦！

長方形
直接縫在上面
貓咪老師，不能直接在衣身縫上一條長方形就好嗎？

範例 紙型刊載於「Dollybird 15」

衣領沿著頸部直立向上，是中國旗袍、日本男學生服、軍服等常見的衣領樣式

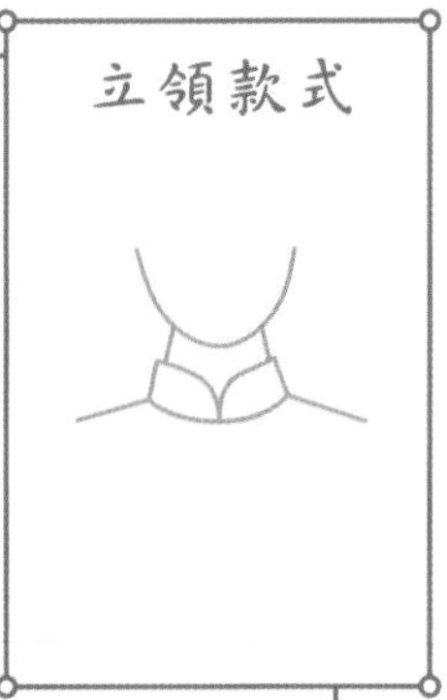
立領款式

紙型的製作方法

① 測量前後的領圍尺寸，製作長方形的版型

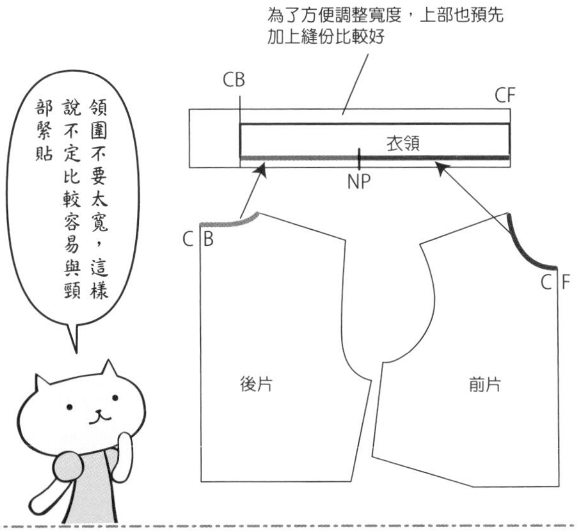
為了方便調整寬度，上部也預先加上縫份比較好
CB
CF
衣領
NP
CB
CF
後片
前片
領圍不要太寬，這樣說不定比較容易與頸部緊貼

② 縫在衣身上，摺起多餘的部分

※縫合的方法請參考後半的「衣領的假縫方法」

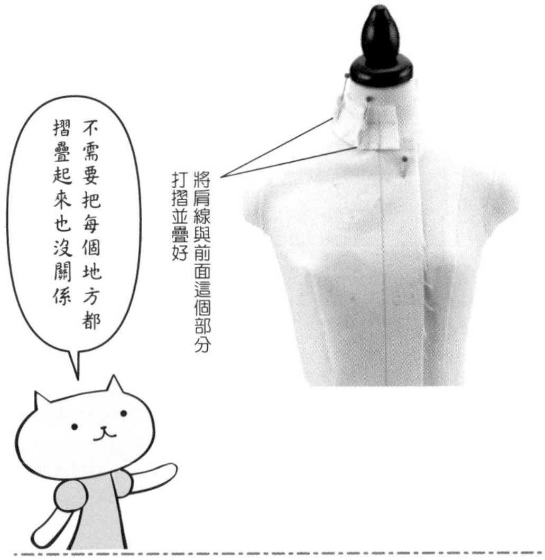
將肩線與前面這個部分打摺並疊好
不需要把每個地方都摺疊起來也沒關係

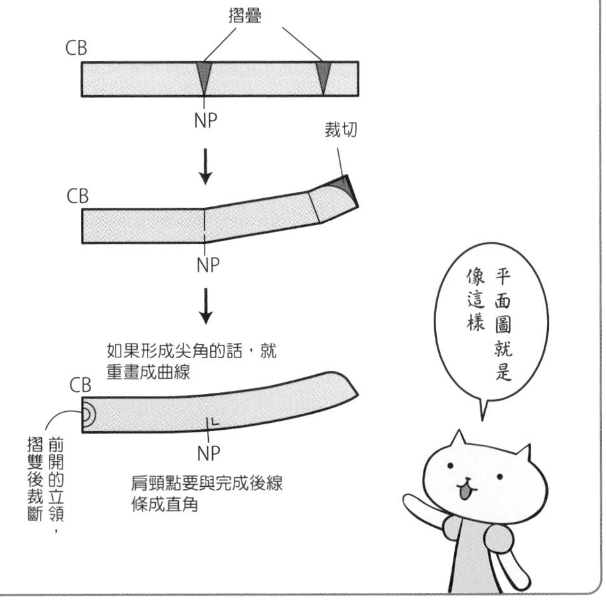
摺疊
CB
NP
裁切
CB
NP
如果形成尖角的話，就重畫成曲線
CB
NP
前開的立領，摺雙後裁斷
肩頸點要與完成後線條成直角
平面圖就是像這樣

前中心線無法裁切成圓時，如果左右衣領出現重疊的話，可以依照圖示的方法修正

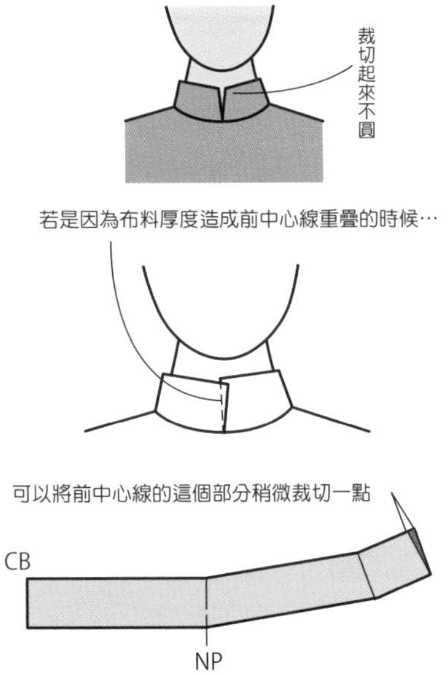
裁切起來不圓
若是因為布料厚度造成前中心線重疊的時候…
可以將前中心線的這個部分稍微裁切一點
CB
NP

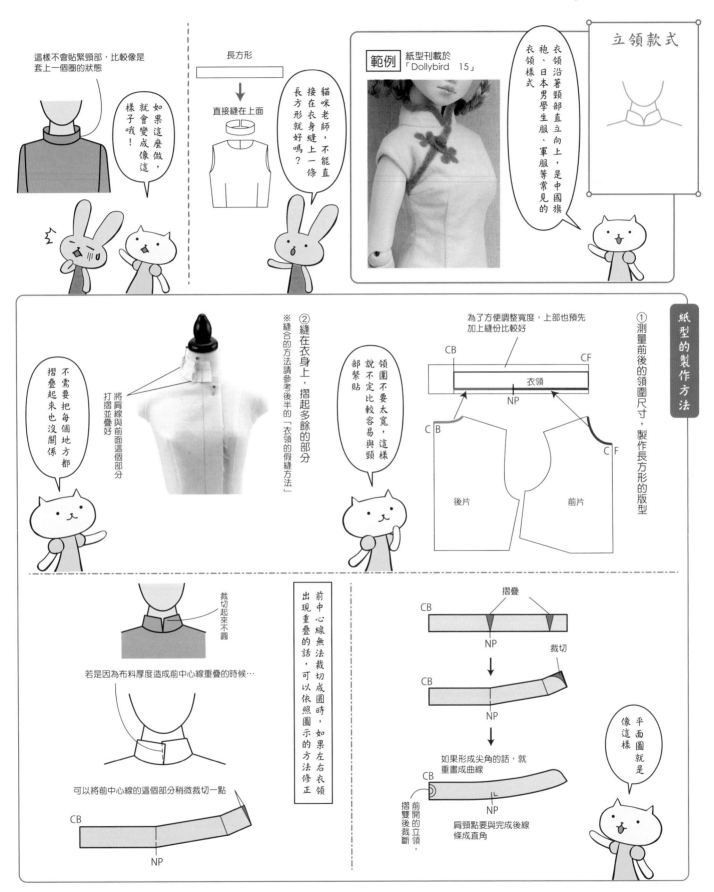

這種衣領款式有時也依設計不同，而稱呼為翻領
運動服之類

不同的衣領的高度及素材，也會帶來不同的氣氛呢！

不過將這樣的款式加進設計裏面也不錯哦！
沒有服貼頸部，呈現一個圈的衣領
雖然在立領款式的頁面，把做成這樣的衣領當成不良示範

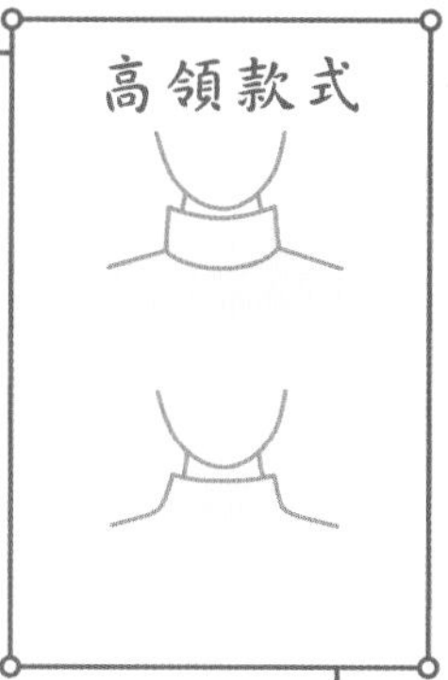
高領款式

翻領的各種不同款式變化

將對折的長方形衣領縫在領圍即完成的衣領款式

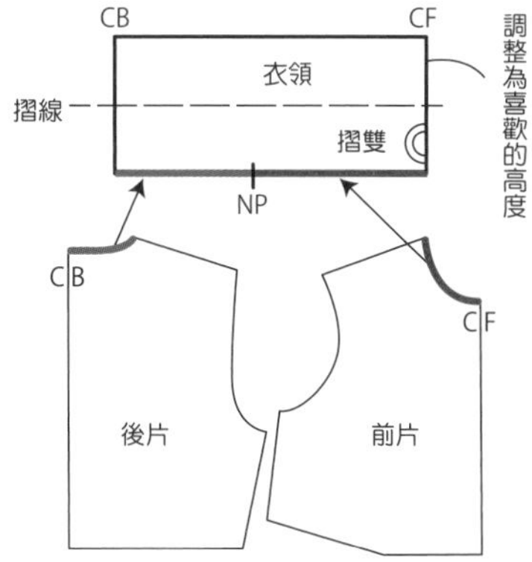
CB
CF
衣領
摺線
摺雙
NP
CB
CF
後片
前片
調整為喜歡的高度

製圖像這樣很簡單

※這兩種款式都是以針織布料製作

長

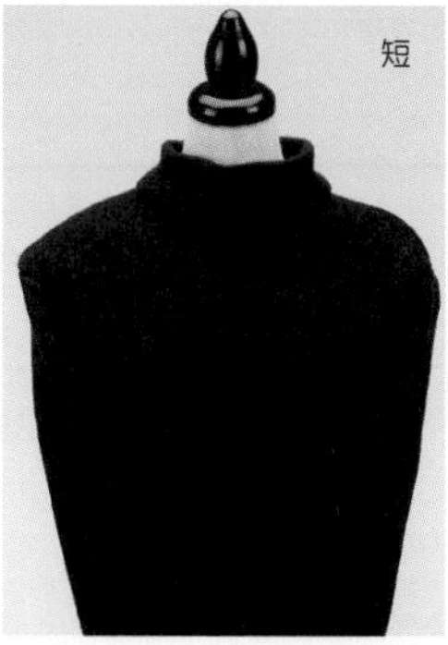
短

雖然是簡單的紙型，但還是可以調整開叉位置、高度等，有各種不同設計呢！

衣領開叉不在背後，而在肩部的款式

將後面的暗釦拆開後就像這個樣子

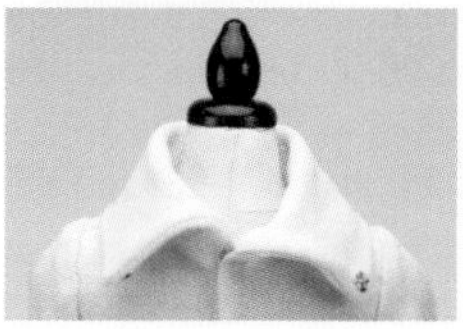

製作高寬衣領，然後摺起的狀態

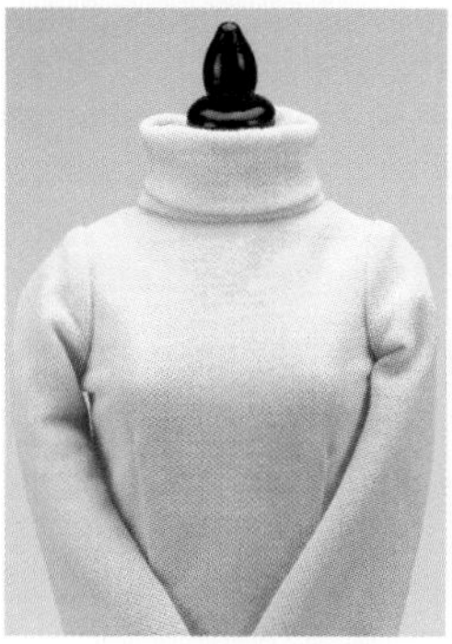

連接至衣身的衣領

也有衣領直接連接到衣身的設計

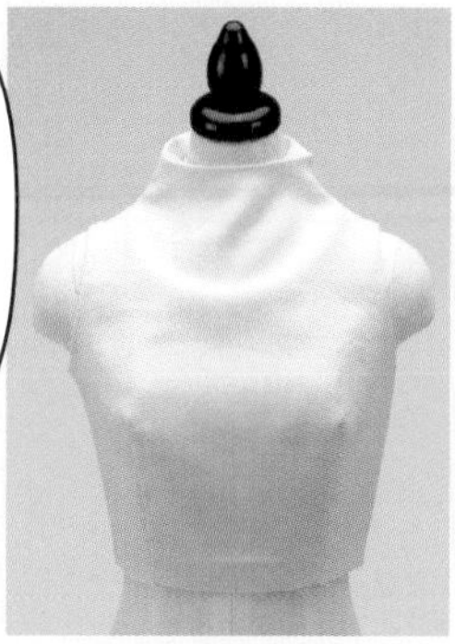

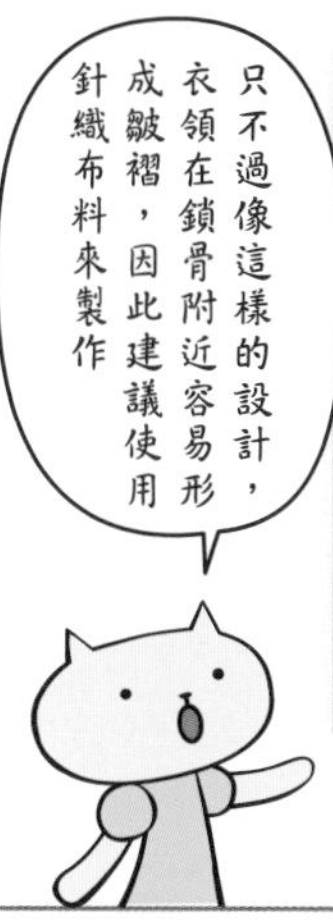
只不過像這樣的設計，衣領在鎖骨附近容易形成皺褶，因此建議使用針織布料來製作

①以原型為基礎，如下圖般畫出一個高領的大略位置標線（這會成為參考線）

前片原型

②讓前後中心線兩兩平行，配合肩峰的位置，將在前衣身畫好的參考線描繪過來

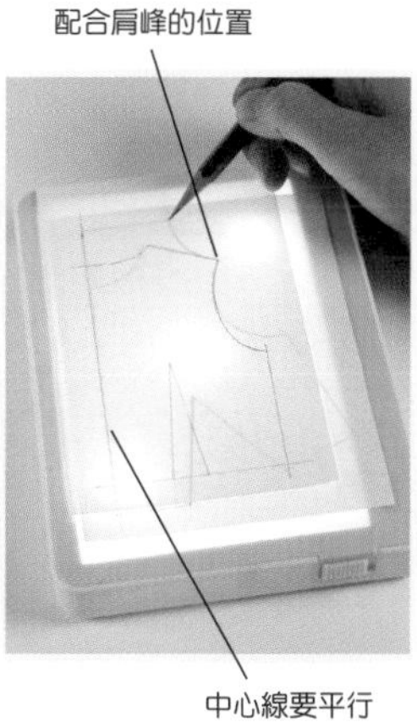
配合肩峰的位置
中心線要平行

③描繪到布料後，穿在娃娃身上，以參考線為基準，決定出喜歡的衣領高度及肩線

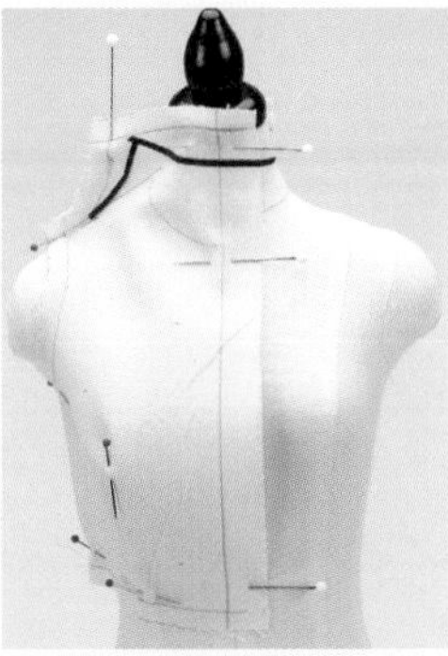

這個簡單！只要在衣身上描繪出衣領樣式，然後製作紙型就完成了！
嗯～……
那麼，妳試著把這個紙型穿在身上看看

平領款式

範例 刊載於「はじめてのメード服」

這是領子高度較低的衣領款式。經常使用於罩衫這類女性衣物上面

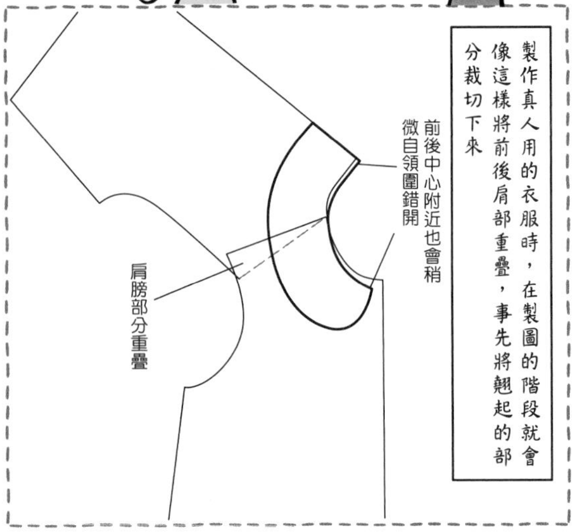
製作真人用的衣服時，在製圖的階段就會像這樣將前後肩部重疊，事先將翹起的部分裁切下來
前後中心附近也會稍微自領圍錯開
肩膀部分重疊

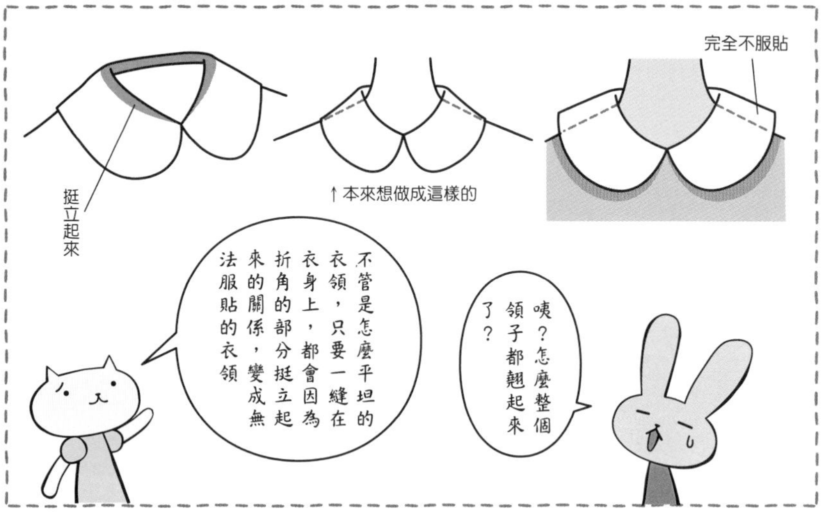
挺立起來
↑本來想做成這樣的
完全不服貼
咦？怎麼整個領子都翹起來了？
不管是怎麼平坦的衣領，只要一縫在衣身上，都會因為折角的部分挺立起來的關係，變成無法服貼的衣領

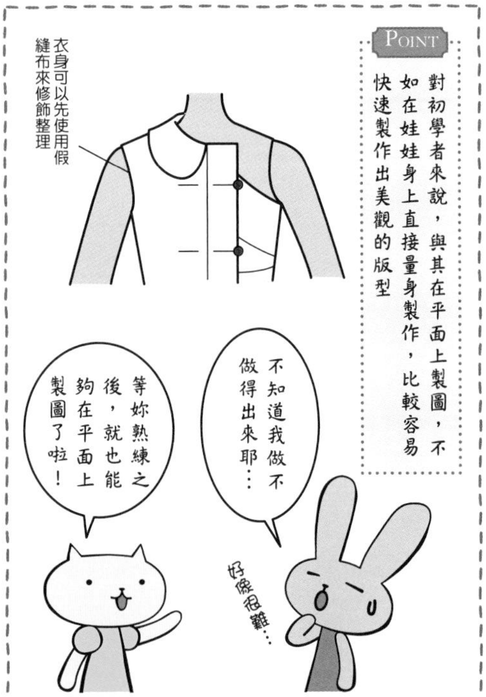
POINT
對初學者來說，與其在平面上製圖，不如在娃娃身上直接量身製作，比較容易快速製作出美觀的版型
衣身可以先使用假縫布來修飾整理
不知道我做不做得出來耶……
好像很難…
等妳熟練之後，就也能夠在平面上製圖了啦！

可是因為娃娃的體型不同，肩膀的傾斜程度也不同，很難掌握應該要重疊多少面積才好

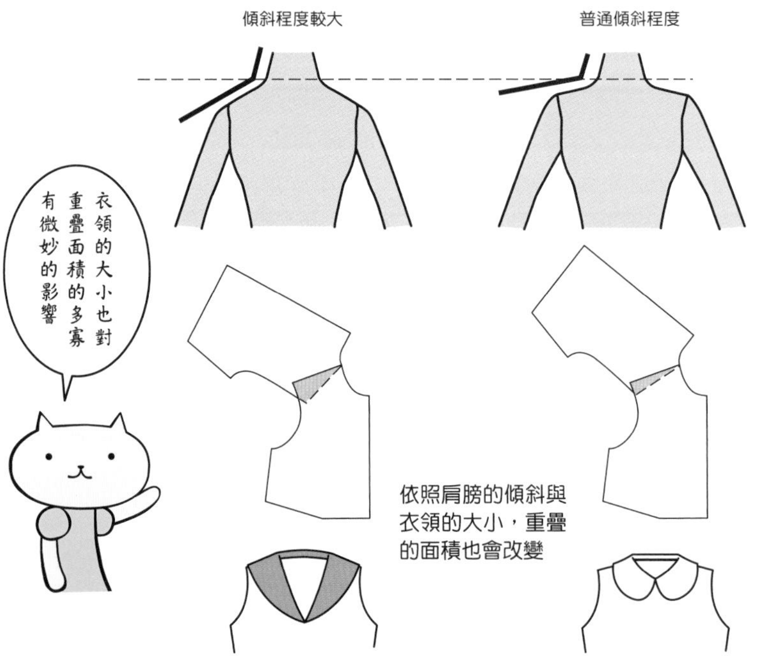
傾斜程度較大
普通傾斜程度
衣領的大小也對重疊面積的多寡有微妙的影響

依照肩膀的傾斜與衣領的大小，重疊的面積也會改變

紙型的製作方法

①先將衣身的版型製作完成，然後描繪到假縫用的布料，穿在身上，想像著衣領的款式，然後貼上標線膠帶

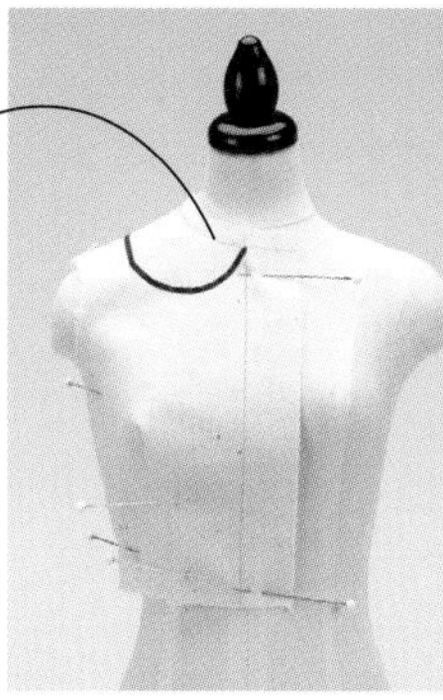
事先要決定好領圍線的位置

②如照片般將衣身裁開，用一般紙或是描圖紙將衣領描繪過來

③將衣領固定在衣身上

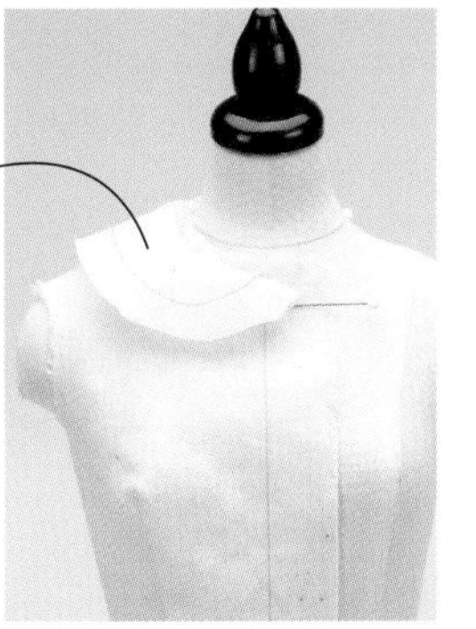
整個衣領都不會服貼在衣身上

※詳細的固定方法，請參考後半的「衣領的暫時固定方法」

④將翹起的部分打摺

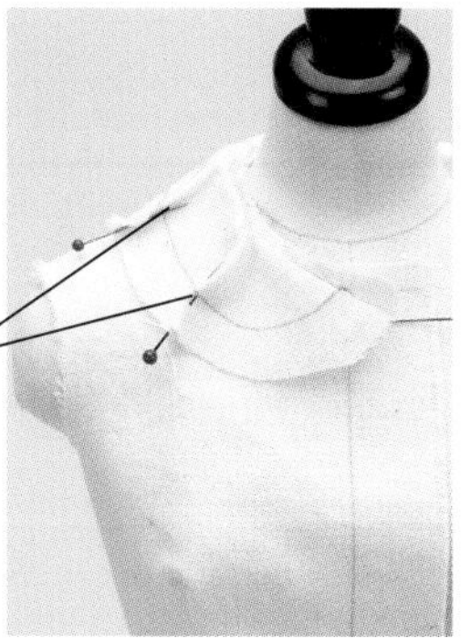
首先要將肩線部分和這附近摺起疊好

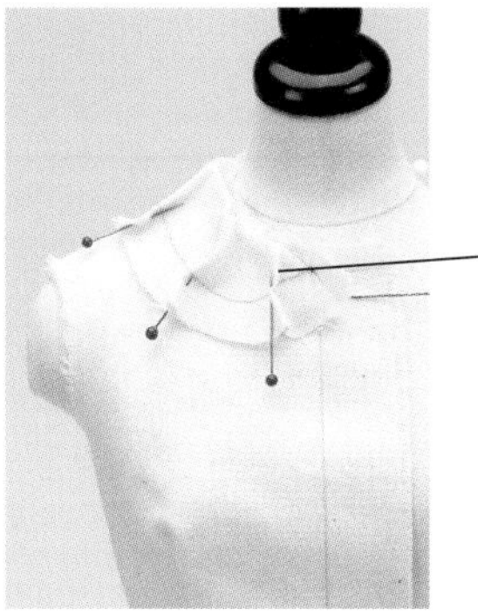
如果前中心附近還是會翹起的話，那就再打一個摺

⑤衣領打摺後，將稍微翹起的部分的尺寸補畫上去

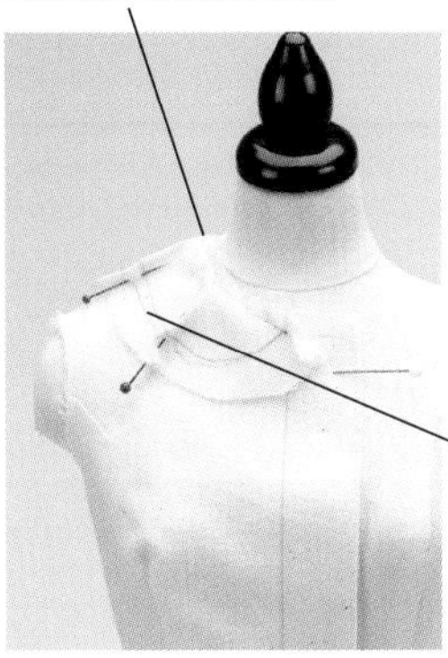
這個部分會稍微隆起變高

這個稍微隆起變高的部分，稱之為「挺立部分」哦！
平領款式的挺立部分會比較低

⑥將衣領自衣身拆下，描繪在紙上就完成了

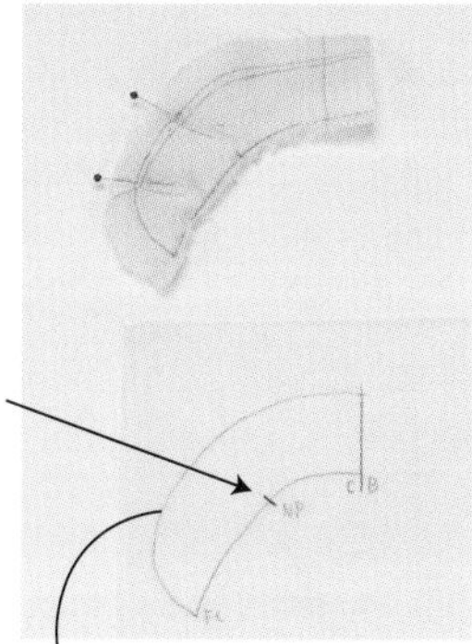
別忘了要把肩頸點也標示出
NP
CB
畫出漂亮的曲線

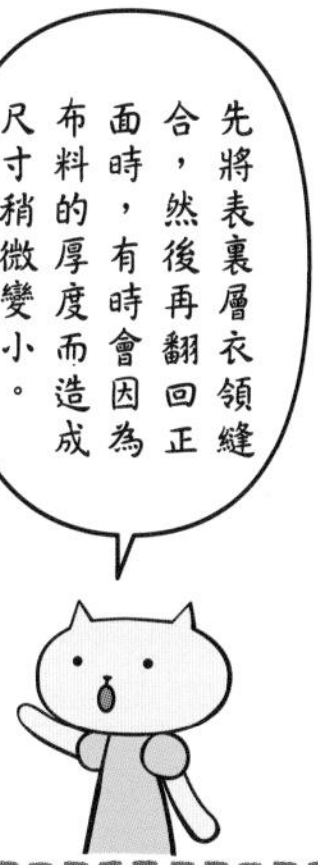
先將表裏層衣領縫合，然後再翻回正面時，有時會因為布料的厚度而造成尺寸稍微變小。
為了避免這樣的情形，預先畫得大一點比較好！

◎小尺寸娃娃加大約1mm
◎大尺寸娃娃加大約1mm～2mm

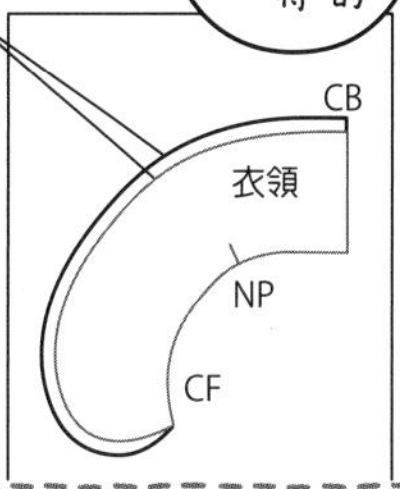
CB
衣領
NP
CF

貓咪老師，我馬上就試著縫製看看，結果還是翹起來了～
人家明明就有打摺了說……

小尺寸娃娃的衣領，很容易水平翹起

小尺寸娃娃的衣領，本來就很容易翹起來的
像這種時候，可以將打摺的分量增加，多加一些挺立部分試試看！

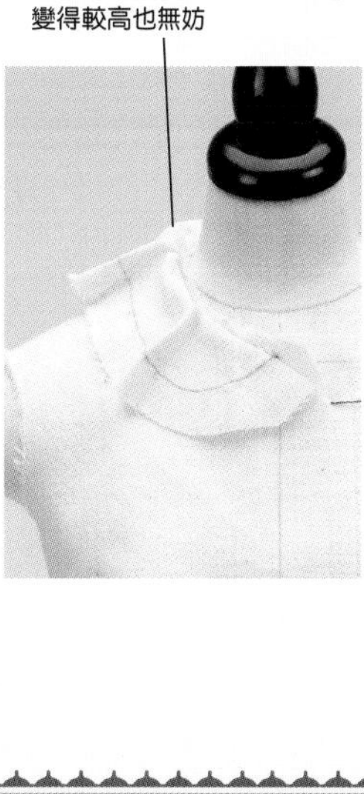
摺起的分量要多一些，讓領腰變得較高也無妨
這樣反摺的力量會比較大，衣領不容易翹起來

另外就是製作衣領的時候，還要注意開口位置是在什麼地方！

開口在前方時

後面保持一個圓圈也不要緊

開口在後方時

後面如果不製作成這個形狀的話，會沒辦法脫下來

也有像這樣覆蓋式衣領的款式設計

紙型刊載於「はじめてのメード服」

右衣領覆蓋在左衣領上

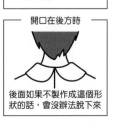

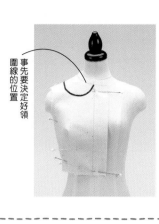

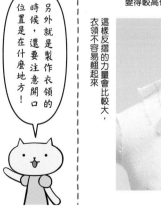

水手領款式

領圍呈現V字型，領寬由肩膀朝背後逐漸加寬的衣領款式。原本是水手穿的甲板作業服，但也有很多學生制服採用這樣的設計。

範例 紙型刊載於「Dollybird 16」

製作方法與平領款式幾乎相同，但有幾點要注意！

原本預定的領深

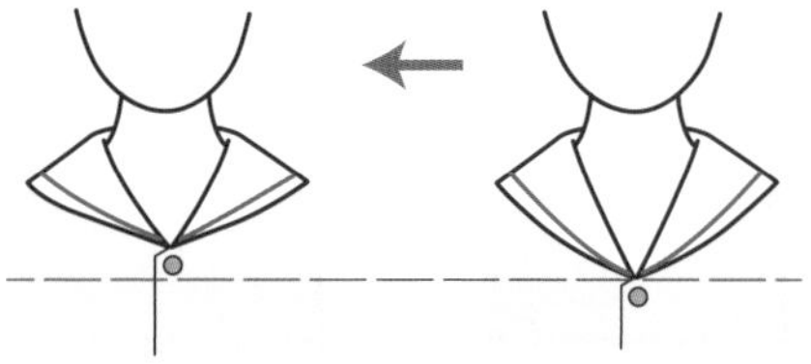

拍照的時候，領深位置卻出乎意料地變高了！

這是因為布料厚度造成前中心部分稍微向上翹起，以及拍成照片時，V的位置看起來會比眼睛直接看到的位置還要高一些。

如果希望拍出來的照片和自己預想的衣領相同的話，可以直接將V的位置設計得低一些

或是製作到一半就先拍一次照片，確認有無需要調整衣領的位置

紙型的製作方法

①先將衣身的型版製作完成，穿在娃娃身上，心裏想著要製作的衣領款式，描繪到假縫用的布料，貼上標線膠帶

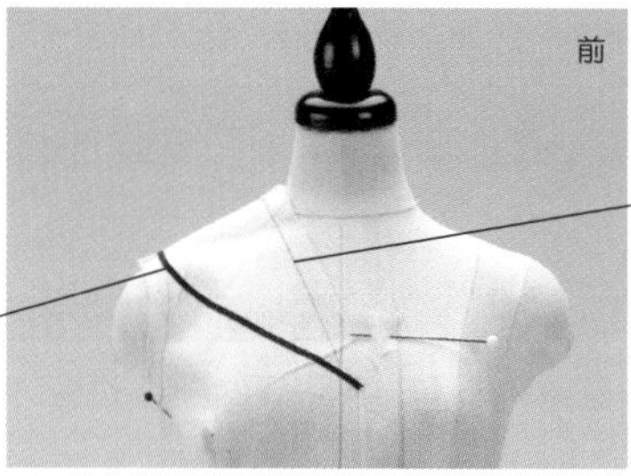
前
要事先決定領圍的位置
如果衣領寬度超出肩部時，可以在肩上墊一塊小碎布，稍微縫合固定住即可

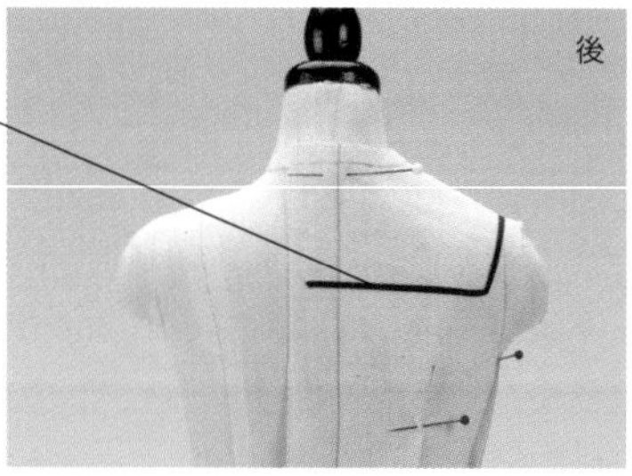
後
後衣領的形狀及長度也要確

②如照片般將衣身展開，然後將衣領描繪在一般紙張或是描圖紙上

請不要忘了將肩頸點也標示出來

③將剛才描繪過來的衣領再描繪到布料上

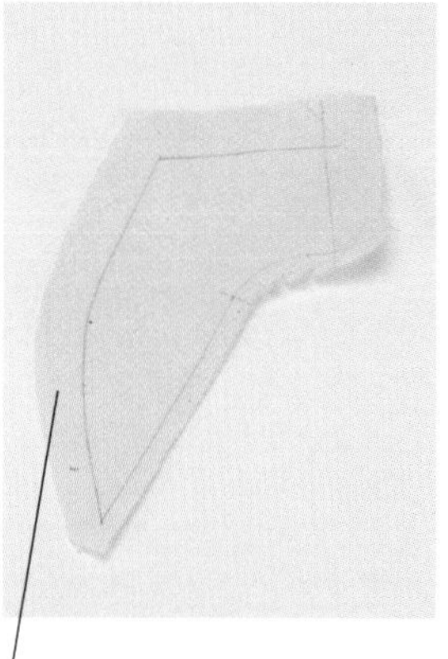
裁剪時請在衣領周圍多保留一些布料

④將衣領縫合到衣身上

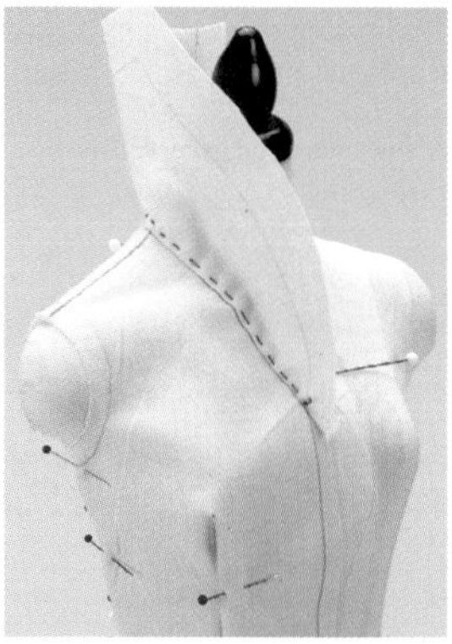

後面的「衣領的暫時固定方法」章節，會對縫合固定的方法有更詳細的解說！

⑤與平領款式不同，只在肩線附近多摺一些分量，讓布料翹起來的部分都變得服貼

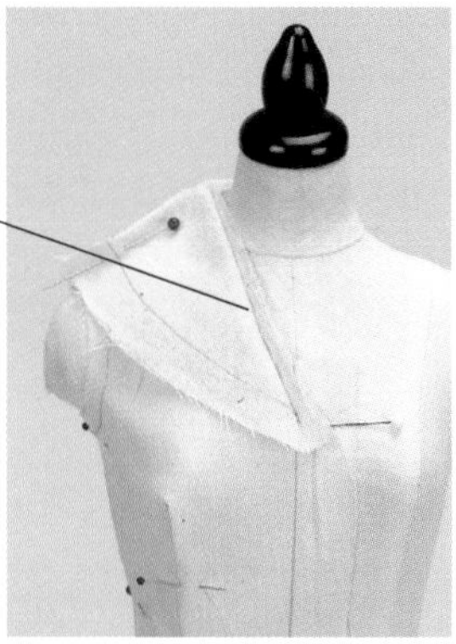
這一帶的線條都是斜線，一不小心就會拉得太長，所以盡可能不要再進行調整

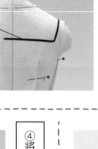

◎小尺寸娃娃 加大約1mm左右
◎大尺寸娃娃 加大約1mm～2mm左右

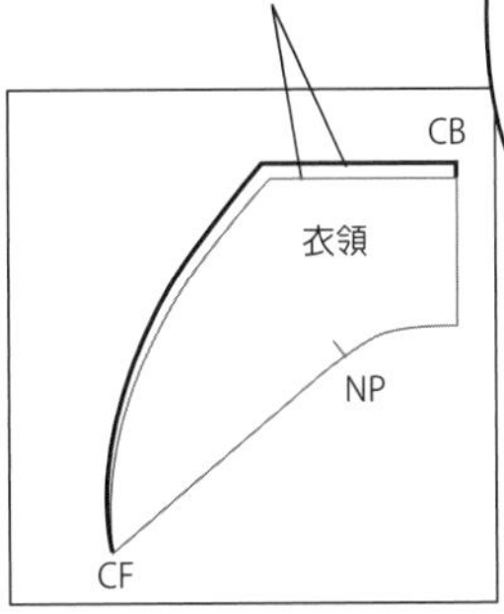
CB
衣領
NP
CF

和平領款式相同，將表層衣領描繪得較大一些，會比較好作業

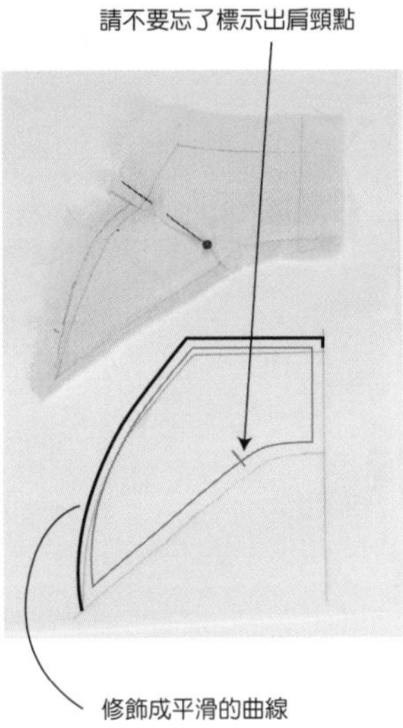
請不要忘了標示出肩頸點
修飾成平滑的曲線

⑥將衣領自衣身取下，描繪在紙上就完成了

稍微拿遠一點觀看，會比較容易確認大小哦！

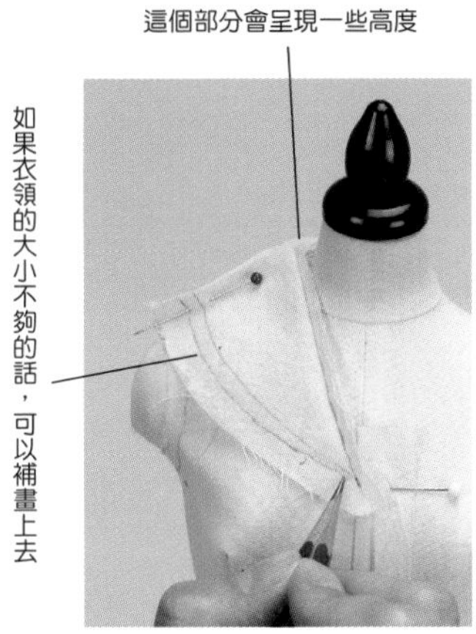
這個部分會呈現一些高度
如果衣領的大小不夠的話，可以補畫上去

POINT

製作娃娃服的水手領款式時，最困難的地方就是，照尺寸實作的話，開口就無法設置在後方

無論如何都希望開口在後方的話，以裝飾假領的方式製作也不錯

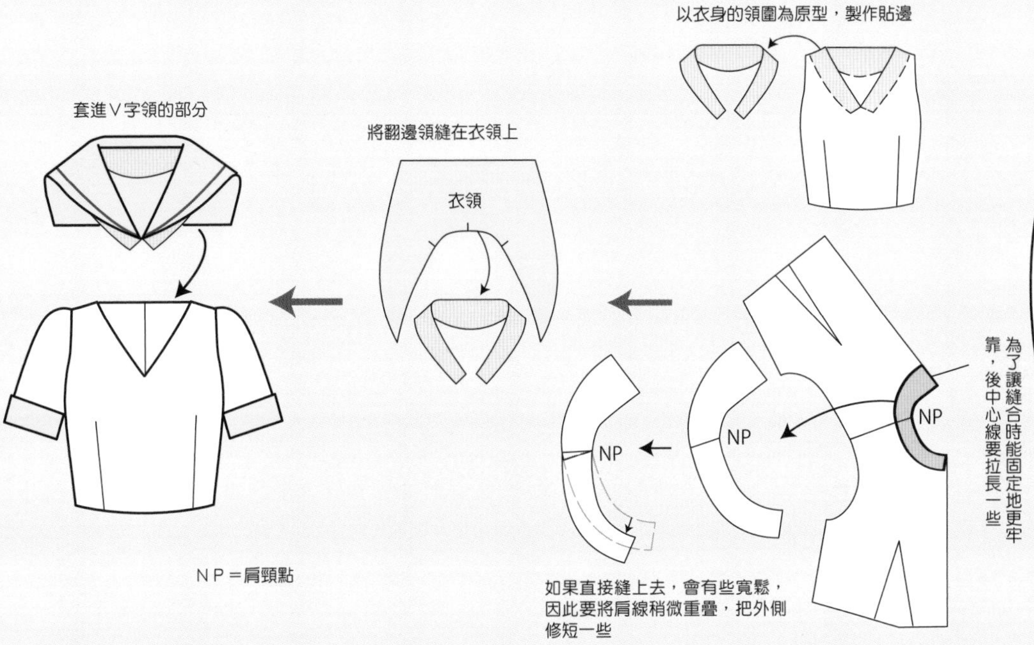
以衣身的領圍為原型，製作貼邊
套進V字領的部分
將翻邊領縫在衣領上
衣領
為了讓縫合時能固定地更牢靠，後中心線要拉長一些
NP
NP
NP
如果直接縫上去，會有些寬鬆，因此要將肩線稍微重疊，把外側修短一些
NP＝肩頸點

或者也可以不加裝翻邊領，而改為覆蓋一片輕飄飄的衣領

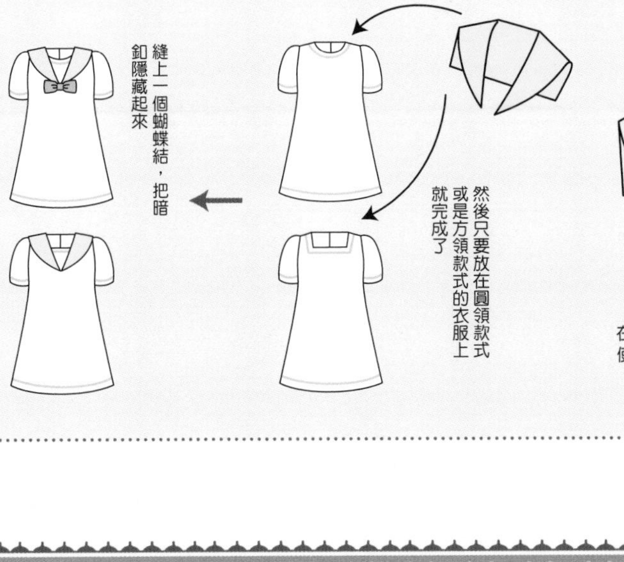
縫上一個蝴蝶結，把暗釦隱藏起來
然後只要放在圓領款式或是方領款式的衣服上就完成了

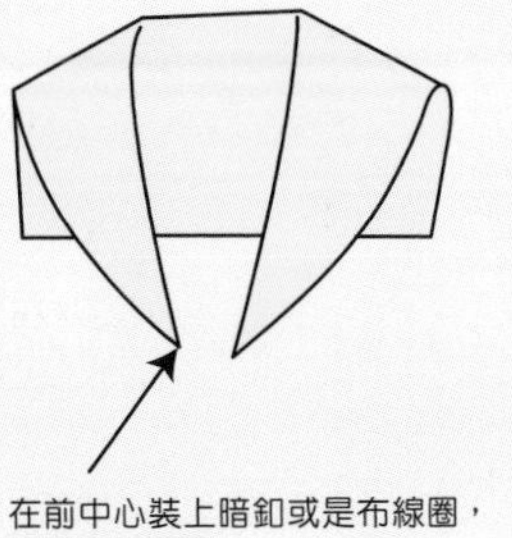
在前中心裝上暗釦或是布線圈，使其可以開閉

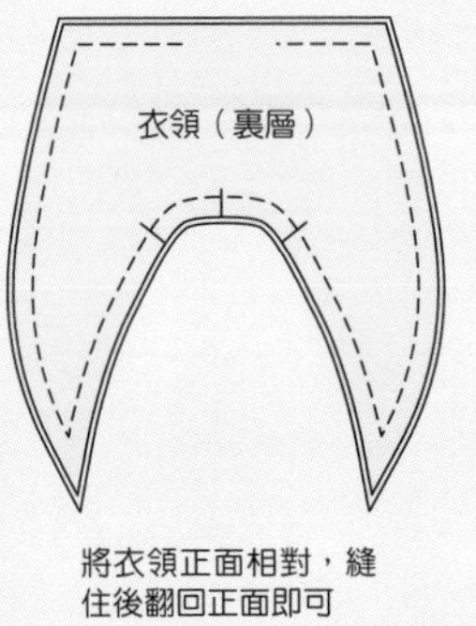
衣領（裏層）
將衣領正面相對，縫住後翻回正面即可

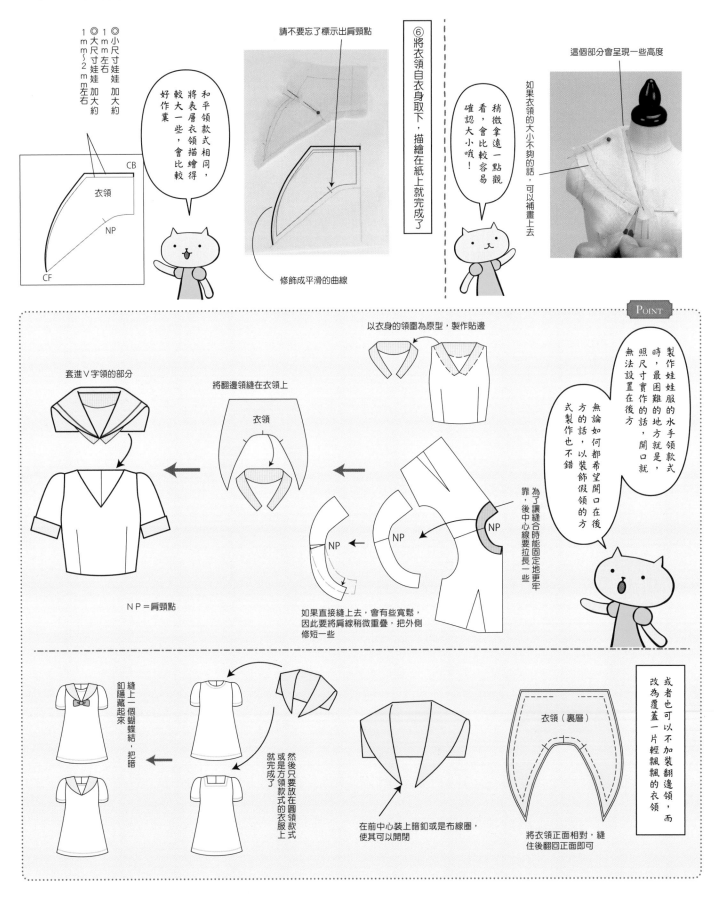

剛才我們已經為大家介紹，平口領款式與水手領款式如何將多餘部分打褶收緊的作業方法
反過來說，也有像勞作一樣剪出開口的製作方法
人家看看

①如同製作立領款式一般，先測量前後的領圍尺寸，然後用廚房紙巾來製作長方形的版型

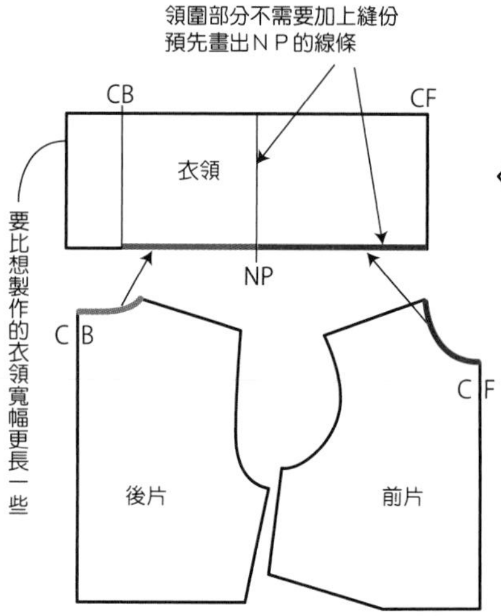
領圍部分不需要加上縫份
預先畫出NP的線條
CB
CF
衣領
NP
要比想製作的衣領寬幅更長一些
CB
CF
後片
前片

②使用膠帶（透明）將衣領牢牢地固定在領圍上

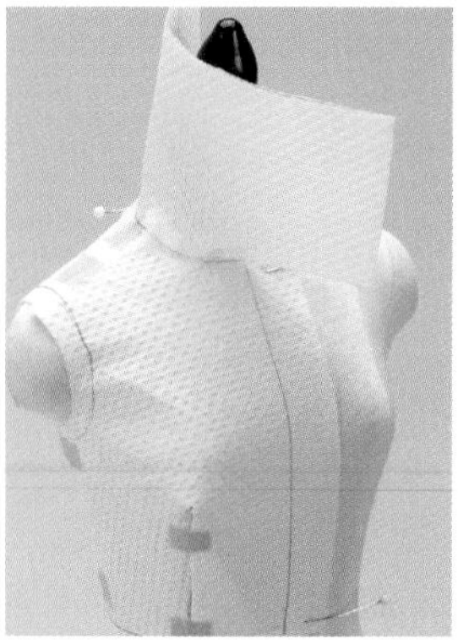

③在NP部分及前領圍剪出數道牙口，再以膠帶固定成喜歡的衣領形狀

用鉛筆或油性筆畫上線條

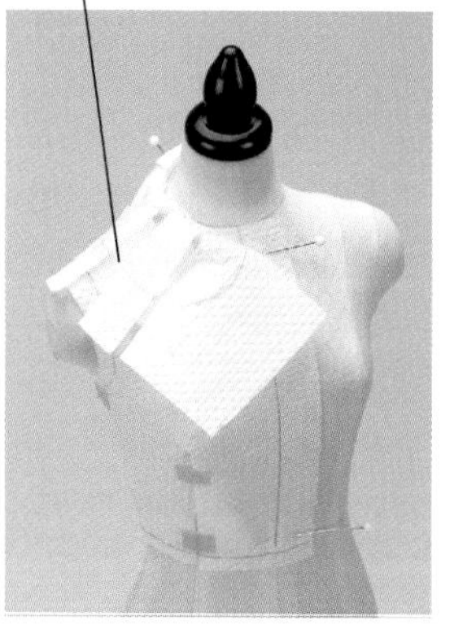

如果牙口剪太多的話，會變得太開，盡量剪少一些！

④後面只要在肩線附近剪1~2道牙口即可（不要剪太多道牙口）

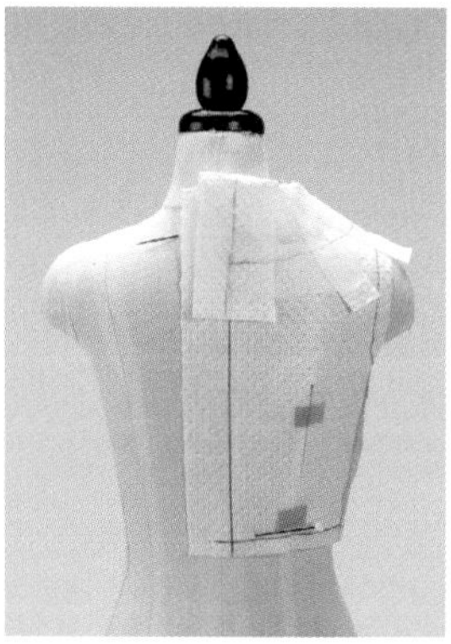

⑤小心地將貼上固定完成的領圍裁開，描繪到紙上

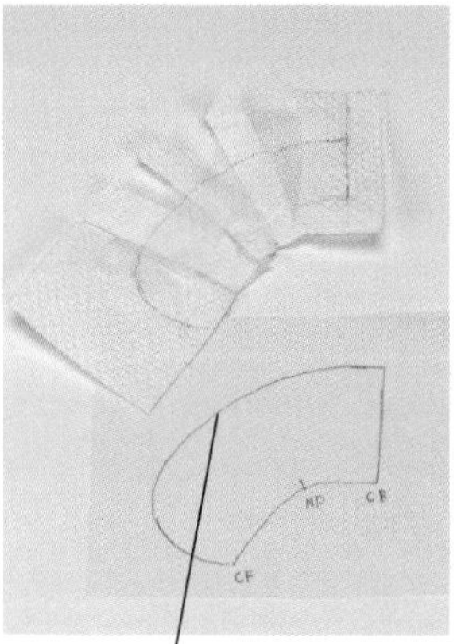

修飾成平滑的曲線

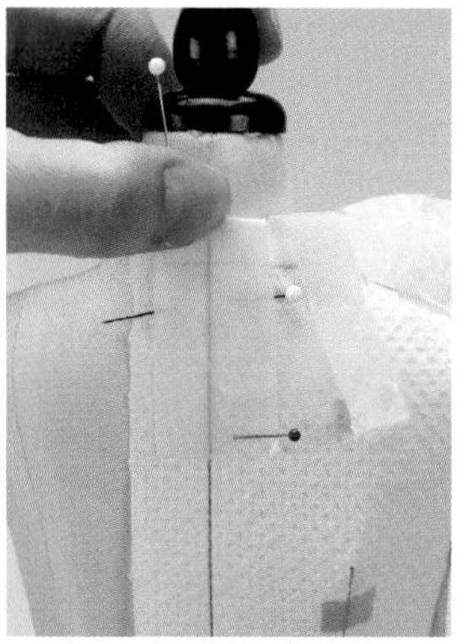

透明、半透明的厚塑膠帶方便拿來確認領腰的高度

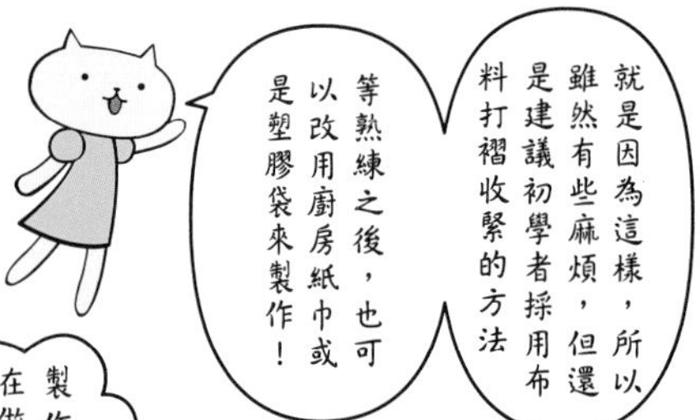
就是因為這樣，所以雖然有些麻煩，但還是建議初學者採用布料打褶收緊的方法
等熟練之後，也可以改用廚房紙巾或是塑膠袋來製作！

製作版型就像在做勞作！

厚的廚房紙巾，或是裝米的包裝袋，可以直接假縫，意外地好用哦！

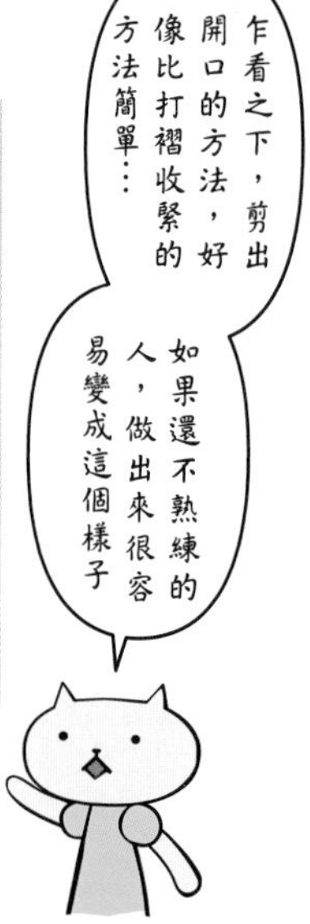
乍看之下，剪出開口的方法，好像比打褶收緊的方法簡單…
如果還不熟練的人，做出來很容易變成這個樣子

拆開後還是保持立體，沒辦法描繪成平面圖

這樣根本沒有攤成平面嘛！

製作衣領紙型用的暫時固定方法

這是暫時固定的方法
製作衣領紙型的時候，可以用這個方法固定衣領哦！

①剪一些牙口，然後將領圍的縫份摺倒

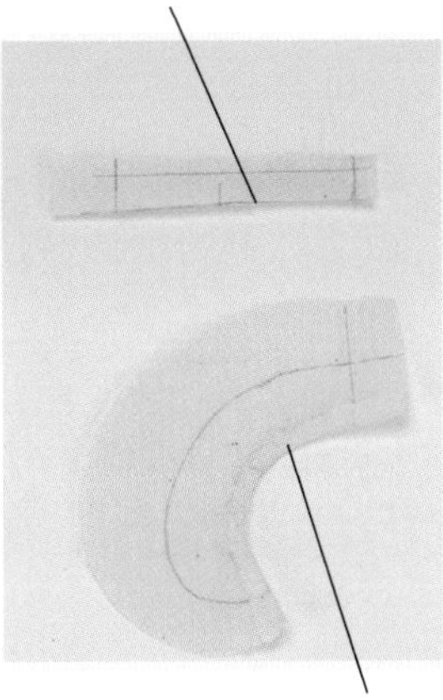
立領款式、高領款式要摺向裏側
平領款式、水手領款式則要摺向表側

②配合衣身的領圍，簡單粗縫固定

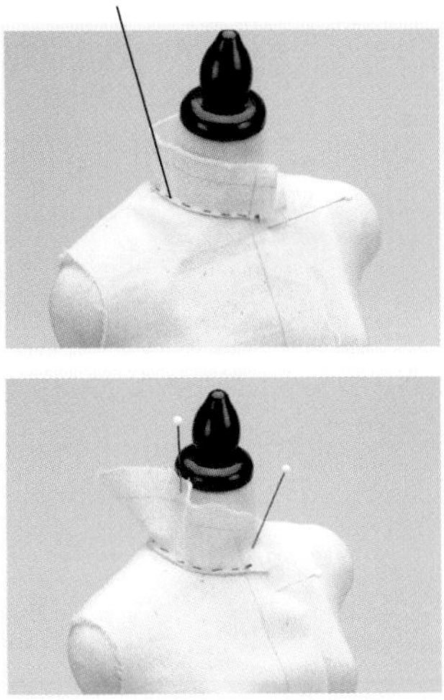
領圍線的邊緣（稍微上面）

如果不妨礙作業、不會翹起來的話，也可以使用待針來固定
刺繡縫花用的小型待針很方便哦！

不能像一般縫合衣領的方式來固定嗎？
當然也是可以啦！不過這麼做的好處有很多哦！

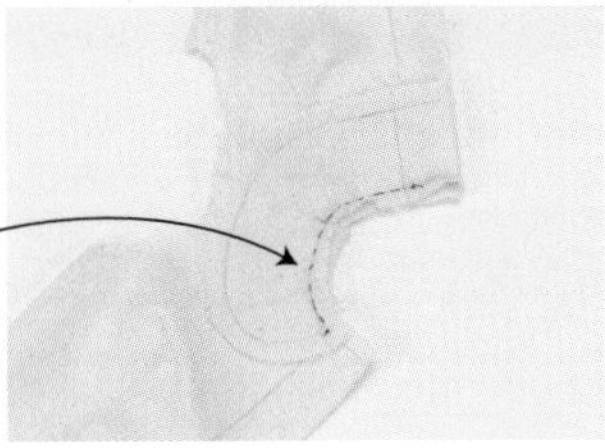
將衣領和衣身一起縫合固定的方式

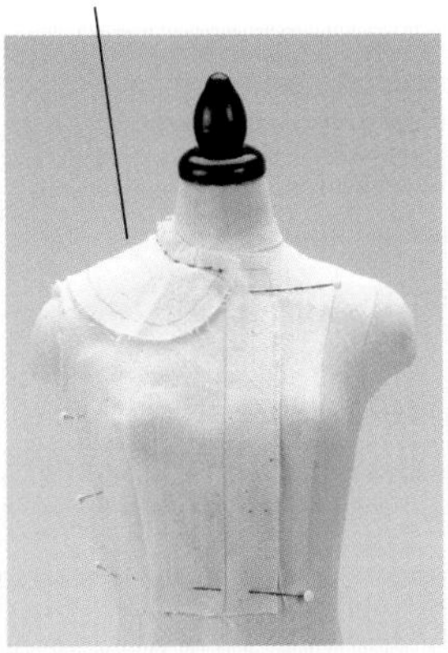
如果以一般的方式縫合固定的話，領腰會像這樣子攤平在肩上

若是和上圖一樣的固定方法，如果需要調整領圍的位置就會很容易

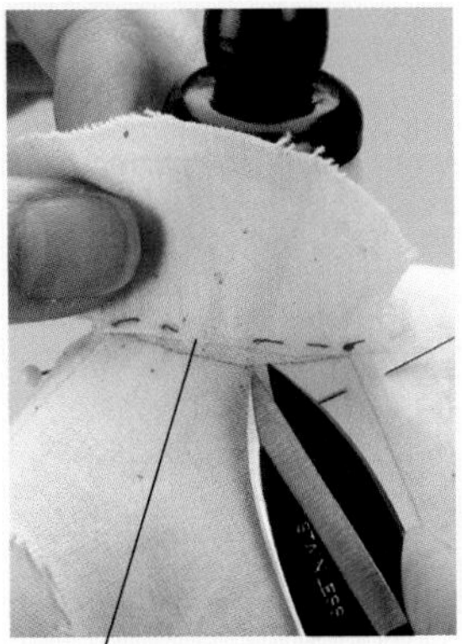
將正面看得到的縫線剪斷，調整位置

POINT 製作衣領紙型時的注意點

本書為了要方便說明，是以娃娃用的人體模型來解說衣領的製作方法

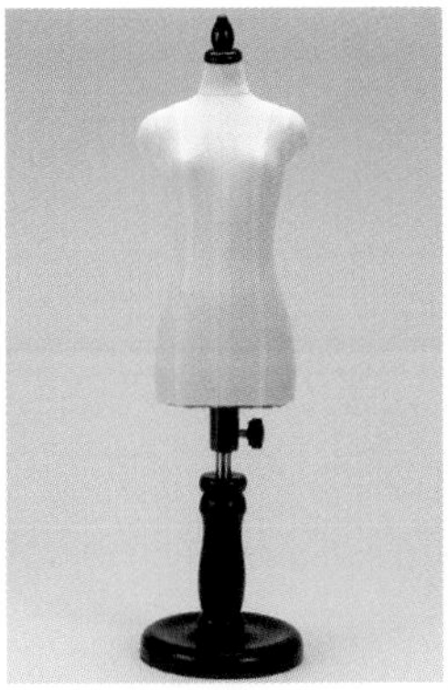
娃娃用的人體模型

一方面是因為將頭部取下比較方便作業
一方面也是避免不小心弄傷娃娃的臉部，建議大家也這麼做…
實際上親身經歷的失敗經驗

不過要小心，如果頭部沒裝回去就完成紙型的話，有時會沒辦法保持整體的比例均衡！

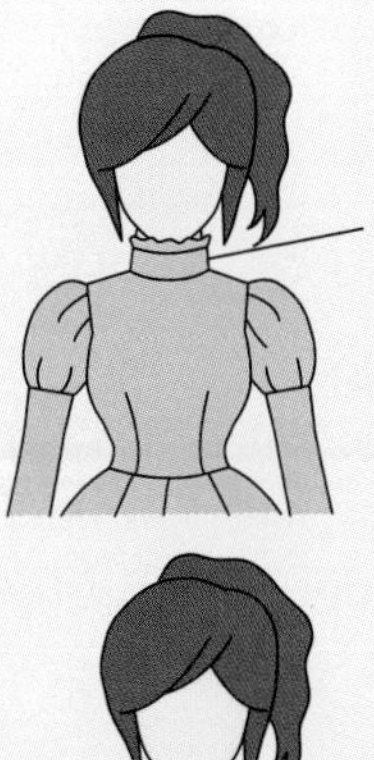
高度太高，結果造成蕾絲卡到下巴

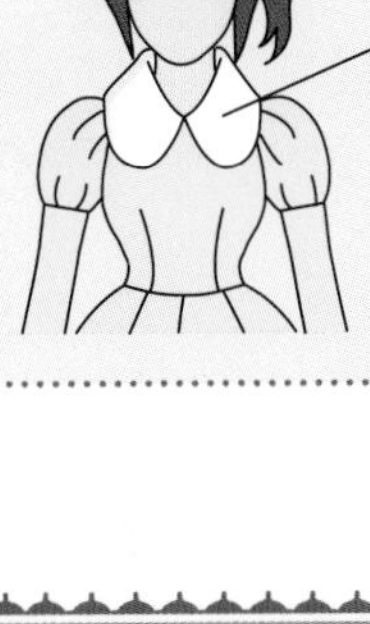
完成的衣領比想像中大多了

如果在製作過程中，不偶爾將頭部裝回去確認的話，就會有像這樣出錯的風險呢…
哇啊啊 那我也得小心了

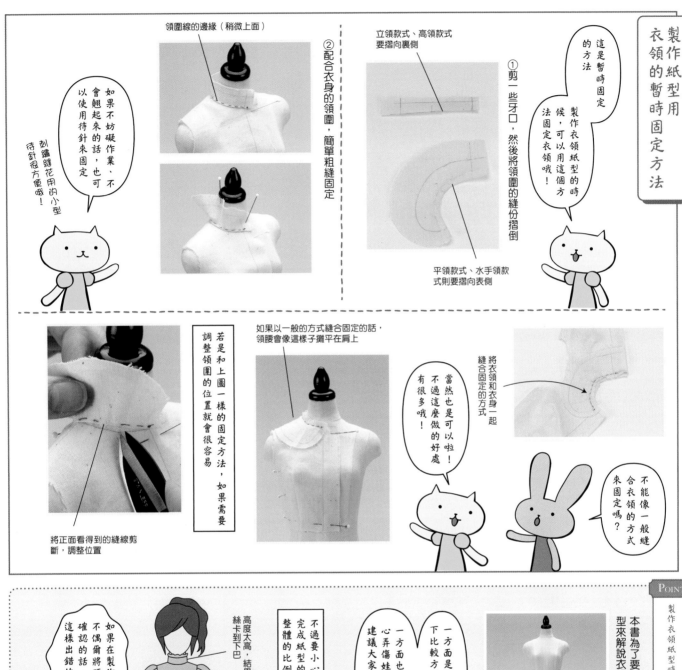

Chapter 7.

紙型的修飾完成

— PATTERN I —

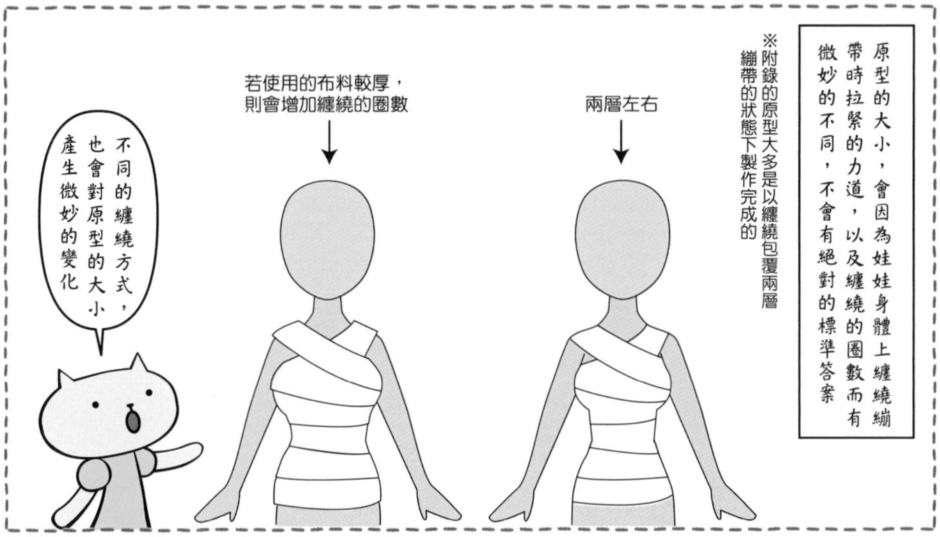
原型的大小，會因為娃娃身體上纏繞綳帶時拉緊的力道，以及纏繞的圈數而有微妙的不同，不會有絕對的標準答案
※附錄的原型大多是以纏繞包覆兩層綳帶的狀態下製作完成的
若使用的布料較厚，則會增加纏繞的圈數
兩層左右
不同的纏繞方式，也會對原型的大小產生微妙的變化

關於原型
如果原型製作不順利的話，請參考本書附錄的原型比較看看！
不過，還是有一點要注意哦！

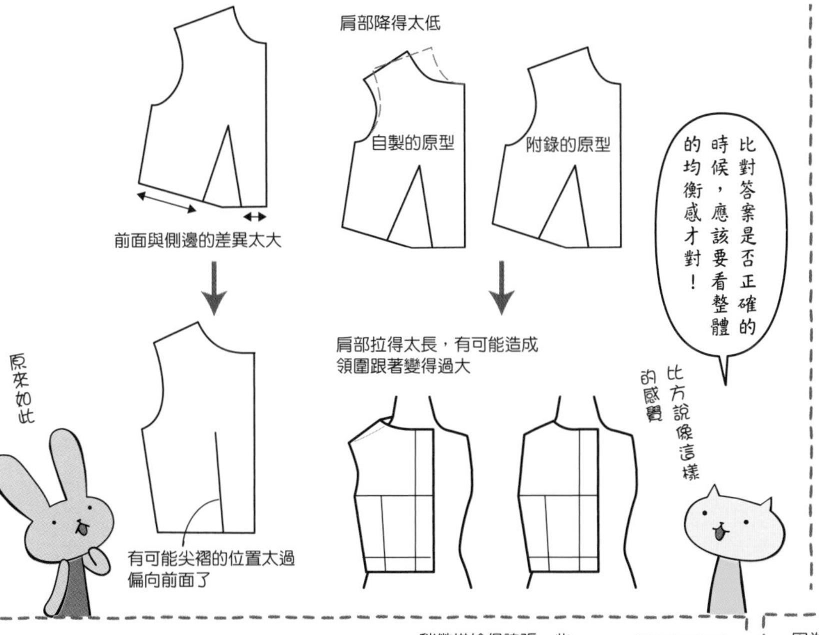
肩部降得太低
自製的原型
附錄的原型
前面與側邊的差異太大
肩部拉得太長，有可能造成領圍跟著變得過大
有可能尖褶的位置太過偏向前面了
原來如此
比對答案是否正確的時候，應該要看整體的均衡感才對！
比方說像這樣的感覺

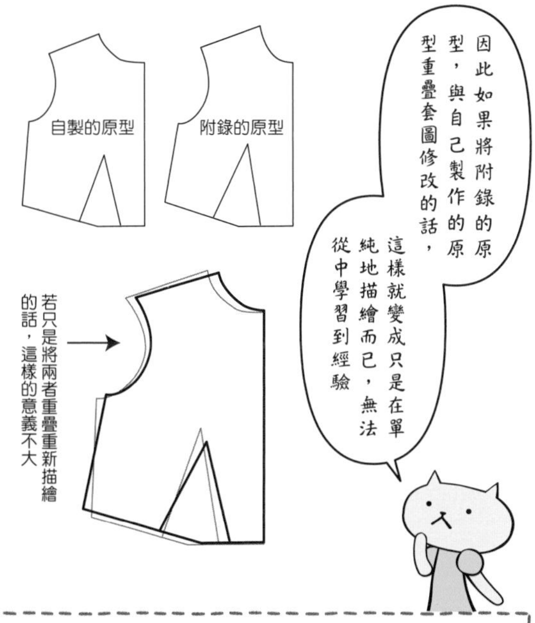
自製的原型
附錄的原型
若只是將兩者重疊重新描繪的話，這樣的意義不大
因此如果將附錄的原型，與自己製作的原型重疊套圖修改的話，這樣就變成只是在單純地描繪而已，無法從中學習到經驗

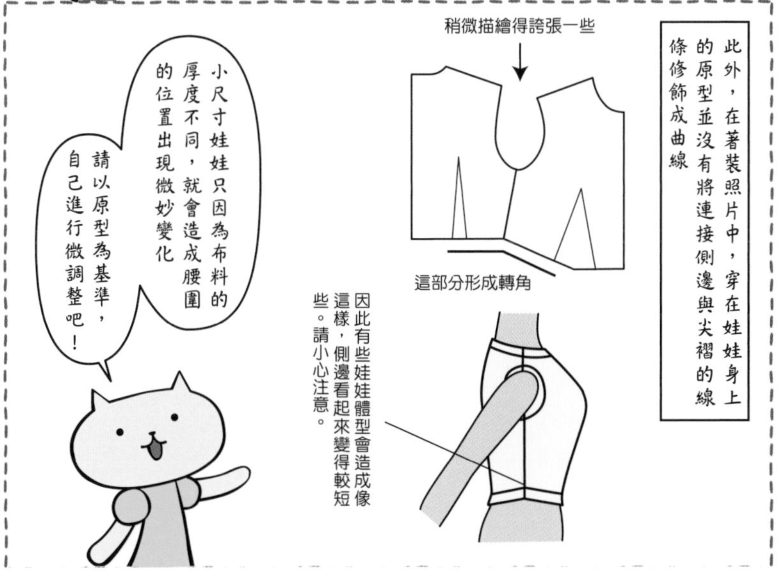
小尺寸娃娃只因為布料的厚度不同，就會造成腰圍的位置出現微妙變化
請以原型為基準，自己進行微調整吧！
稍微描繪得誇張一些
這部分形成轉角
此外，在著裝照片中，穿在娃娃身上的原型並沒有將連接側邊與尖褶的線條修飾成曲線
因此有些娃娃體型會造成像這樣，側邊看起來變得較短些。請小心注意。

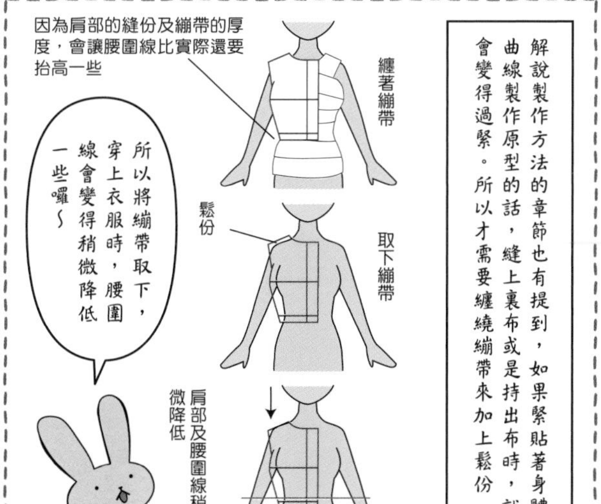
因為肩部的縫份及綳帶的厚度，會讓腰圍線比實際還要抬高一些
纏著綳帶
鬆份
取下綳帶
肩部及腰圍線稍微降低
所以將綳帶取下，穿上衣服時，腰圍線會變得稍微降低一些囉～
解說製作原型的章節也有提到，如果緊貼著身體曲線製作原型的話，縫上裏布或是持出布時，就會變得過緊。所以才需要纏繞綳帶來加上鬆份

確認版型

◇確認版型各自的長度是否都彼此吻合

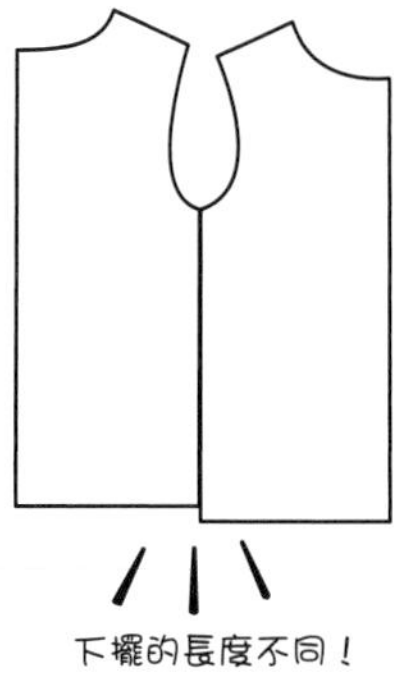

肩部、衣領、領圍部分也要記得確認！

◇將形成轉角的部位修飾成曲線

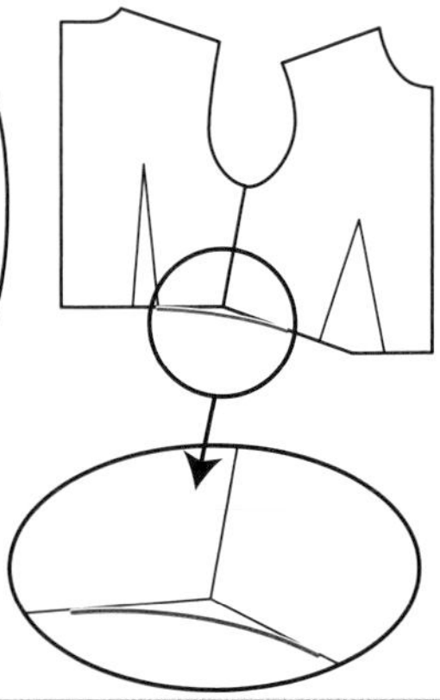

加上縫份的方法

・娃娃的尺寸
・使用手縫或是縫紉機縫
・布料是否容易繃開

考慮到以上幾點，其實娃娃服的縫份只要方便好縫，寬度可以自由決定！

一邊移動方格直尺，一邊描繪，就能輕鬆畫出均等的縫份

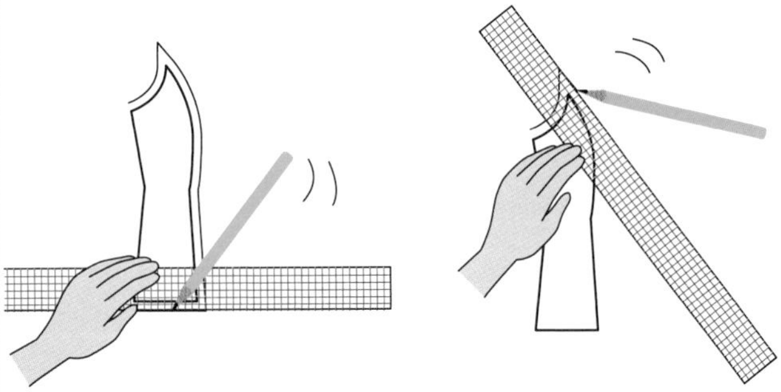

另外，為了方便縫合，也可以將曲線部分的縫份預先縮小一些

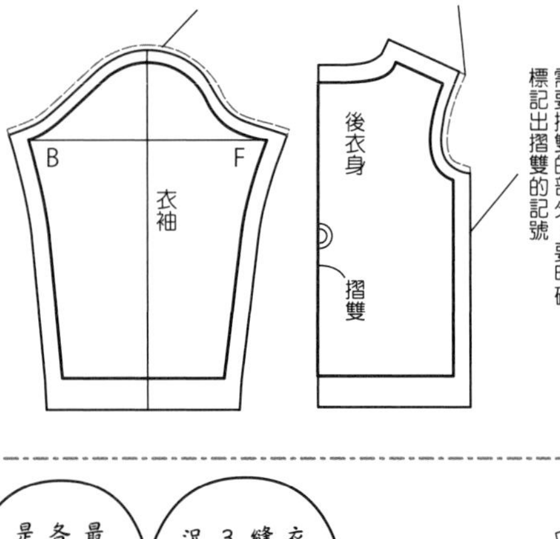

需要摺雙的部分，要明確標記出摺雙的記號

下擺的縫份較寬的話，看起來較美觀

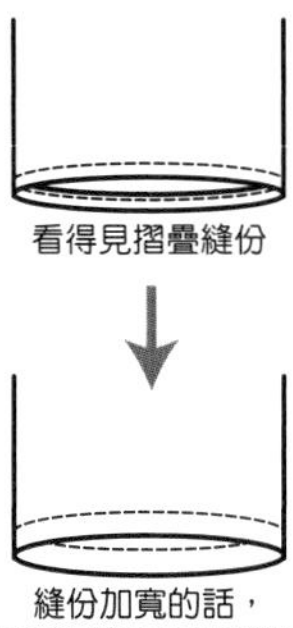

加上F（前袖）、B（後袖）標記

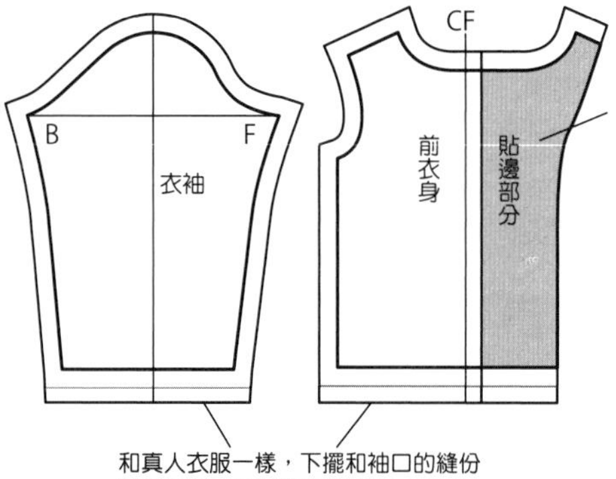

如果衣身與貼邊相連接的話，不要忘了描繪出來

和真人衣服一樣，下擺和袖口的縫份稍微加寬一些比較好作業

再來就是，將縫份的轉角寬度也都統一的話，縫合時才不用擔心出現「縫份的長度不一樣」的狀況！

縫份就像是在版型的周圍加上一道框似的

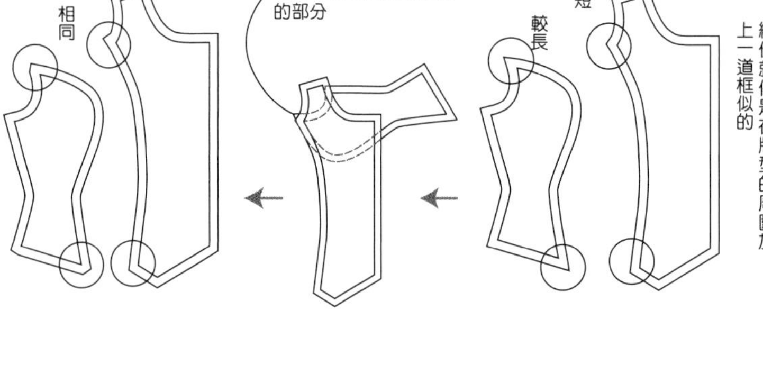

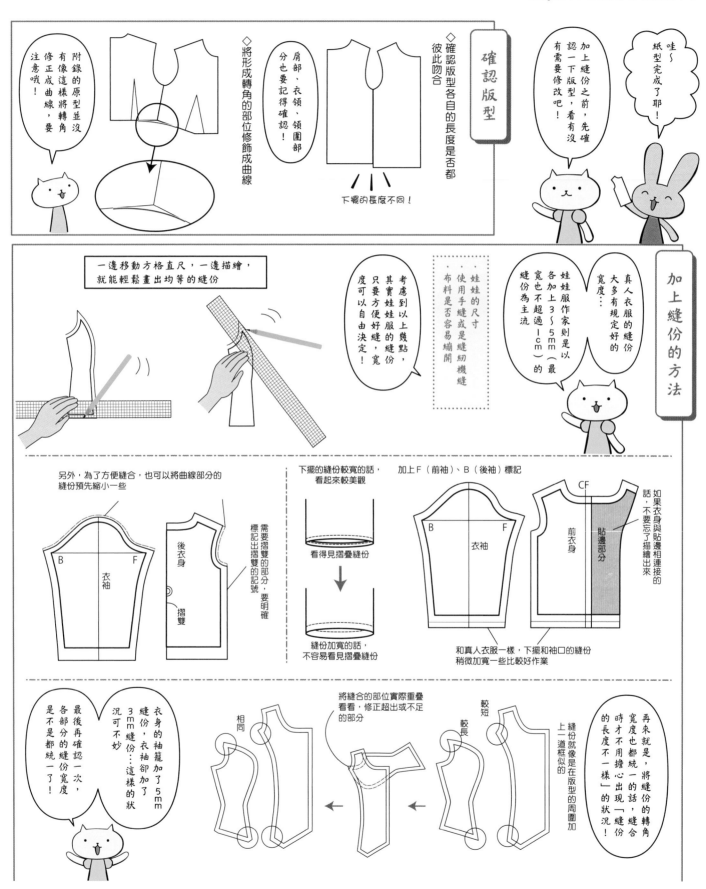

Chapter *8.*

紙型的放大縮小

— PATTERN Ⅱ —

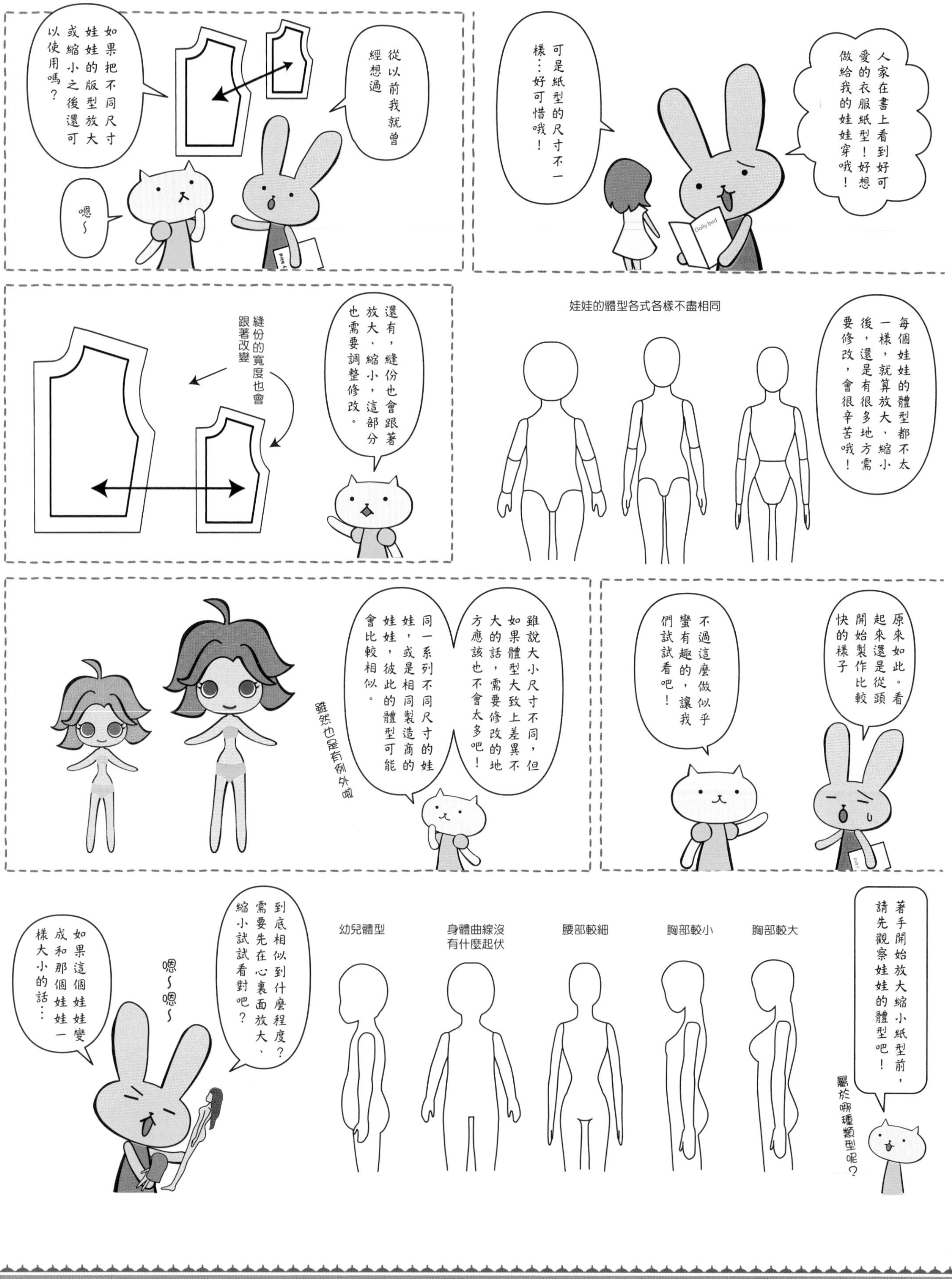
人家在書上看到好可愛的衣服紙型！好想做給我的娃娃穿哦！
Dolly bird
可是紙型的尺寸不一樣…好可惜哦！
從以前我就曾經想過
如果把不同尺寸娃娃的版型放大或縮小之後還可以使用嗎？
嗯～
娃娃的體型各式各樣不盡相同
每個娃娃的體型都不太一樣，就算放大、縮小後，還是有很多地方需要修改，會很辛苦哦！
還有，縫份也會跟著放大、縮小，這部分也需要調整修改。
縫份的寬度也會跟著改變
原來如此。看起來還是從頭開始製作比較快的樣子
不過這麼做似乎蠻有趣的，讓我們試試看吧！
雖說大小尺寸不同，但如果體型大致上差異不大的話，需要修改的地方應該也不會太多吧！
同一系列不同尺寸的娃娃，或是相同製造商的娃娃，彼此的體型可能會比較相似。
雖然也是有例外啦
著手開始放大縮小紙型前，請先觀察娃娃的體型吧！
屬於哪種類型呢？
幼兒體型
身體曲線沒有什麼起伏
腰部較細
胸部較小
胸部較大
到底相似到什麼程度？需要先在心裏面放大、縮小試試看對吧？
嗯～嗯～
如果這個娃娃變成和那個娃娃一樣大小的話…

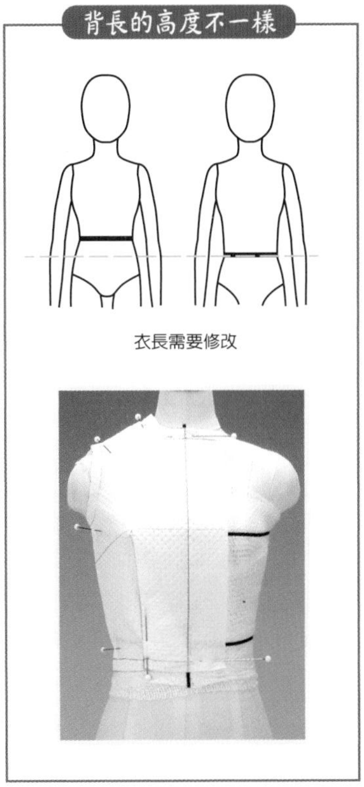
背長的高度不一樣
衣長需要修改

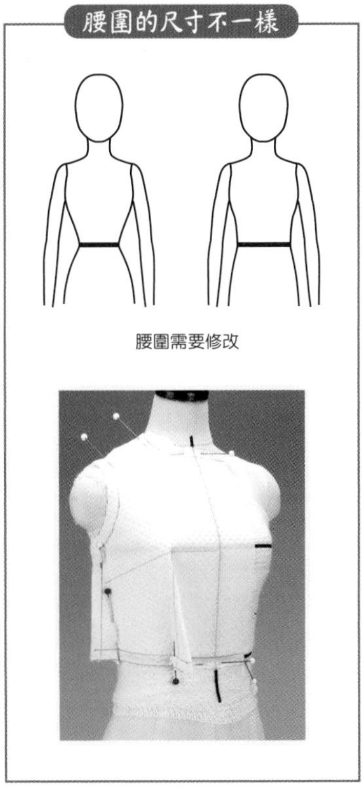
腰圍的尺寸不一樣
腰圍需要修改

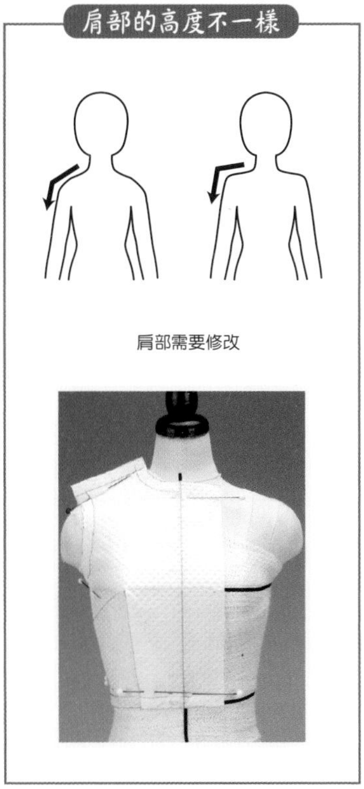
肩部的高度不一樣
肩部需要修改

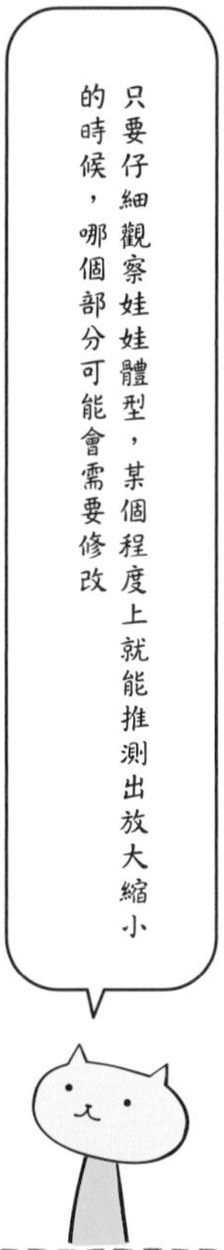
只要仔細觀察娃娃體型，某個程度上就能推測出放大縮小的時候，哪個部分可能會需要修改

肩寬、背肩寬
衣長（背長）
胸圍
腰圍
接下來是考試——放大、縮小紙型的時候，請問妳覺得要以什麼地方為基準比較好呢？
咦？
突然考我…

那要以哪裏為基準呢？既然身高不一樣，所以還是要以衣長為基準吧？
嗯～人家想不出來～
確實感覺起來是修改背長或是衣長，但其實還有一個更重要的地方得注意呢！

從這個娃娃修改到另一個娃娃的尺寸時，要放大幾%？不是會具體告訴我數據嗎？
如果這麼教的話，只有特定的娃娃可以適用，這樣反而不方便吧？

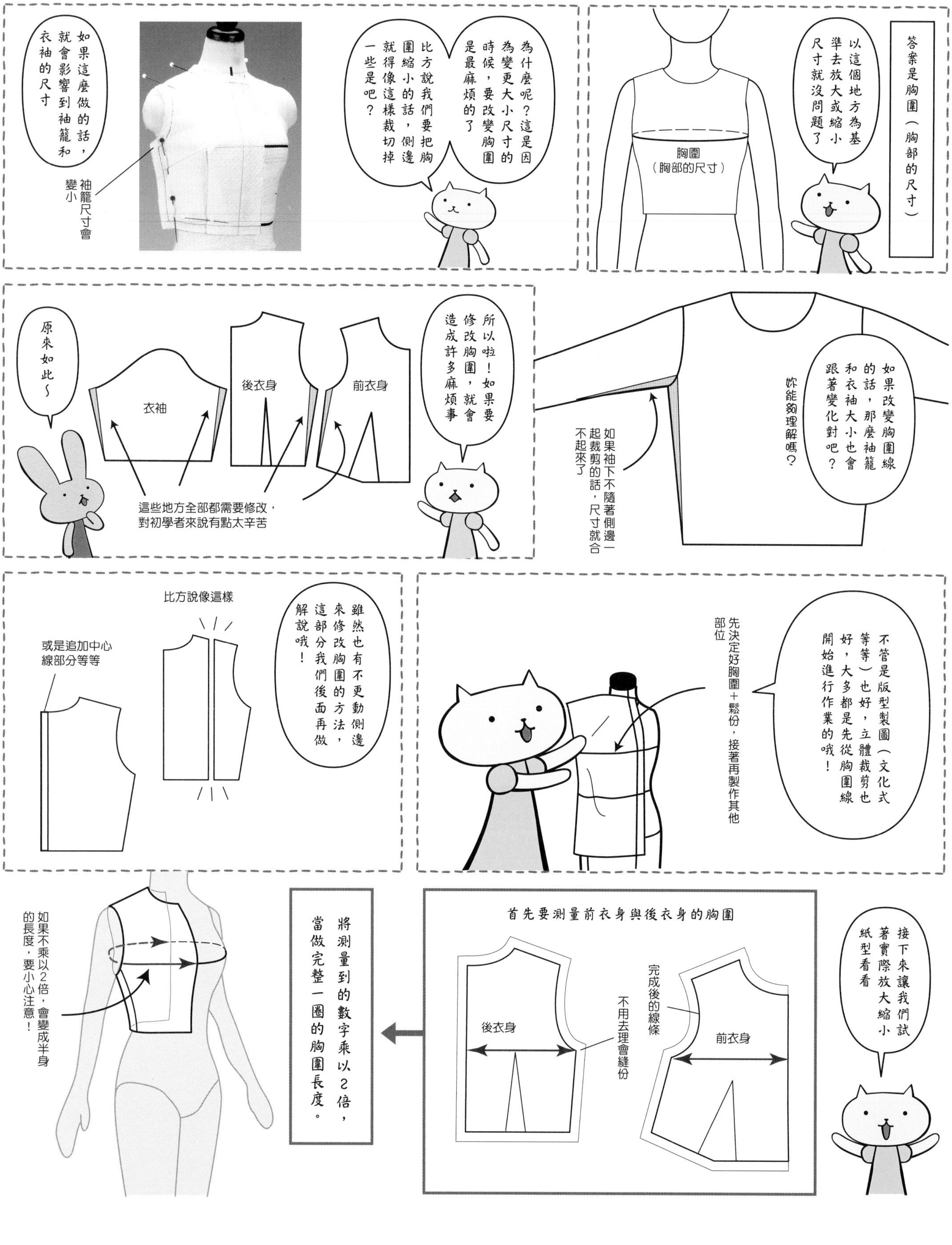
如果這麼做的話，就會影響到袖籠和衣袖的尺寸
袖籠尺寸會變小
為什麼呢？這是因為變更大小尺寸的時候，要改變胸圍是最麻煩的了
比方說我們要把胸圍縮小的話，側邊就得像這樣裁切掉一些是吧？
答案是胸圍（胸部的尺寸）
以這個地方為基準去放大或縮小尺寸就沒問題了
胸圍
（胸部的尺寸）
原來如此～
衣袖
後衣身
前衣身
所以啦！如果要修改胸圍，就會造成許多麻煩事
這些地方全部都需要修改，
對初學者來說有點太辛苦
如果改變胸圍線的話，那麼袖籠和衣袖大小也會跟著變化對吧？
妳能夠理解嗎？
如果袖下不隨著側邊一起裁剪的話，尺寸就合不起來了
比方說像這樣
或是追加中心
線部分等等
雖然也有不更動側邊來修改胸圍的方法，這部分我們後面再做解說哦！
不管是版型製圖（文化式等等）也好，立體裁剪也好，大多都是先從胸圍線開始進行作業的哦！
先決定好胸圍＋鬆份，接著再製作其他部位
如果不乘以2倍，會變成半身的長度，要小心注意！
將測量到的數字乘以2倍，當做完整一圈的胸圍長度。
首先要測量前衣身與後衣身的胸圍
後衣身
前衣身
完成後的線條
不用去理會縫份
接下來讓我們試著實際放大縮小紙型看看

Chapter 8. 紙型的放大縮小

我知道了！只要將紙型的胸圍尺寸放大、縮小修改成與娃娃的胸圍尺寸一樣就可以了呢！
計算放大、縮小的比例，讓紙型符合娃娃的胸圍
胸圍
嗯～基本上是答對了，不過還是有一些不一樣
如果胸圍放大、縮小到完全一樣的長度，會變成開叉部位無法合攏的衣服哦！
還要考慮布料的厚度，把「鬆份」也加進去！
這麼說來，我以前好像也犯過同樣的錯…
無法合攏了！

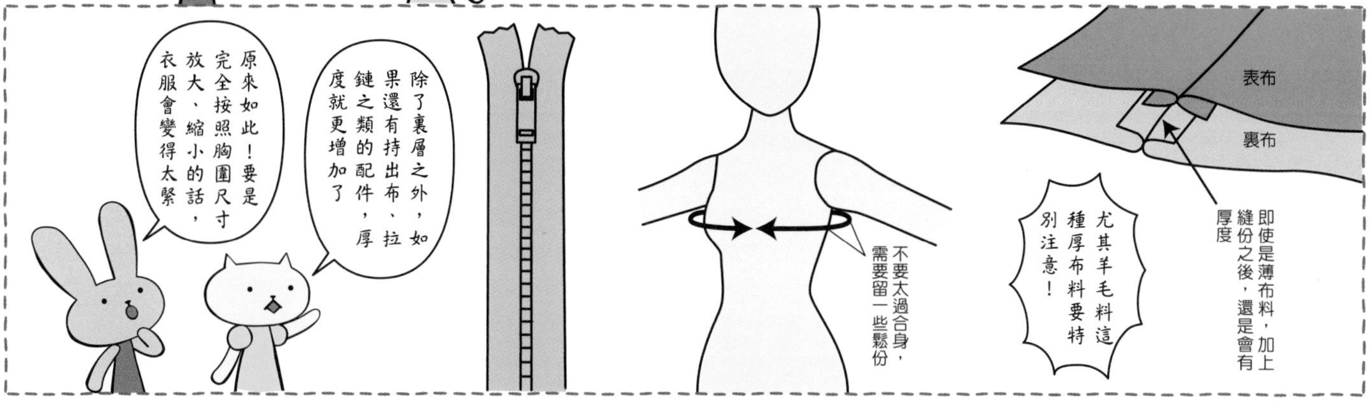
表布
裏布
即使是薄布料，加上縫份之後，還是會有厚度
尤其羊毛料這種厚布料要特別注意！
不要太過合身，需要留一些鬆份
除了裏層之外，如果還有持出布、拉鍊之類的配件，厚度就更增加了
原來如此！要是完全按照胸圍尺寸放大、縮小的話，衣服會變得太緊

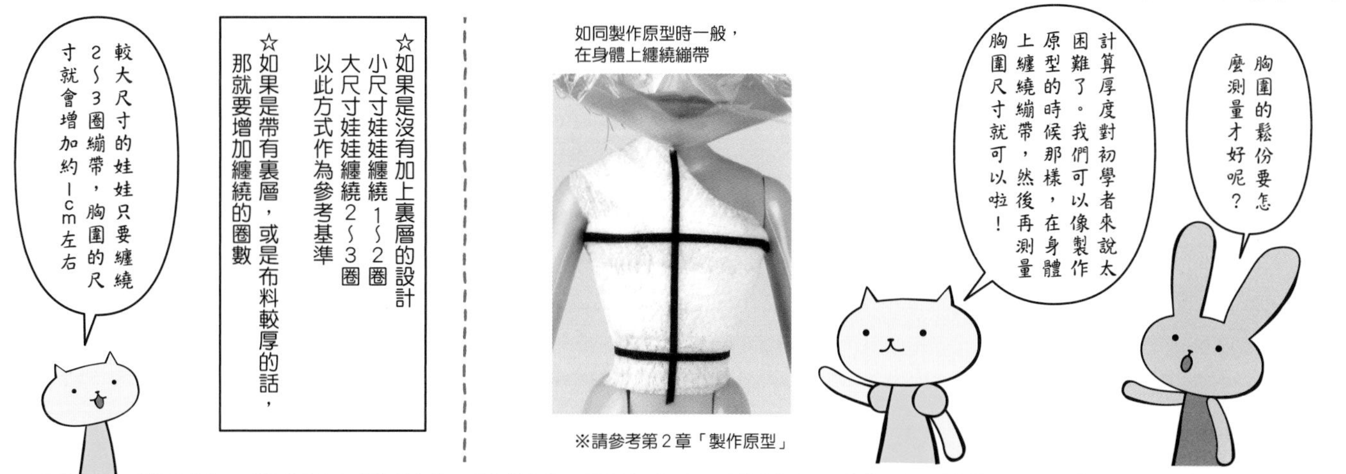
胸圍的鬆份要怎麼測量才好呢？
計算厚度對初學者來說太困難了。我們可以像製作原型的時候那樣，在身體上纏繞繃帶，然後再測量胸圍尺寸就可以啦！
如同製作原型時一般，在身體上纏繞繃帶
※請參考第2章「製作原型」
☆如果是沒有加上裏層的設計
小尺寸娃娃纏繞1～2圈
大尺寸娃娃纏繞2～3圈
以此方式作為參考基準
☆如果是帶有裏層，或是布料較厚的話，那就要增加纏繞的圈數
較大尺寸的娃娃只要纏繞2～3圈繃帶，胸圍的尺寸就會增加約1cm左右

除了厚布料之外，如果是像派內爾線這種縫份較寬的設計，修改尺寸時要是能多保留一些鬆份會比較好
等到熟練之後，只要依照經驗或是直覺，大概就能抓出應該保留多少鬆份了呢！
繃帶纏繞完成後，再測量一次娃娃的胸圍
剪一條細紙條或是絲線纏繞在胸部，標上記號再用直尺測量尺寸，會比直接用裁縫捲尺測量還要精準

放大縮小後的娃娃的胸圍 ＋ 鬆份 ÷ 紙型的胸圍

這公式就是！

18 ÷ 12 ＝1.5 由此得出

只要放大150%
就能將12cm → 18cm

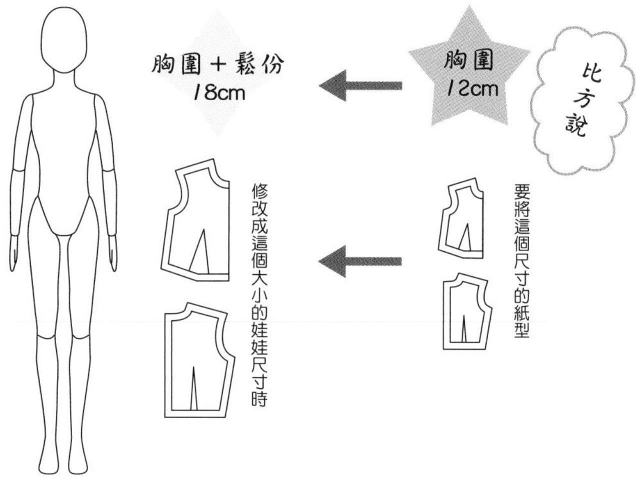
比方說
胸圍
12cm
胸圍＋鬆份
18cm
要將這個尺寸的紙型
修改成這個大小的娃娃尺寸時

如果家裏有印表機或是影像編輯軟體的話，那就還好
萬一沒有這些設備的話，不就得來回跑好幾趟便利商店嗎？
尺寸算錯了不合身…
說的也是，那樣好麻煩
增加1～3％左右
81%
80%
122%
120%
不能有需要再準備嗎？
為了避免無法順利掌握該如何預留鬆份，或是萬一出現誤差的情形，建議將稍大（或稍小）的放大縮小影印版也一併準備起來
寬度有變化
對了，放大縮小之後，縫份的寬度也會有變化，要小心注意哦！
記得要一起修改哦！
特別是像這樣，不在布上標線，直接利用縫紉機的針板寬度來縫合的時候，要多加注意！
即使有些麻煩，看樣子還是調整完放大縮小後，重新繪製縫份的線條比較好！
人家馬上來試著放大看看！話是這麼說……
派內爾線的紙型要測量哪裏啊？好難懂哦！
像這樣把紙型組合起來，比較好測量也說不定哦！
感覺好像在製作紙模型呢！
其實還有一種不需要像這樣測量紙型的胸圍，也不需要考慮調整縫份寬度的方法哦！
快教人家！

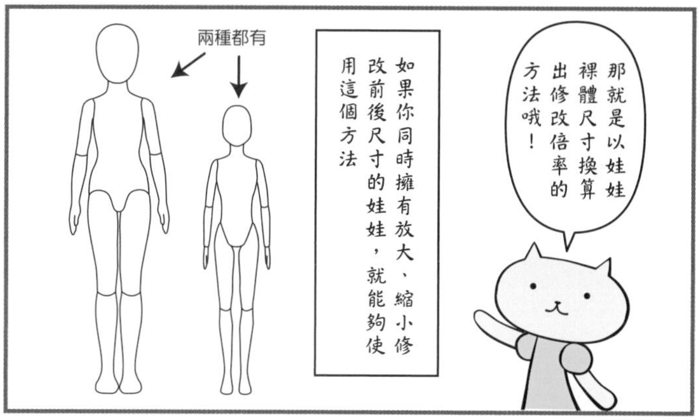
兩種都有
如果你同時擁有放大、縮小修改前後尺寸的娃娃，就能夠使用這個方法
那就是以娃娃裸體尺寸換算出修改倍率的方法哦！

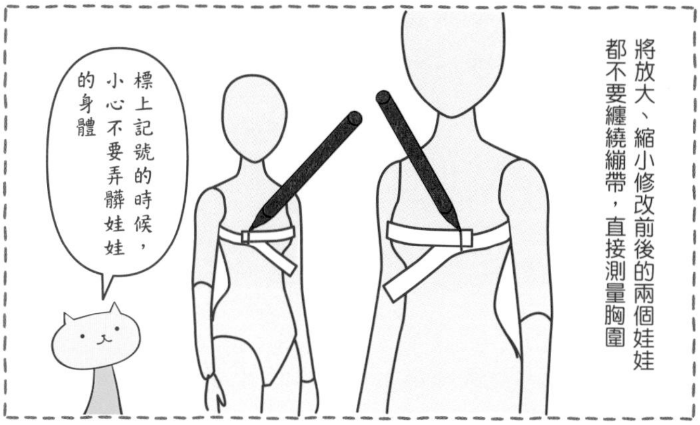
將放大、縮小修改前後的兩個娃娃都不要纏繞綳帶，直接測量胸圍
標上記號的時候，小心不要弄髒娃娃的身體

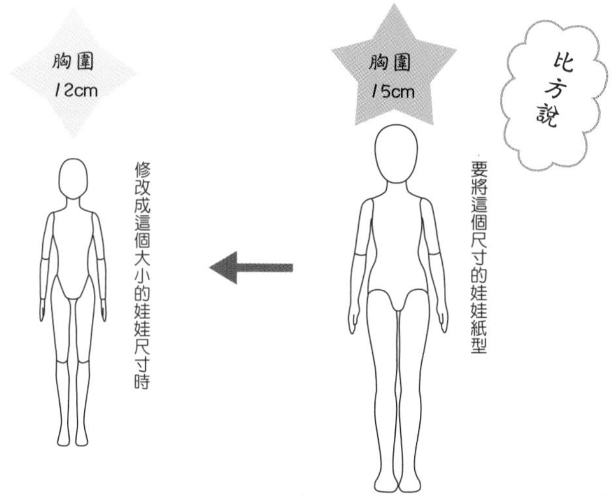
比方說
胸圍 15cm
要將這個尺寸的娃娃紙型
修改成這個大小的娃娃尺寸時
胸圍 12cm

放大縮小後的娃娃的胸圍 ÷ 原本娃娃的胸圍

這就是公式！

12 ÷ 15 =0.8 由此得出

只要縮小80%
就能將15cm → 12cm

只要是這兩個娃娃的衣服，不管是哪種紙型，都只要縮小80%就可以了呢！

有這本很方便哦！

Dollybird
10th

「Dollybird 10」刊載了各種不同娃娃的詳細量身尺寸表，請大家參考看看！

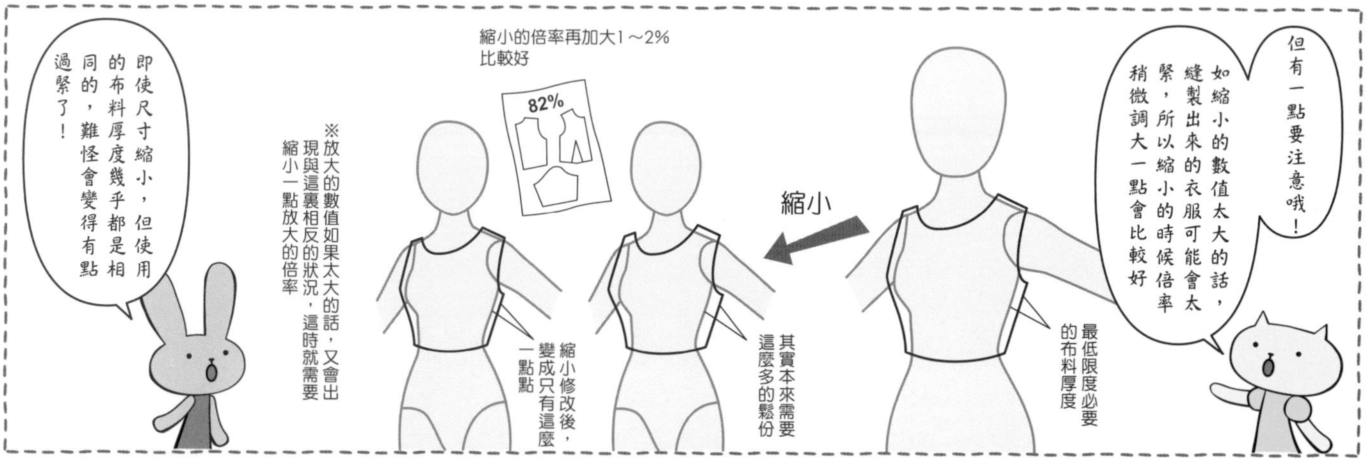
但有一點要注意哦！
如縮小的數值太大的話，縫製出來的衣服可能會太緊，所以縮小的時候倍率稍微調大一點會比較好
最低限度必要的布料厚度
縮小
其實本來需要這麼多的鬆份
縮小修改後，變成只有這麼一點點
縮小的倍率再加大1～2%
比較好
82%
※放大的數值如果太大的話，又會出現與這裏相反的狀況，這時就需要縮小一點放大的倍率
即使尺寸縮小，但使用的布料厚度幾乎都是相同的，難怪會變得有點過緊了！

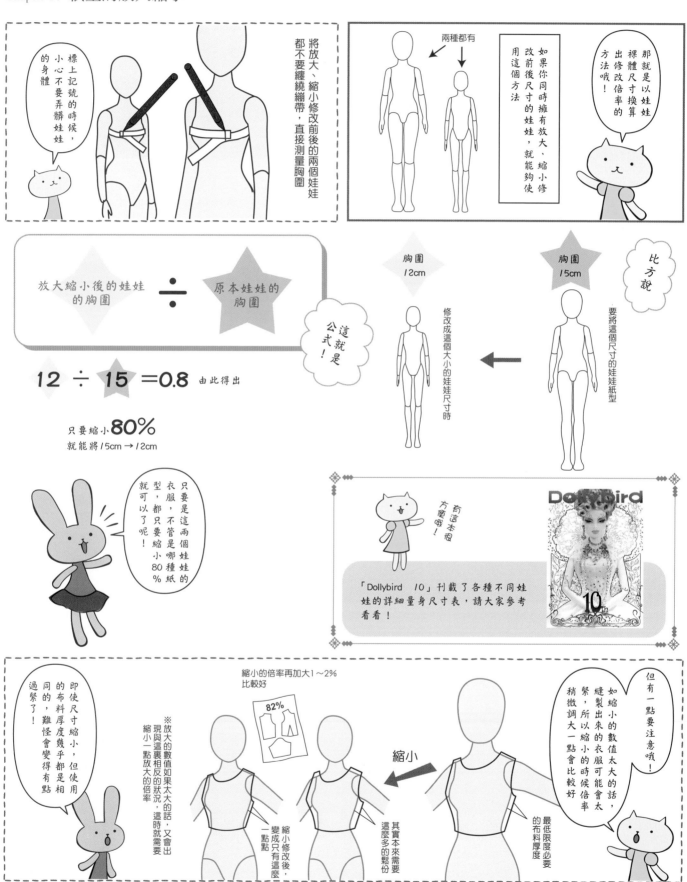

POINT

依照布料厚度不同，有可能會造成鬆份不夠，因此縮小的倍率再加個1～2%會比較好

Neo Blythe｛胸圍10.3cm｝

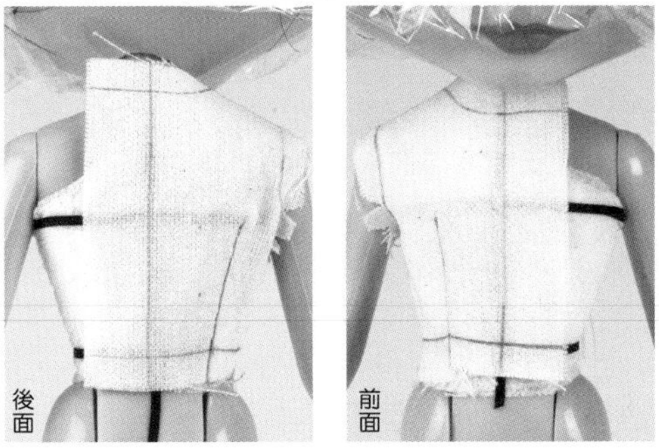
後面
前面

middle blythe｛胸圍8.4cm｝

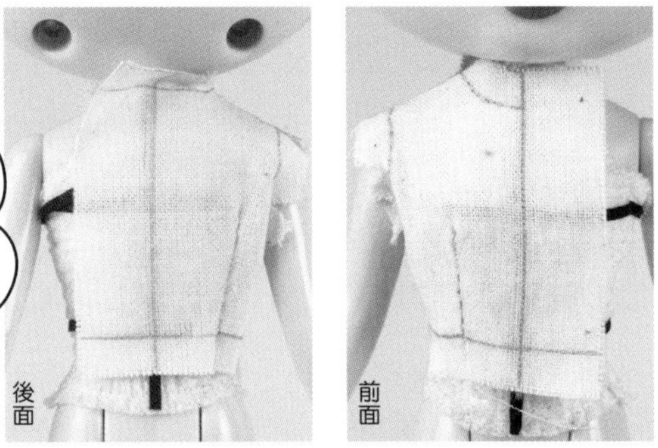
後面
前面

幾乎不需要修改

縮小

8.4÷10.3=0.815…

81%

※這裏的修改範例，因為綳帶纏繞次數不同，尺寸多少會有些誤差

接下來，我們將裸體的尺寸所換算出來的倍率，拿來試作幾種不同原型的放大、縮小看看！

POINT

與上圖的Blythe娃娃的範例不同，反而是因為放大倍率較大，因此倍率再減少個1～2%會比較好

袖籠的空隙不大，如果是有衣袖的設計的話，可以不去修改也沒關係。如果是貼身的無袖款式衣服，若是會在意空隙的話，可以用打褶疊起的方式修改

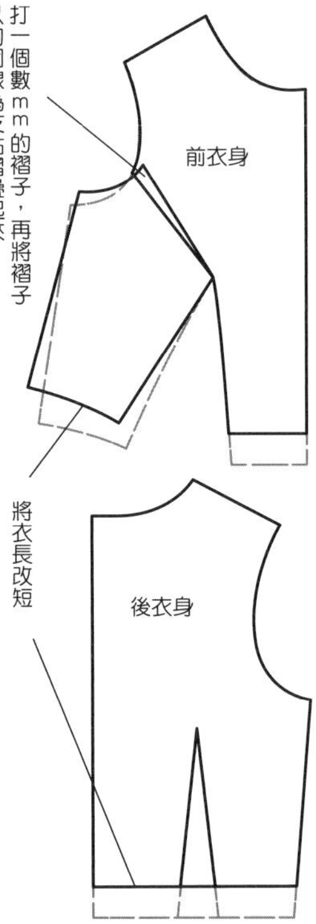
打一個數mm的褶子，再將褶子以胸圍線為支點摺疊起來
前衣身
將衣長改短
後衣身

momoko｛胸圍11.2cm｝

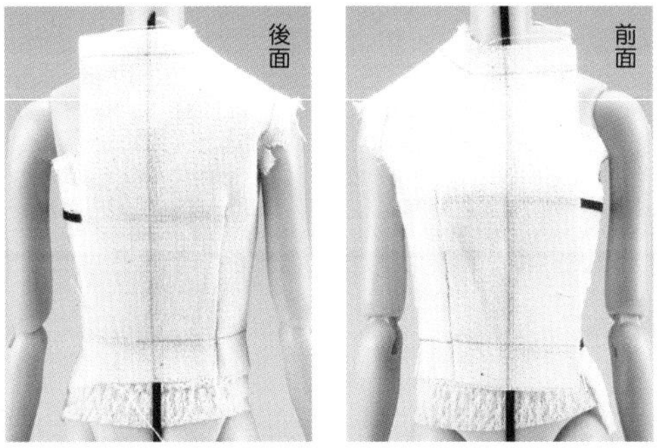
後面
前面

放大

16.9÷11.2=1.508…

150%

Unoa OP胸｛胸圍16.9cm｝

背長稍微比較長，因此在腰圍以下的尖褶縫線要拆開，以免翹起來

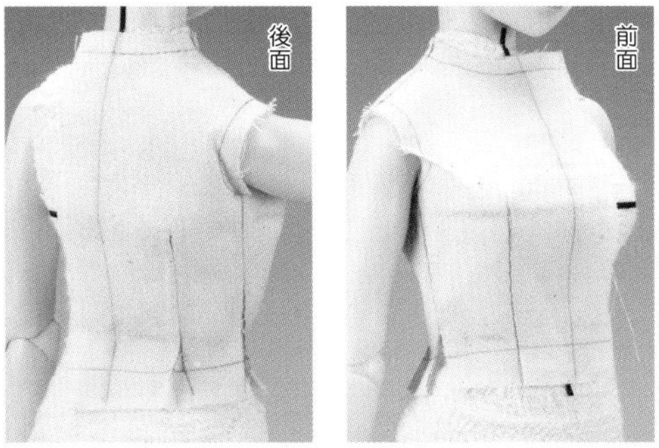
後面
前面

因為Unoa的胸部比較大，所以袖籠會出現一些空隙

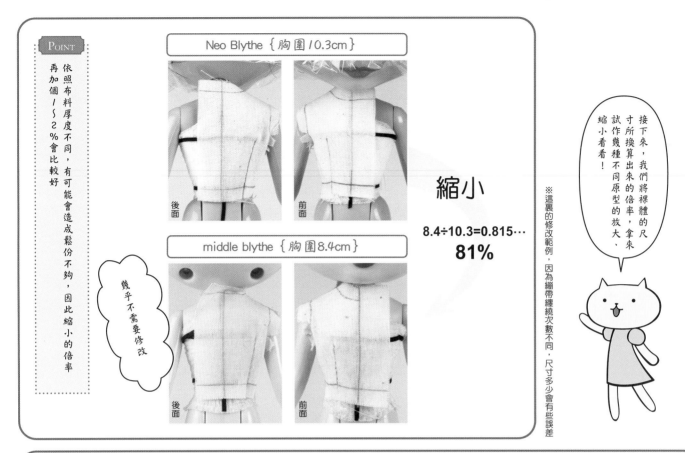

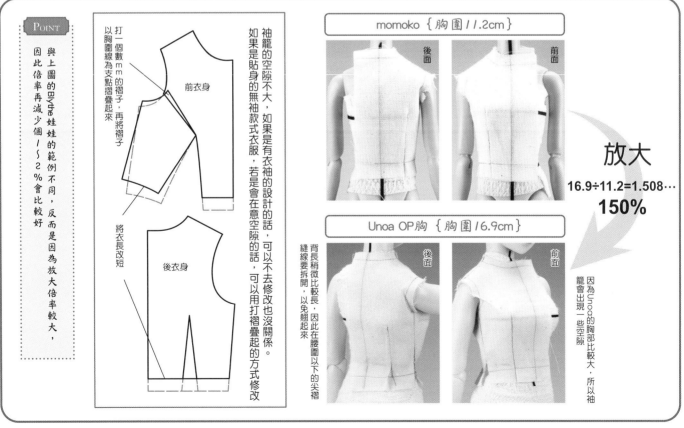

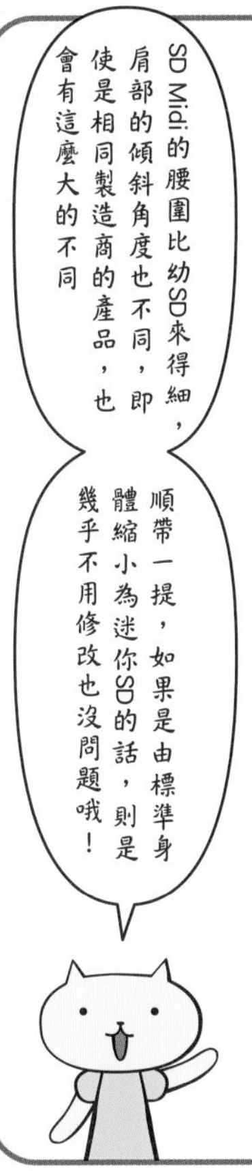

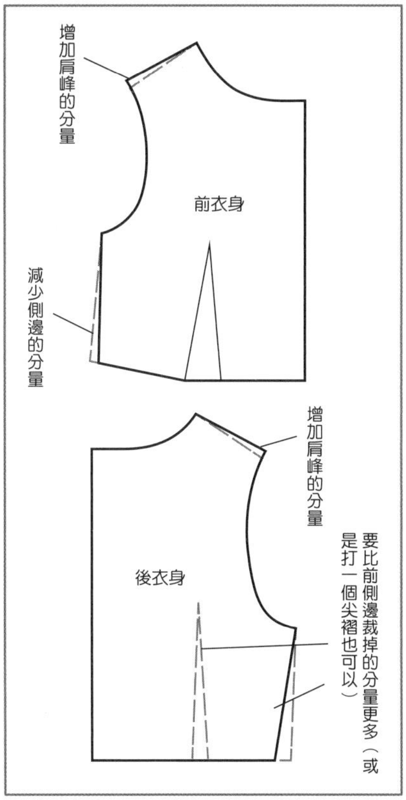

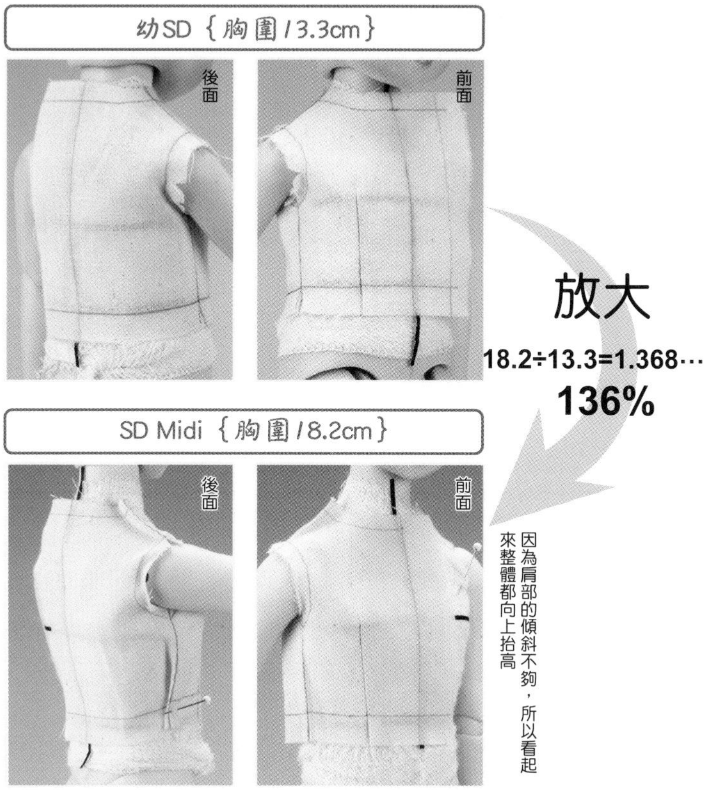

修改肩部傾斜角度時的重點

只要胸高點（胸部位置最高的部分）沒有偏移得太嚴重，不管修改頸側、肩側的哪一側都可以

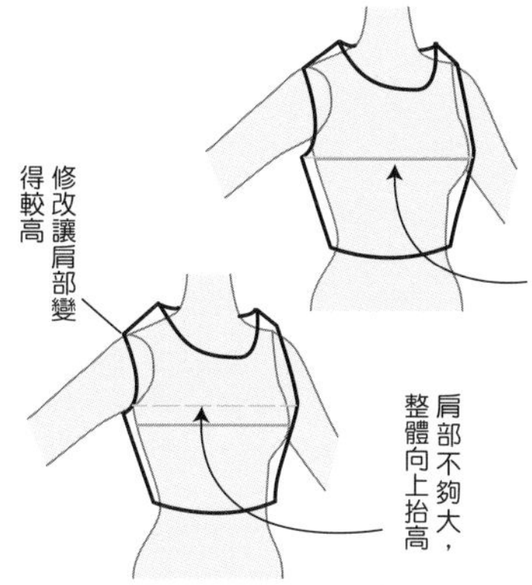

如果整體向上浮起抬高的話，不要將多餘的部分裁剪下來，而是要追加不足的部分，讓衣服可以降下來

☆如果不想更動袖籠的話，那就修改頸側

☆如果是無袖有衣領的款式設計，那就修改袖側

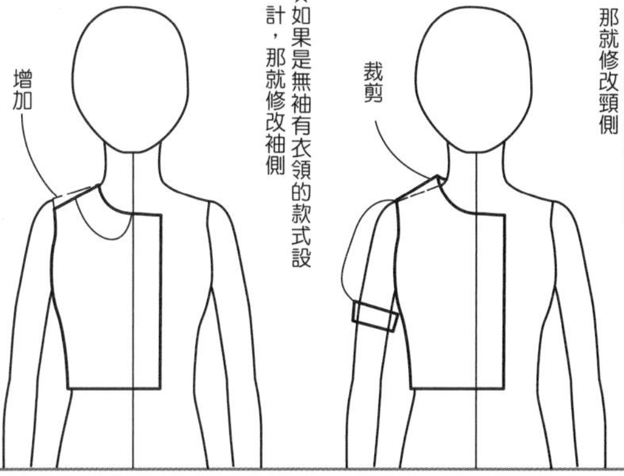

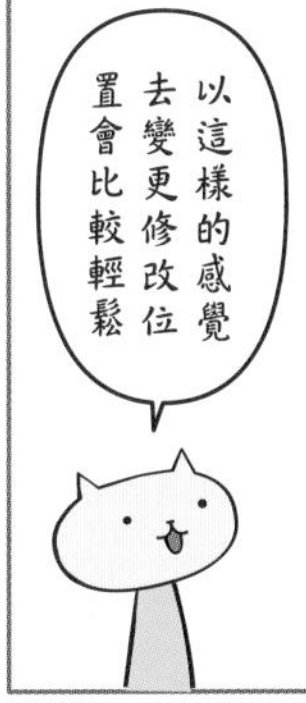

想要稍微修改胸圍的情形

將肩膀部分垂直裁剪後分開

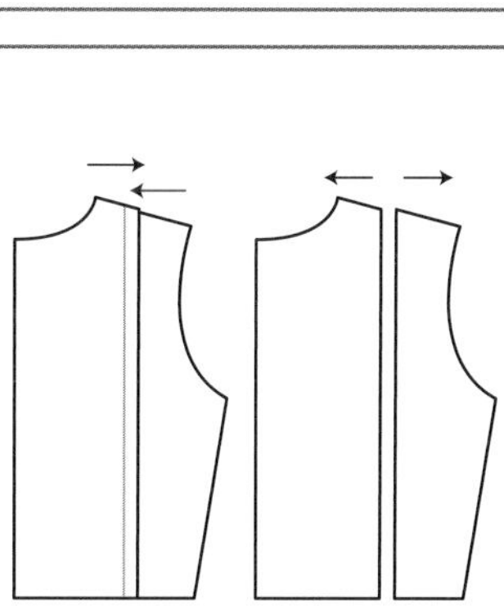

◎對袖籠及領圍不造成影響
×肩寬和腰圍的尺寸會有變化
×會影響尖褶的位置

調整前中心線與後中心線部分的位置

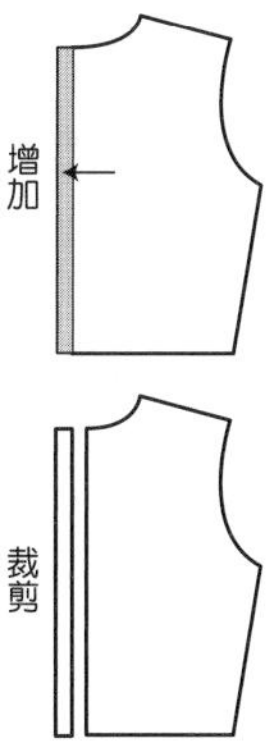

◎修改作業簡單
×領圍的長度會產生變化，因此衣領也必須要修改

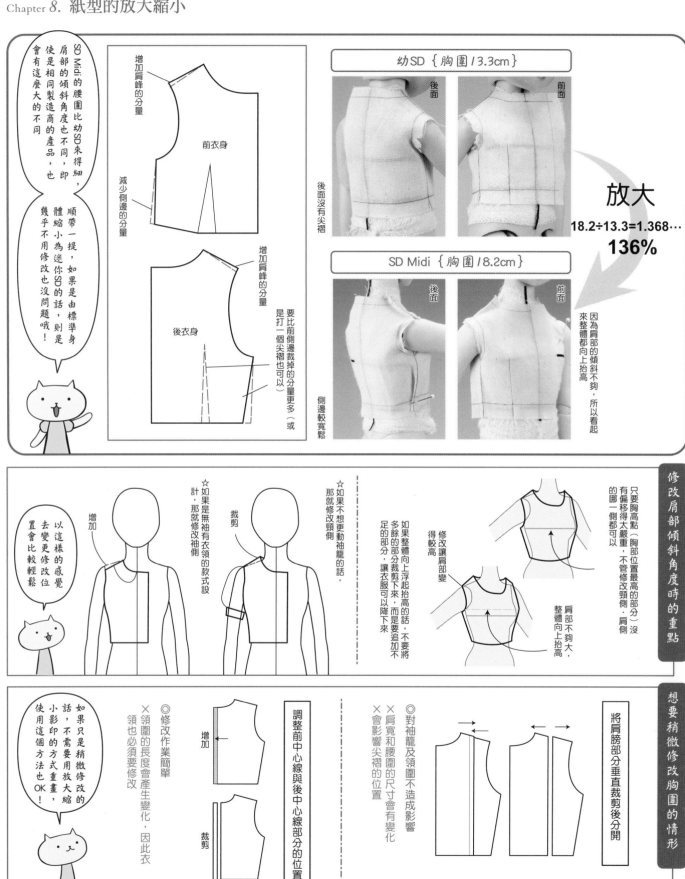

修改的時候，組合衣身時將縫份朝向外側，用打褶來進行微調整，這樣會比較容易作業哦！
※在前一頁的修改範例中，為了要方便說明，因此拍照時是將縫份是朝向內側
褲子或帽子也可以放大、縮小修改嗎？
修改褲子就以臀圍當作基準就可以了
修改帽子的話，就拿頭圍當作基準
以裝上假髮的狀態，量得鬆一點即可
這次是以原型來試作放大、縮小，所以需要修改的地方會比較顯眼
如果是寬鬆的衣服的話，也許不需要修改也沒問題
寬鬆的剪裁上衣或是連帽外套
高腰款式的輕飄連身裙
如果是不需要收緊腰部的設計，確實需要修改的地方比較少
泡芙貓咪老師
如果將書上刊載的紙型放大縮小後，再加上自己的調整設計的話，可以拿這個紙型出來販賣嗎？
書本上刊載的簡單無袖連身裙
放大
修改＋裝飾
〇〇尺寸紙型
販賣這個紙型
嗯，當然是不可以呀！
而且用那個紙型做出來的衣服，也不可以在娃娃展示會或是網拍販賣哦！千萬要注意。
如果要販賣的話，就要自己從零製作紙型哦！
賣衣服也不可以哦～
幾乎所有的出版品都會在書末標註這樣的警語
本書の一部あるいは全部を無断で複写複製することは、法律で認められた場合を除き、著作権法の侵害となります。掲載してある型紙を使用し大量に複製し販売することも作者および掲載誌の著作権の侵害となります。造本には充分注意しておりますが、乱丁、落丁の場合はお取り替えいたします。購入した書店名を明記して当社出版課宛にお送りください。送料は当社負担でお取り替えいたします。ただし、古書店で購入されたものについてはお取り替えできません。
視情節嚴重程度，有時候可不是一句「人家不知道」就能夠了事，千萬要小心哦！
如果是送給朋友的免費禮物，或者是製作好衣服，然後自己拍照放在部落格發表的話，這樣是沒問題的
像這種情形，就算自己有加上一些調整設計，也不可以拿來做商業用途哦！
另外，如果紙型的作者有明確寫出「可以販賣製作出來的衣服」的話，這樣也沒問題
個人經營的網站偶爾會有這樣的宣言
只要記得不要給紙型的製作者或出版社造成困擾，就能夠盡情享受調整設計紙型的樂趣呢！

Chapter 9.

關於本書的著作權

— COPYRIGHT —

關於同意使用範圍

使用本書來製作紙型的時候，有以下幾點事項希望各位能夠遵守。
我會盡量講得簡單好懂一些，請大家要看過一遍哦！
請大家遵守！

容許範圍

☆參考這本書的紙型製作方法，由自己從零製作的紙型可以自由使用

全部都是自己從零製作！

☆販賣由自製紙型製作出來的原創設計衣服

OK!
¥○□△○

☆販賣自己從零製作的原創設計紙型

OK!
1/6尺寸娃娃連身裙紙型
○△cm尺寸
紙型書

☆將完成的衣服或製作過程刊載於網路

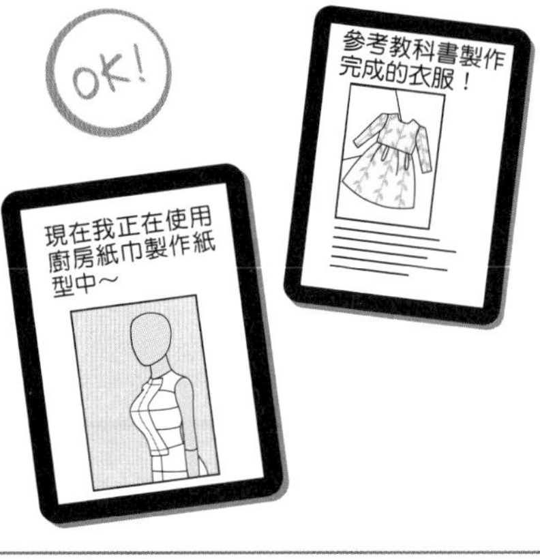
參考教科書製作完成的衣服！
現在我正在使用廚房紙巾製作紙型中～
OK!

☆將以自製紙型製作出來的原創設計衣服刊載於網路

☆將以自製紙型製作出來的原創設計衣服投稿雜誌，或是參加比賽活動

※不管是哪種，只要是自己拍的，或是經過作者允許的照片都OK

不過這種情形要注意！

■角色人物等版權物的衣服
用作商業用途時，需要版權者的同意
偶像歌手的衣服等，也不可擅自販賣
（刊載於網路則是灰色地帶）

■一部分的娃娃
有些娃娃製造商，即使是自製紙型，也會禁止販賣該娃娃的衣服或紙型

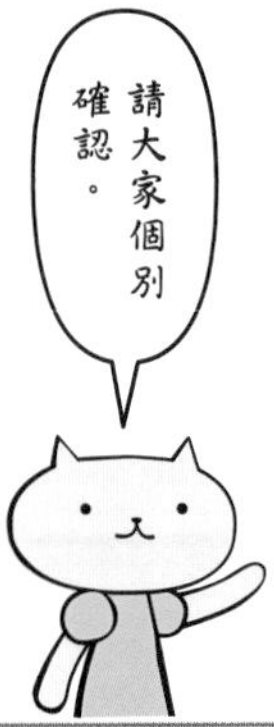
請大家個別確認。

不容許範圍

☆將本書的內容轉載到別的地方

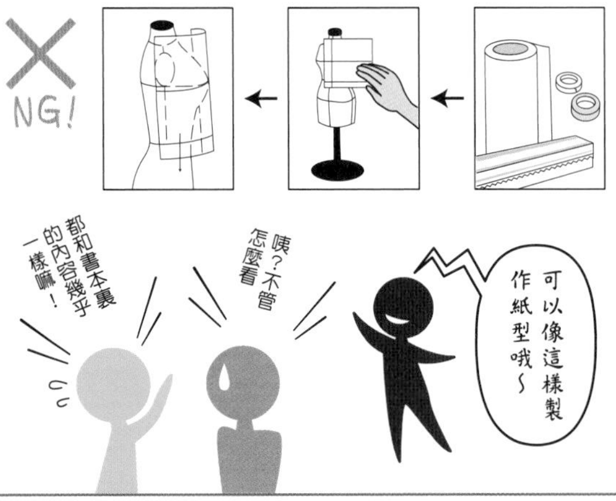
可以像這樣製作紙型哦～
咦？不管怎麼看
都和書本裏的內容幾乎一樣嘛！
NG!

這是○○娃娃的原型免費提供給大家，請來我的網站參觀哦！
這和書本附錄的原型完全一模一樣耶…
NG!

製作衣服的過程在某個程度上都很相似，因此不好判斷，不過請避免任誰都看得出來的明顯轉載行為

關於附錄的30種原型
請不要直接將附錄的原型或只更動一部分的紙型，散佈或使用於商業用途
(例)使用只是將原型的衣領及衣長變更後的紙型
販賣衣服
○○尺寸娃娃 連身裙紙型
NG!
¥○□△○
就算是免費發送紙型也不可以
※包含紙型的放大、縮小版本也一樣
使用原型製作的衣服，上傳至自己的部落格或是SNS，讓大家觀賞OK!
OK!
我將附錄的原型加上裙子，改成連身裙囉！
※但僅限於自己拍的照片，或是作者同意的照片
不過，如果修改到看不出原本的原型是什麼，那就可以自由使用沒有問題
改成這樣
肩部和側邊也進行調整
然後再把衣長加長改成裙子
完全看不出來了！
雖然希望大家能挑戰看看從零開始製作原型
不過也很歡迎大家這樣利用附錄的原型，進行各種修改調整的活用練習
希望大家都有能力自製原創衣服！
萬一自己製作的原型湊巧和書裏的範例相同怎麼辦？
長得好像
這種狀況並非完全不可能
嗯！此問題不好回答，只能請購買本書的讀者們各憑良心了
如果真的是湊巧發生的話，那就沒關係
為了要出版這本書，真的承蒙許多娃娃製造廠商的大力幫忙
真的好感謝大家
○○公司
請用吧～
原型可以讓你刊載沒問題！
△□公司
沒有關係哦！
◇△公司
為了不讓娃娃製造廠商感到困擾，請各位讀者務必在規定範圍內使用本書
如果自己也是紙型的製作者或是書本的作者的話
「不希望發生這種事」「如果這樣的話真傷腦筋」請設身處地想想看！
直接用下去～
被拿去亂用了！
紙型沒有著作權，所以我想販賣就可以賣！
這騙人的！
反過來說，像這樣的事情倒是很讓人開心！
參考書本製作完成！
我看書學習怎麼製作紙型了哦～
連紙型都是我自己作的
好棒哦～！
請大家活用這本書，多多幫自己心愛的娃娃製作原創的衣服吧！

Chapter *10*.

30種原型的解說

—BASIC PATTERNS—

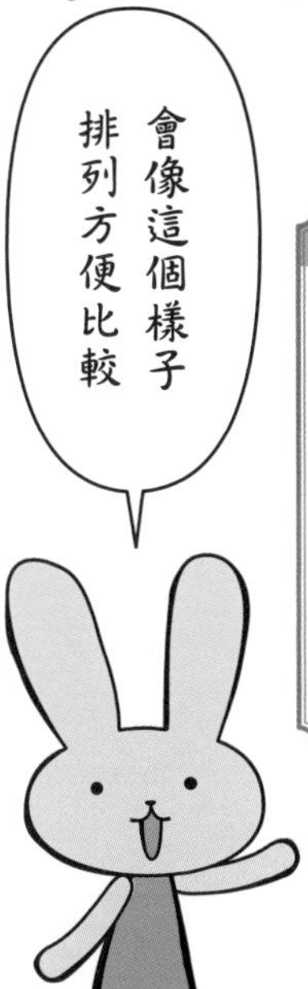
會像這個樣子排列方便比較

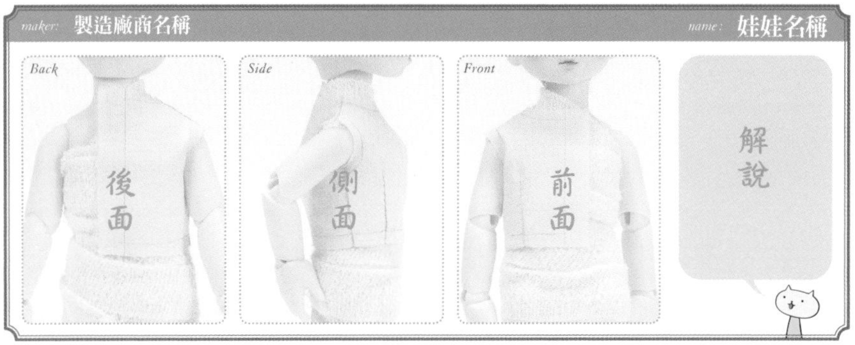
maker: 製造廠商名稱
name: 娃娃名稱
Back
Side
Front
後面
側面
前面
解說

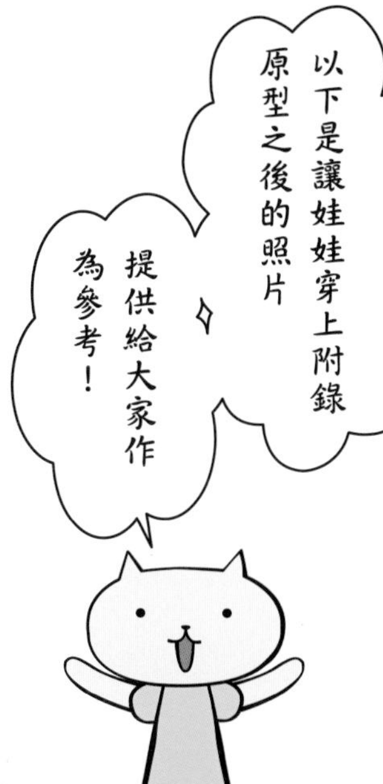
以下是讓娃娃穿上附錄原型之後的照片♪
提供給大家作為參考！

maker: VOLKS　　name: **幼Super Dollfie®（幼SD）女孩子**

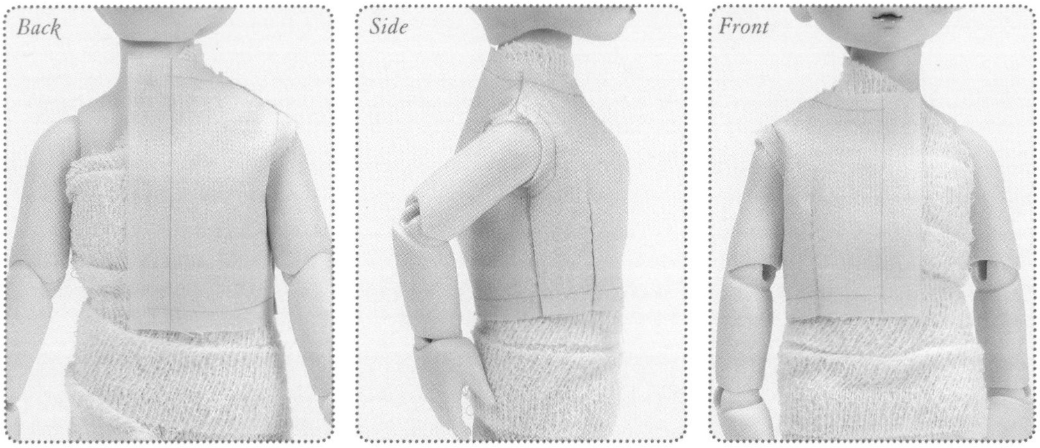
Back
Side
Front

在Super Dollfie系列中算是小尺寸娃娃。不過相較1／6尺寸還是大上不少。胸部尺寸較小，原型比較容易製作。要注意肩寬不要變得太窄了。

maker: VOLKS　　name: **Super Dollfie®Midi（SDM）女孩子**

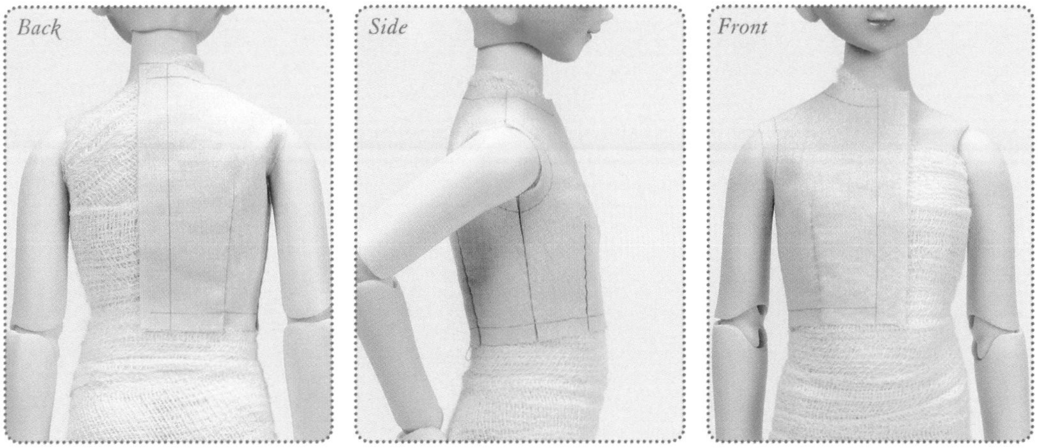
Back
Side
Front

身體的分割位置雖然在腰部下方，不過萬一姿勢變動的話，會不好作業。請用保護膠帶固定牢靠。與MSD的部件幾乎都可交換使用。

maker: VOLKS *name:* **Super Dollfie® (SD) 女孩子**

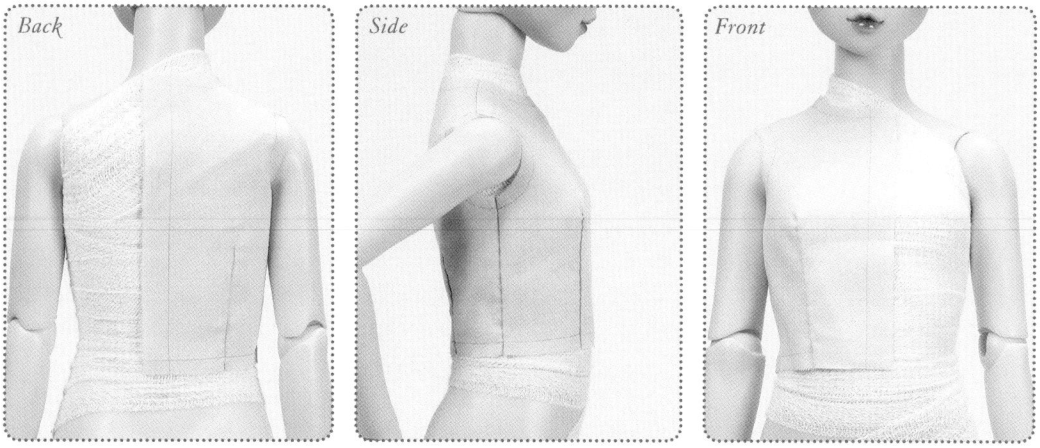

使用沒有分割的娃娃身體製作原型。胸部的大小適中，而且是容易製作原型的娃娃尺寸。手邊如果有這個娃娃的話，一開始可以先用來練習製作原型。

maker: VOLKS *name:* **Super Dollfie®16 (SD16) 女孩子**

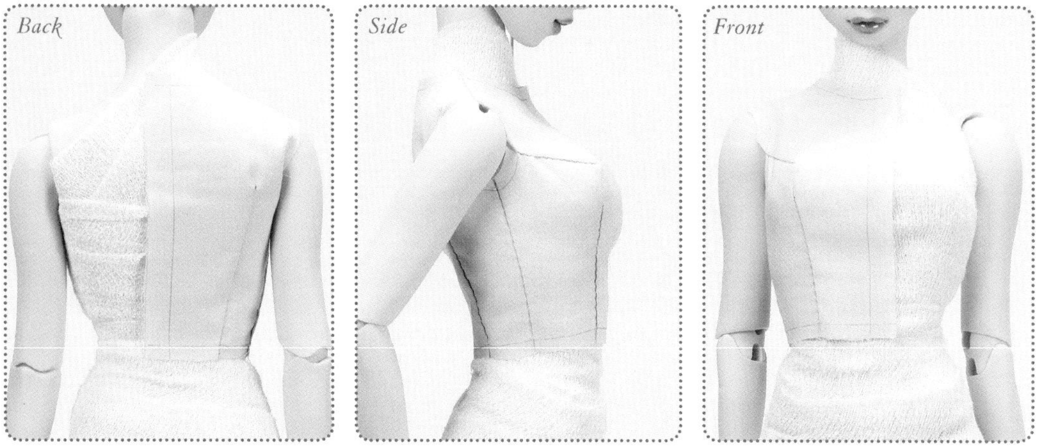

這個娃娃的體型相當豐滿，建議要打2道尖褶。與其他娃娃相較下，後面的尖褶分量要抓得稍多一些。

maker: VOLKS *name:* **Dollfie Dream®／Dollfie Dream® sister (DD／DDS) SS胸**

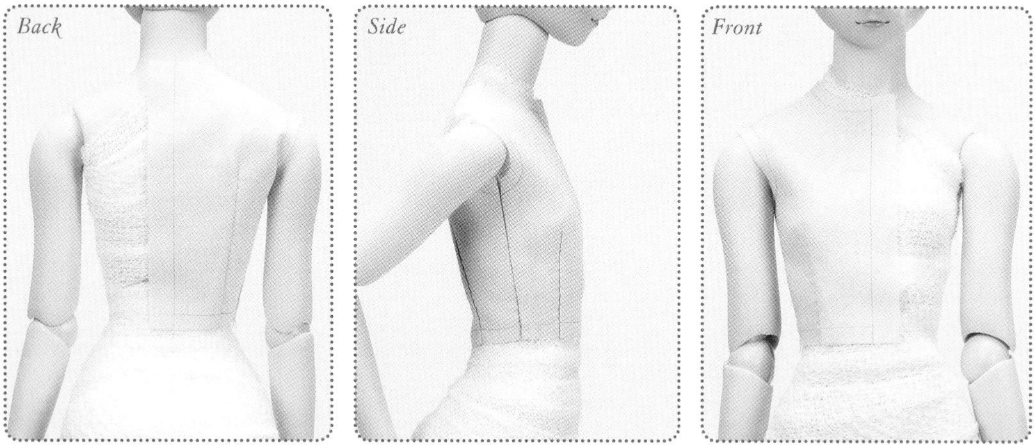

這個娃娃的胸部較小，製作原型並不困難。不過這個娃娃相當稀有，作業中必須小心顏色不要染到娃娃身上了。

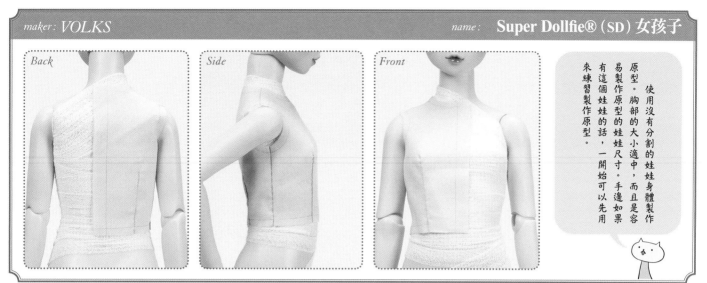

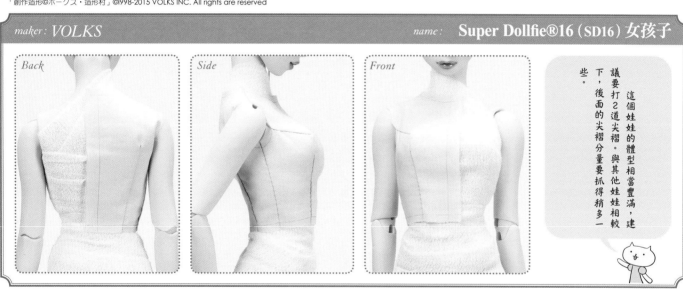

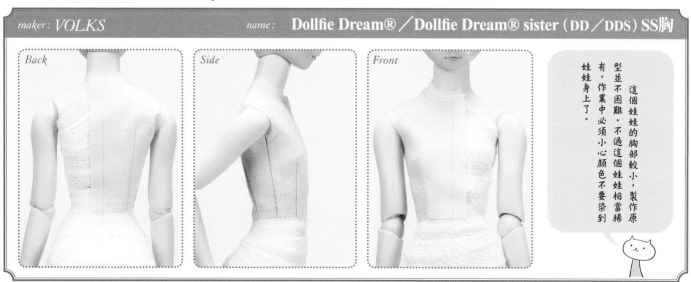

maker: VOLKS　*name:* Dollfie Dream®／Dollfie Dream® sister（DD／DDS）S胸

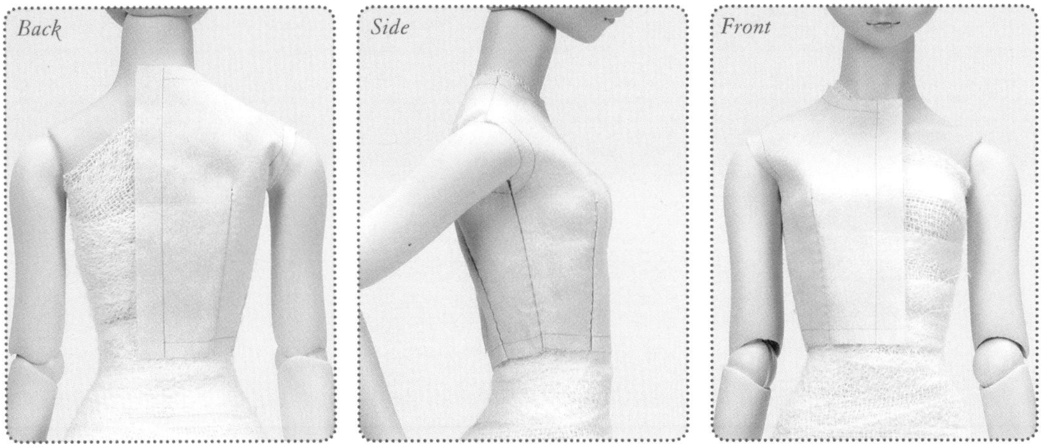
Back
Side
Front

這個娃娃雖然有胸部，但尺寸並不是很大，只要打一道尖褶就可以了。這個身體的原型很容易製作，建議可以先用這個身體練習試作。

maker: VOLKS　*name:* Dollfie Dream®／Dollfie Dream® sister（DD／DDS）M胸

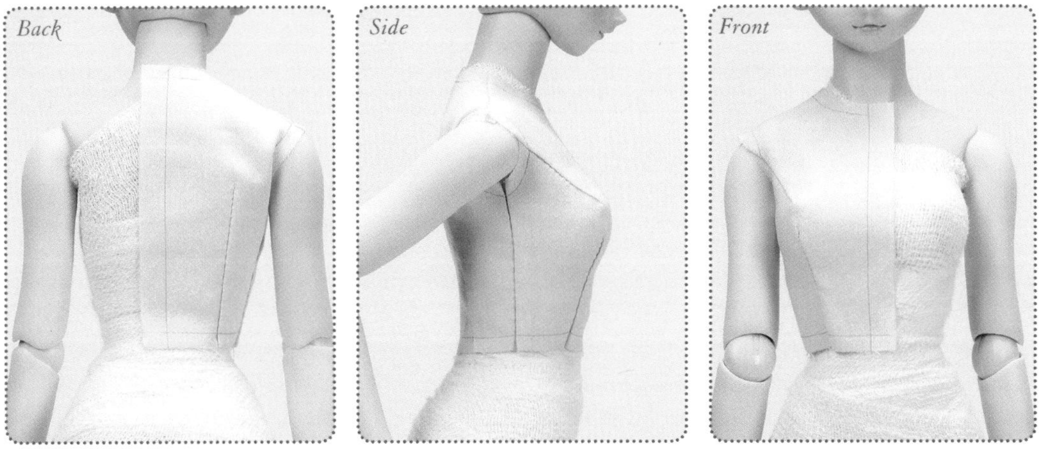
Back
Side
Front

這個娃娃如果不打2道尖褶，就不容易形成優美的曲線。想要製作L胸原型的人，建議可以先用這個M胸尺寸來練習。

maker: VOLKS　*name:* Dollfie Dream®／Dollfie Dream® sister（DD／DDS）L胸

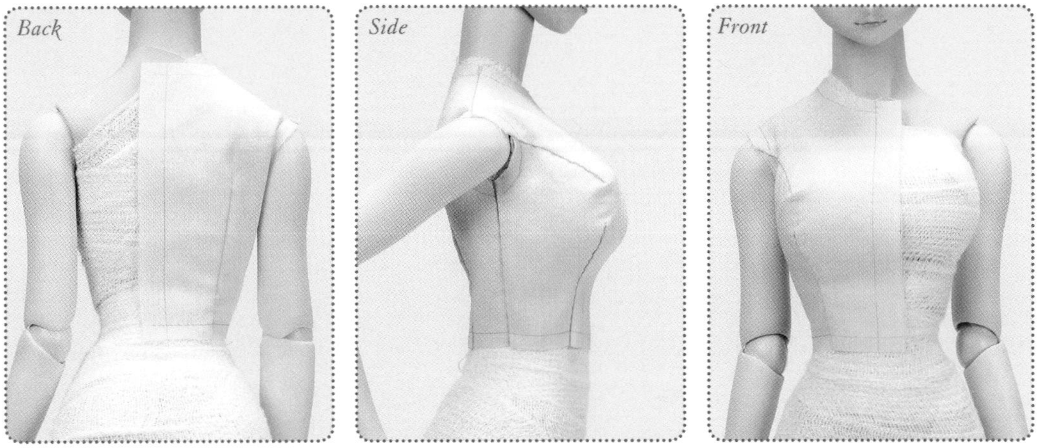
Back
Side
Front

胸部非常大，所以袖籠和胸下的尖褶分量也要較多。請多多研究尖褶的位置要打在什麼地方，才能突顯出胸部漂亮的弧線。

maker: VOLKS name: **Mini Dollfie Dream®（MDD）S胸**

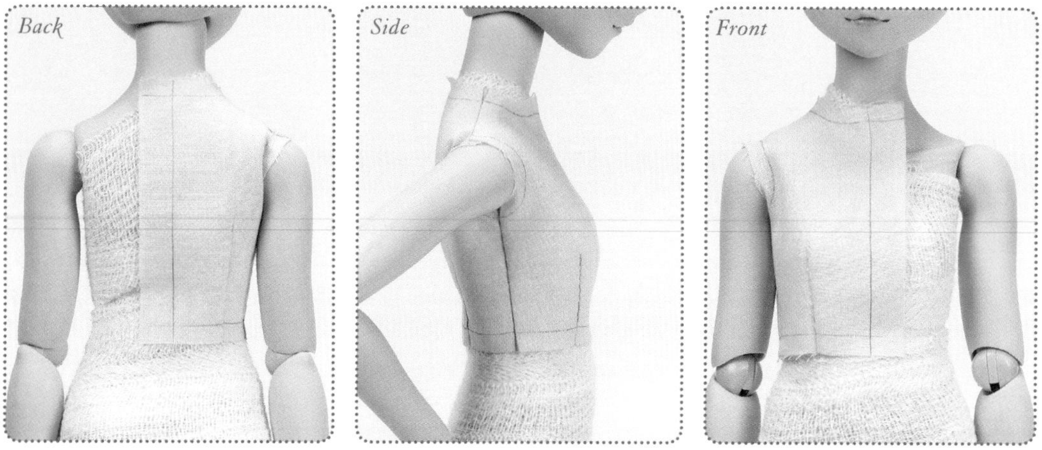
Back
Side
Front

胸部較小，所以作業起來不會很困難。前面的尖褶分量相當少。請將分割身體固定牢靠，以免作業途中身體姿勢改變。

maker: VOLKS name: **Mini Dollfie Dream®（MDD）M胸**

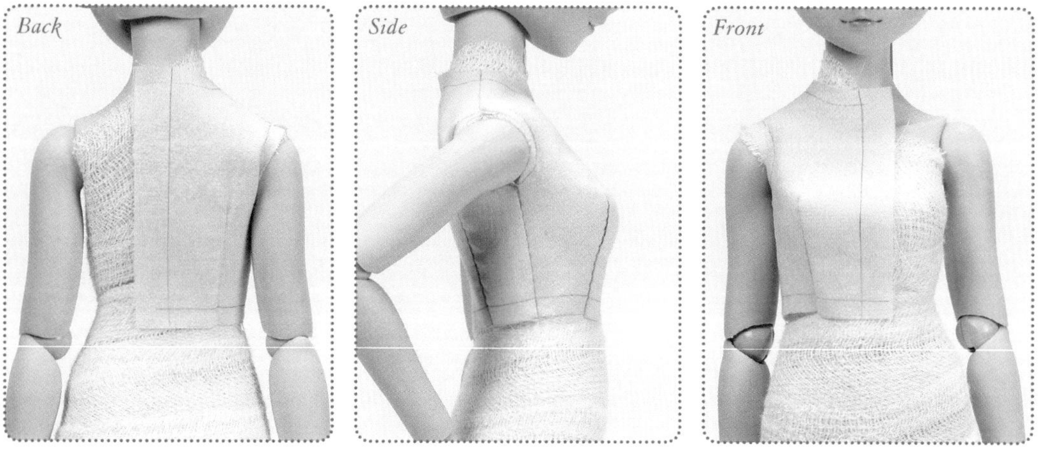
Back
Side
Front

胸部的隆起算是蠻有分量的。雖然只要1道尖褶就夠了，但建議可以試著抓2道尖褶當作練習。

maker: VOLKS name: **Mini Dollfie Dream®（MDD）L胸**

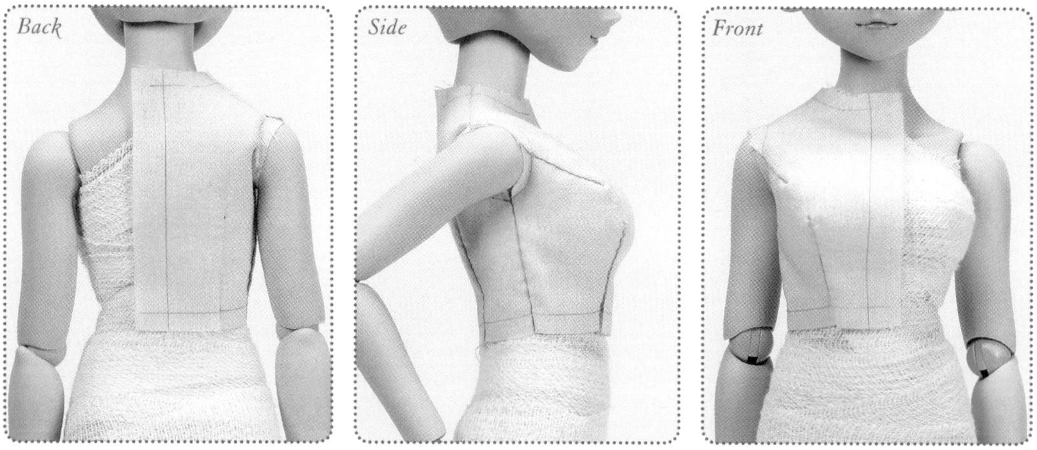
Back
Side
Front

如果不抓出2道尖褶的話，就無法呈現出漂亮的身形曲線。請試著改變尖褶各種不同的位置，以找出最適合胸形的尖褶位置。

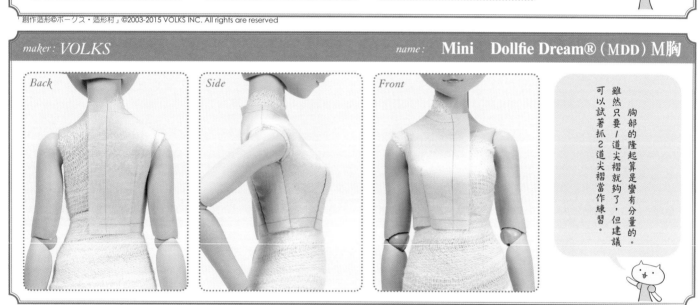

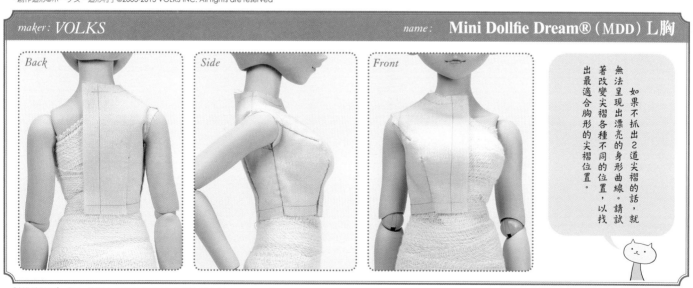

maker: OBITSU　　*name:* **OBITSU60**

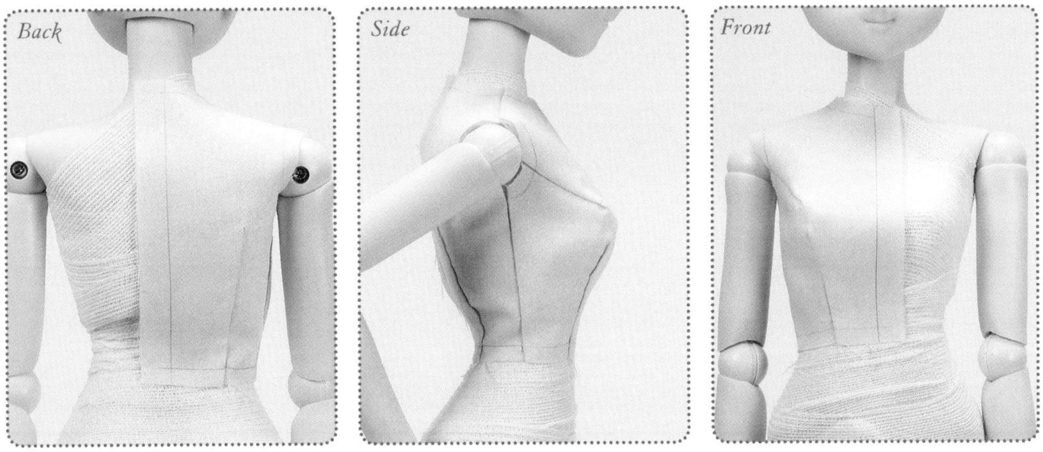
Back
Side
Front

肩寬較寬，而且胸形較為集中，因此胸下的尖褶位置可能會比較靠近中心線。如果會很介意身體分割處的高低落差，可以再纏上繃帶，將分割下部的間隙填平。

maker: OBITSU　　*name:* **OBITSU48／50**

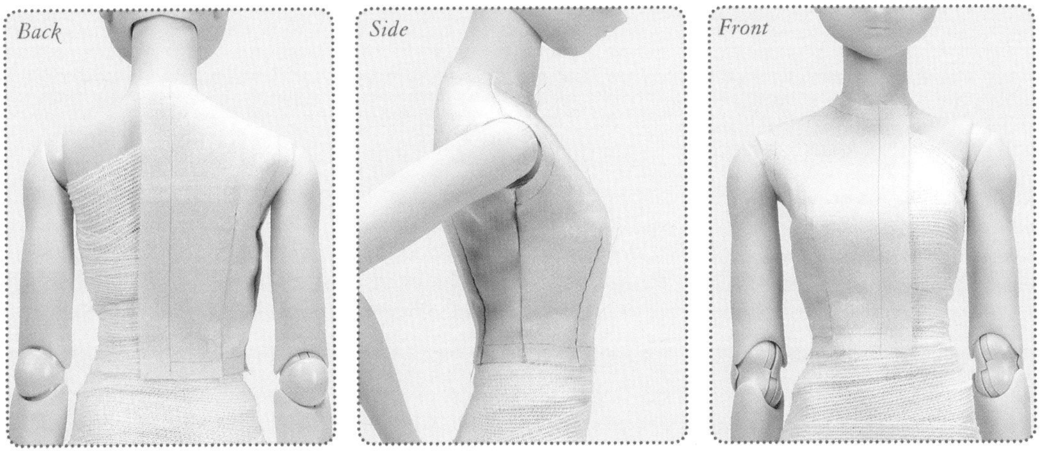
Back
Side
Front

這是AZONE公司出品的角色娃娃也有採用的身體。腰圍線的位置不好找，建議貼上標線膠帶時，可以拿遠一點觀察，找出均衡感較好的位置。

maker: OBITSU　　*name:* **OBITSU11**

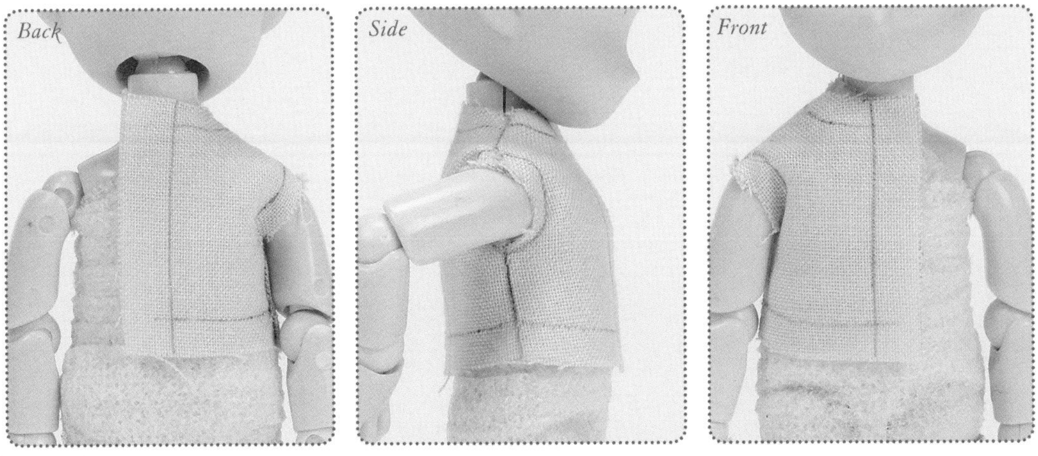
Back
Side
Front

這是DOLLCE的Mini Sweets Doll也有採用的娃娃身體。

前衣紙採前低後高的剪裁，不需要打上尖褶。如果因為尺寸太小不好作業的話，可以不要用待針，改貼上隱形膠帶來固定，將側邊線和肩線用剪刀剪開分別製作也沒有關係。

maker: *HOBBY JAPAN* *name:* **U-noa Quluts Zero**

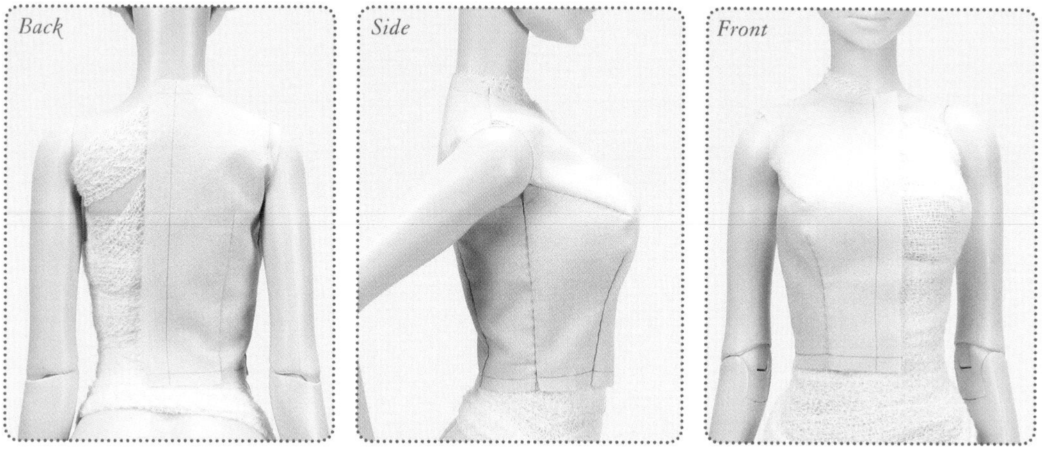

身裁豐滿，建議要打2道尖褶。身體分割部分容易活動，請使用保護膠帶確實固定住。手臂連接的位置在內側，決定肩寬和袖籠的位置時要注意。

maker: **鍊金術工房** *name:* **U-noa Quluts姐（標準胸部）**

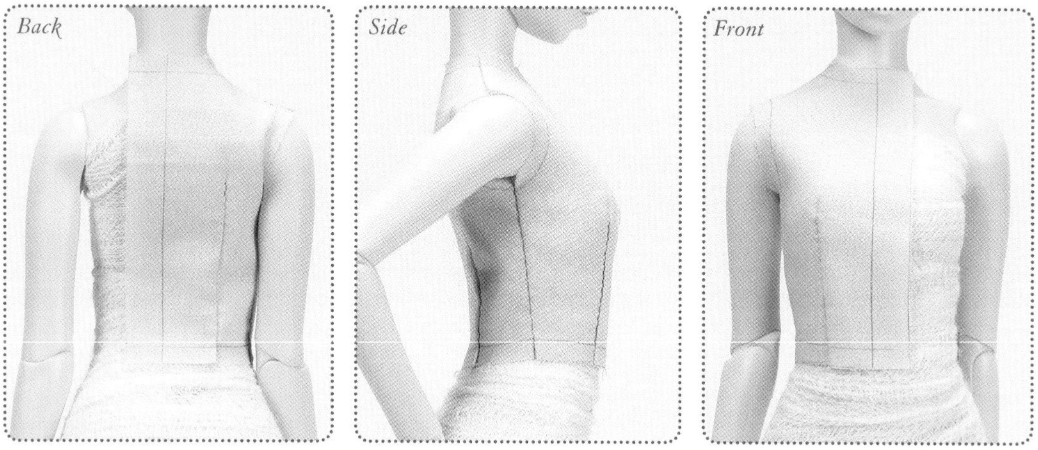

身型修長，沒有什麼厚度，製作出來的原型會比較細長。手臂連接的位置在內側，決定肩寬和袖籠的位置時要注意。

maker: **鍊金術工房** *name:* **U-noa Quluts姐（豐滿胸部）**

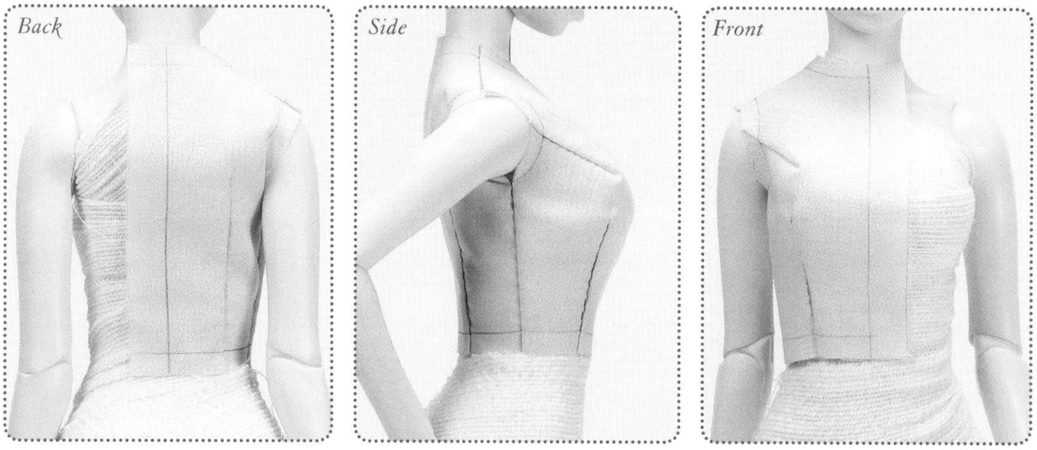

胸部豐滿，建議打2道尖褶。雖然是巨乳，但身體卻很修長沒有厚度，因此後面的尖褶要打得長一點。和上面的娃娃體型一樣，手臂連接的位置在內側，決定肩寬和袖籠的位置時要注意。

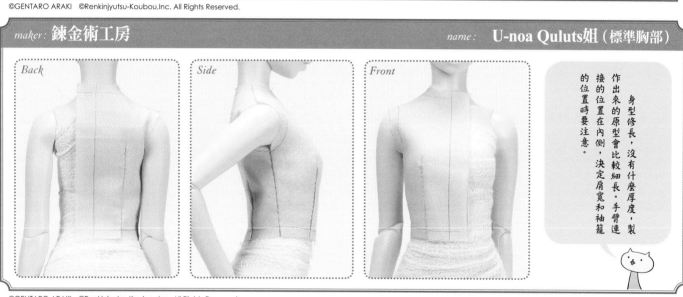

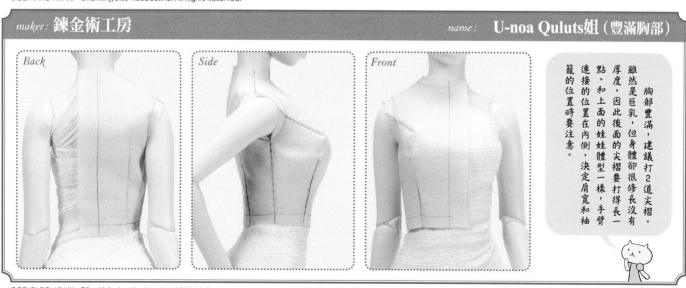

maker: **鍊金術工房**　*name:* **U-noa Quluts少女（標準胸部）**

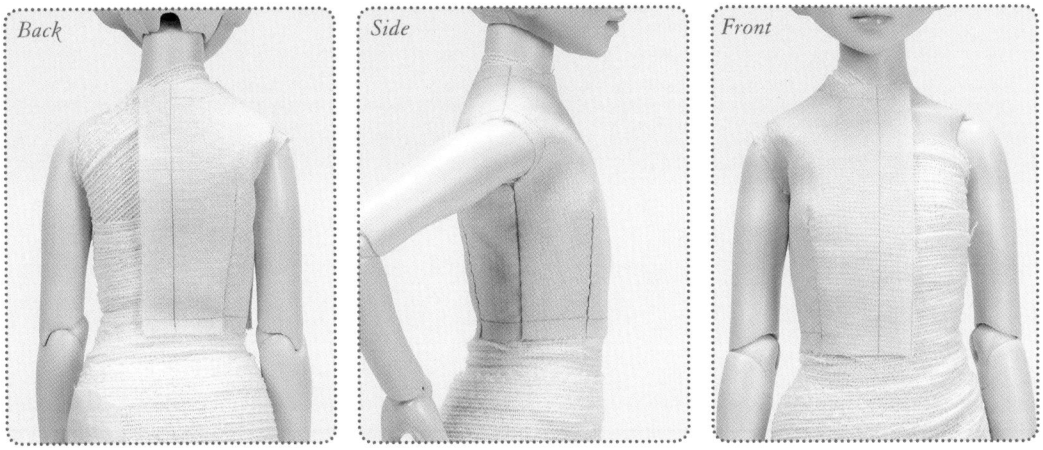
Back
Side
Front

身型接近真人，均衡感很好，方便作業。只不過，若是沒有使用保護膠帶將分割部分好好固定住的話，會變得很不好作業。

maker: **鍊金術工房**　*name:* **U-noa Quluts少女（選配胸部）**

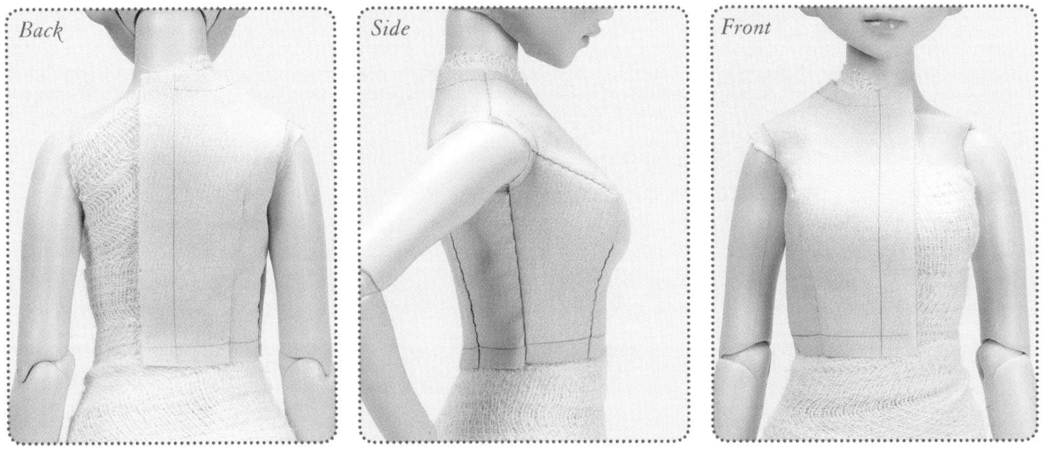
Back
Side
Front

巨乳體型，建議打2道尖褶。比較起來算是方便作業的體型，即使是初次挑戰製作2道尖褶的人，應該也能夠順利完成作業。

後衣身是各種尺寸共通的

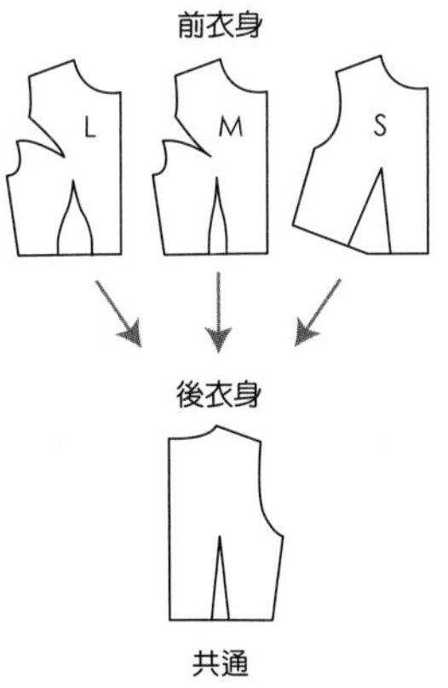
前衣身
L
M
S
後衣身
共通

關於DD系列或是U-noa系列這些同種類但有幾種不同胸部尺寸選項的娃娃

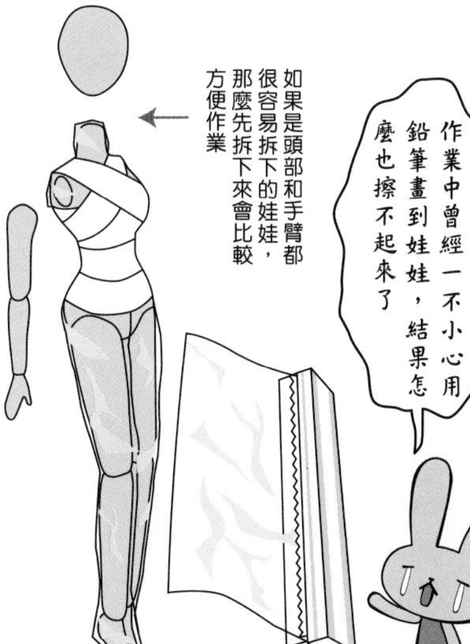
如果是頭部和手臂都很容易拆下的娃娃，那麼先拆下來會比較方便作業
作業中曾經一不小心用鉛筆畫到娃娃，結果怎麼也擦不起來了

如果是容易染上顏色的素體，為了避免在作業中弄髒身體，可以用保鮮膜或絲襪先作保護。

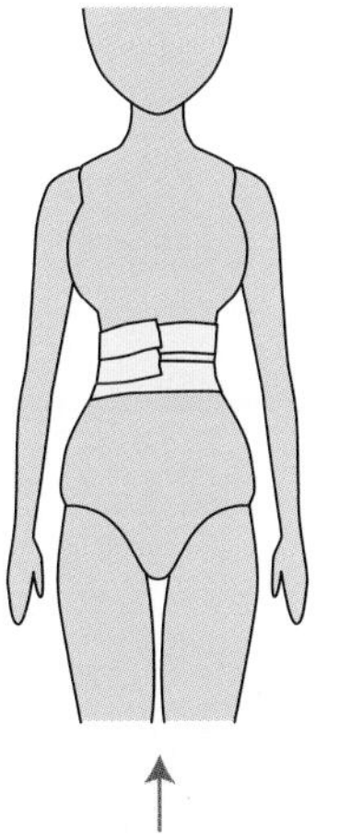

為了避免身體的分割部分在作業中活動，請使用保護膠帶牢牢地固定住。

如果不想讓膠帶直接貼在身體上的話，可以在分割部分使用保鮮膜薄薄地包覆一層後，再貼上膠帶，作業後馬上撕下來。

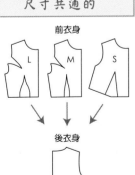

maker: TAKARA TOMY　　*name*: **Neo BLYTHE**

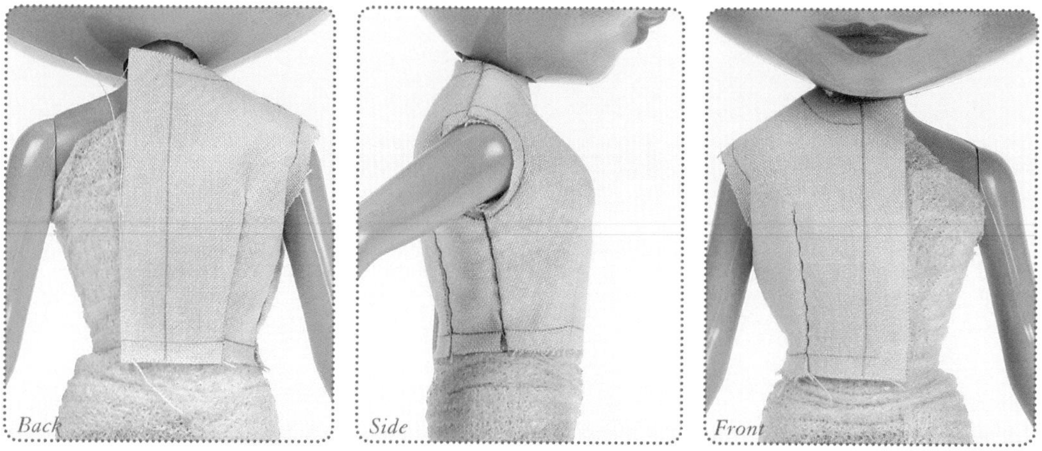
Back
Side
Front

如果可能的話，將頭部拆下會比較好作業。上臂的厚度造成妨礙，不好纏繞後衣身的情形，可以將紙巾多餘的部分多裁切一些，或是剪出幾道細小的牙口。

maker: TAKARA TOMY　　*name*: **Midi BLYTHE**

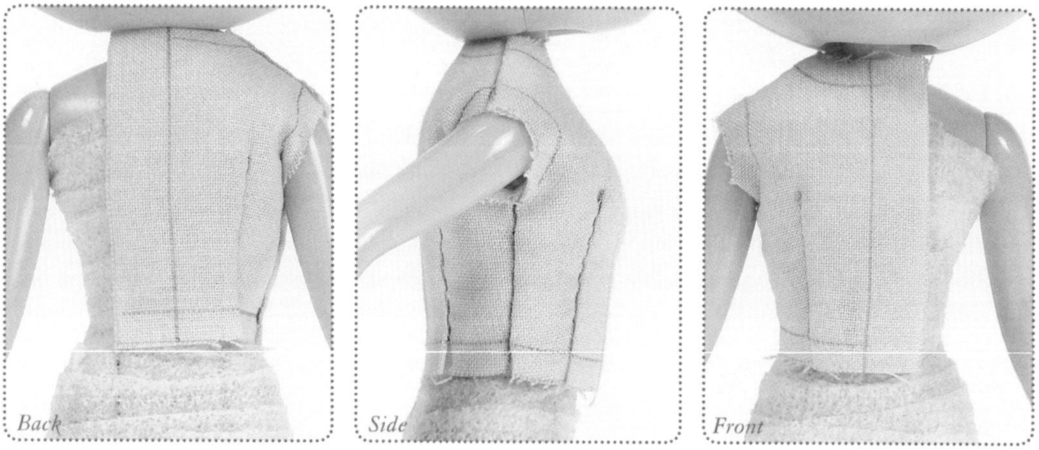
Back
Side
Front

這個娃娃就像是BLYTHE的縮小版，製作時的重點也和BLYTHE幾乎相同。只是尺寸變得相當小，作業起來稍微有些難度。

maker: TAKARA TOMY　　*name*: **莉卡娃娃**

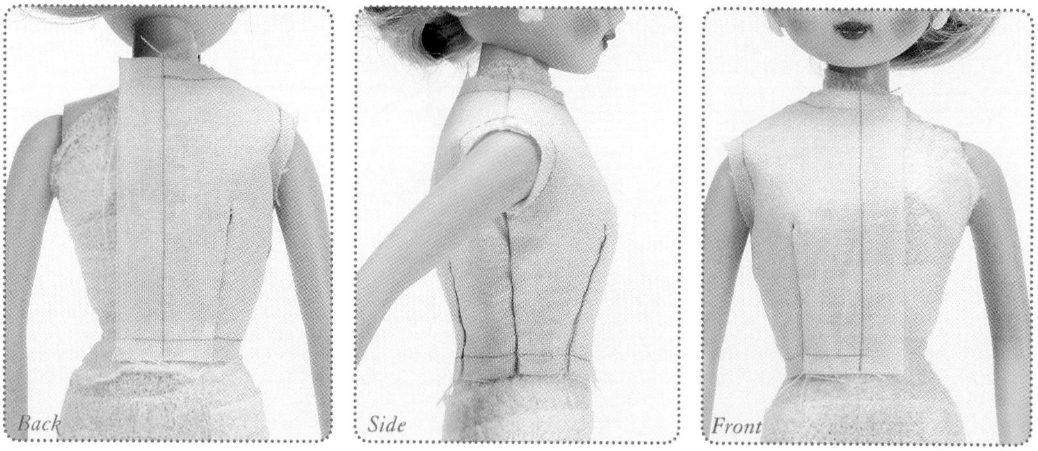
Back
Side
Front

製作時的重點和BLYTHE幾乎相同。手臂關節剛好在袖籠的位置上。這個身體的腰圍位置也是非常明確，但若是為了配合服裝的流行款式，稍微調整高度也無妨。

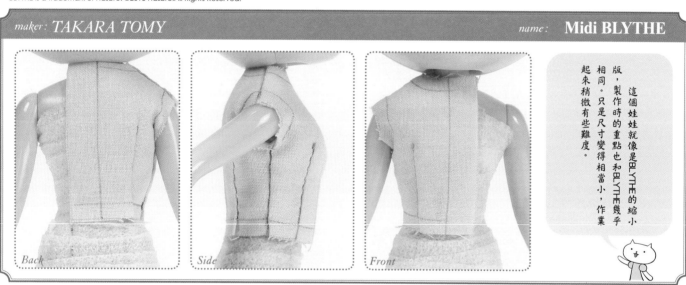

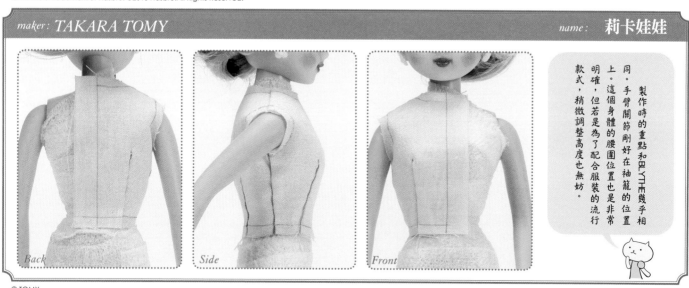

maker: TAKARA TOMY　　name: **珍妮娃娃**

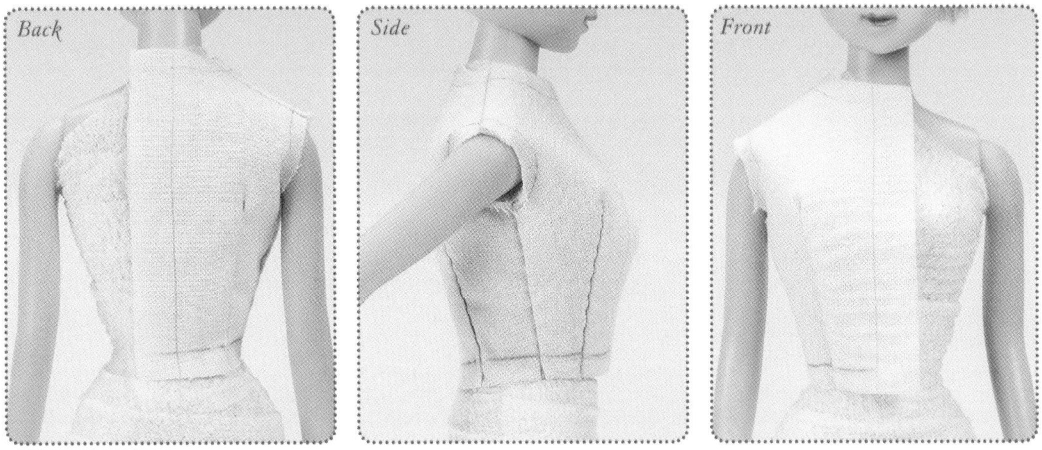
Back
Side
Front

這個娃娃胸部不小，腰也細，屬於豐滿體型，不過因為尺寸較小，所以只要打1道尖褶就能製作得很美觀。紙巾也很容易纏繞上去且方便作業，所以是適合練習製作紙型的身體。

maker: GROOVE　　name: **PULLIP**

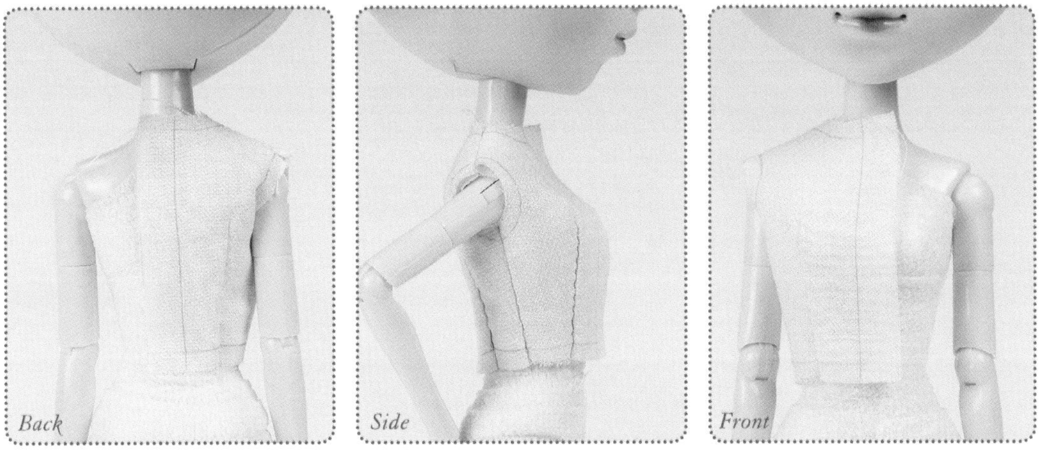
Back
Side
Front

手臂可以水平抬高，所以袖籠附近的作業會比較容易。體型修長，製作出來的原型會有點偏長形。若是為了配合服裝的流行款式，稍微調整腰部高度也無妨。

maker: TONNER　　name: **Tiny Betsy McCall**

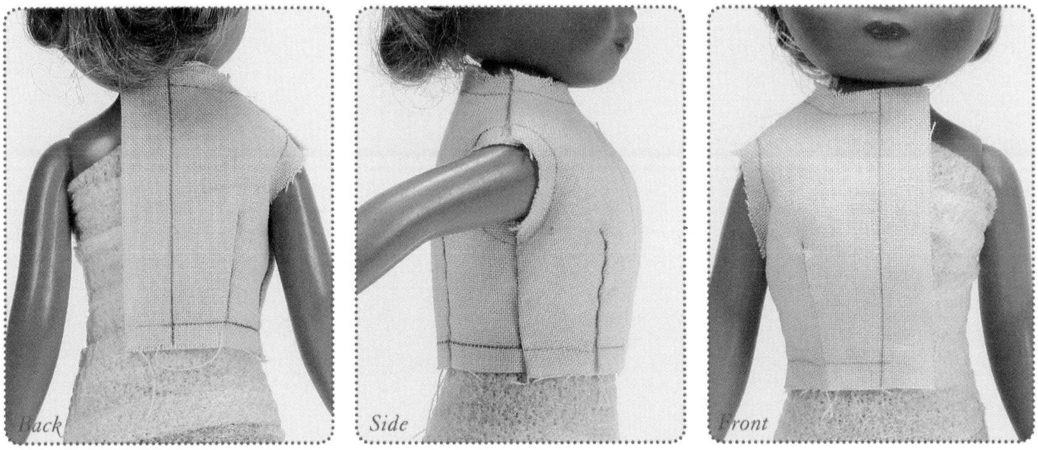
Side

雖然有腰身，胸部卻沒有乳溝，看起來像花生殼般的體型。相對真人體型的差異較大，造型單純的身體，很方便作業。

maker: AZONE INTERNATIONAL　　name: **Pure Neemo FLECTION XS**

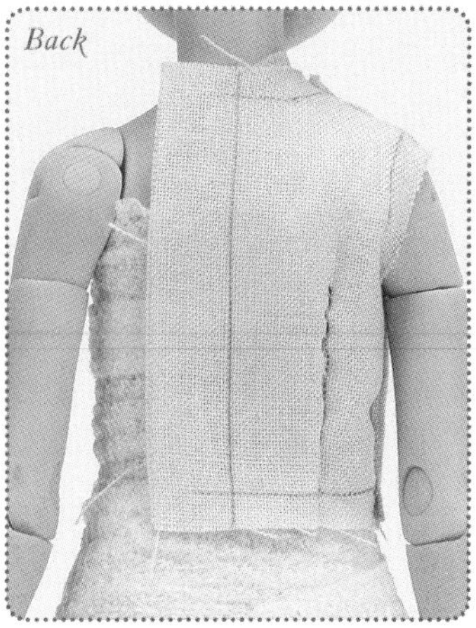
Back

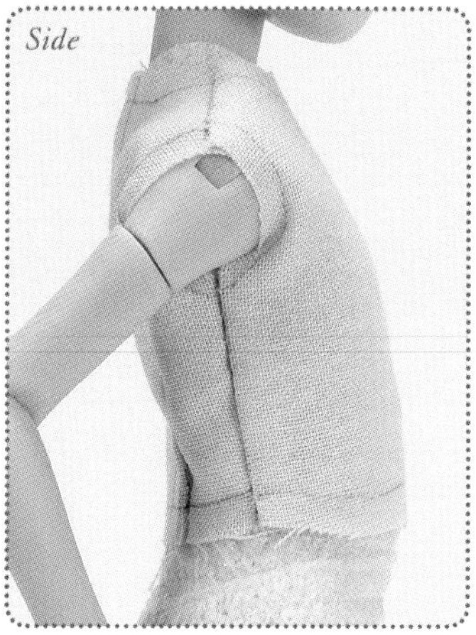
Side

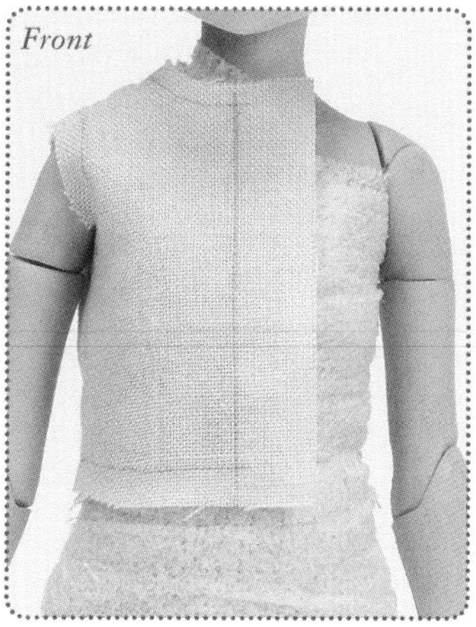
Front

這是「EX☆CUTE族」系列的小櫻、妮娜，還有ruruko也在使用的娃娃身體。

這個娃娃乍看下體型平滑，但其實側面有微妙的角度，可能紙巾會不容易纏繞上去。前衣身的剪裁前長後短即可，不需要打上尖褶。

maker: AZONE INTERNATIONAL　　name: **Pure Neemo FLECTION S**

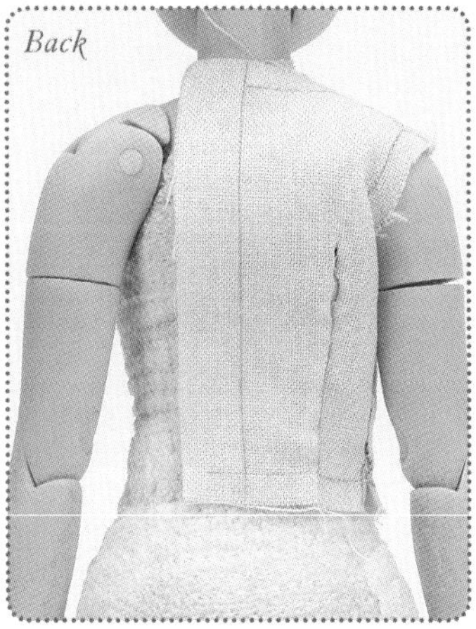
Back

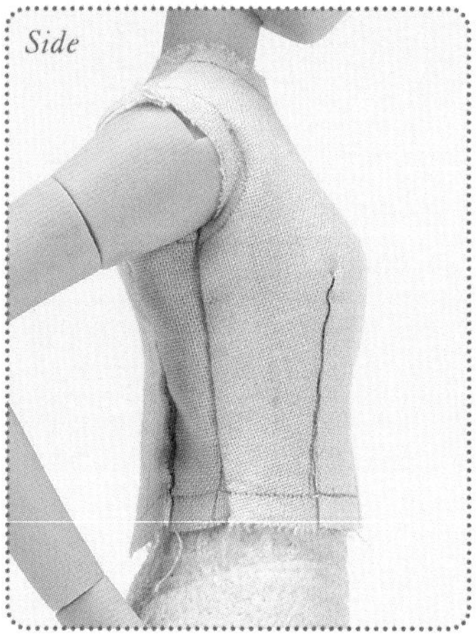
Side

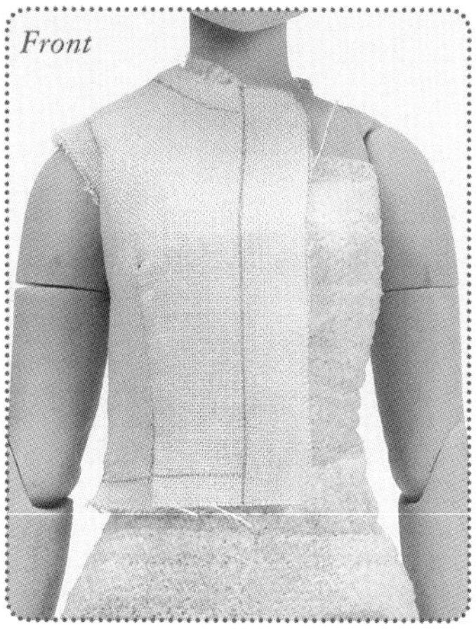
Front

這是「EX☆CUTE家族」系列的藍華、心音以及其他主要成員所使用的身體。

身體側面有轉角，背部向後反弓，後面的尖褶可能不太好決定位置與長度。

maker: AZONE INTERNATIONAL　　name: **KIKIPOP !**

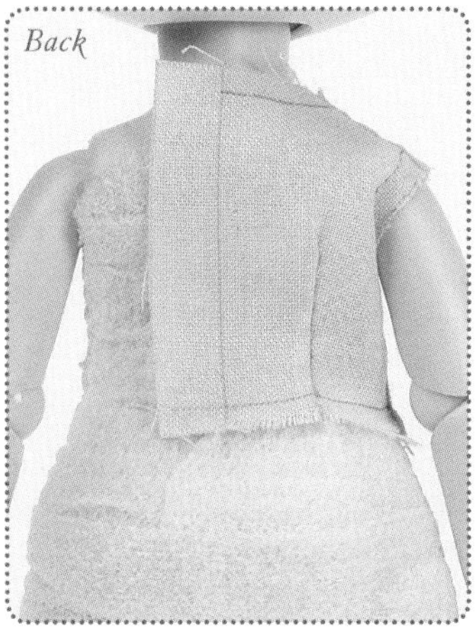
Back

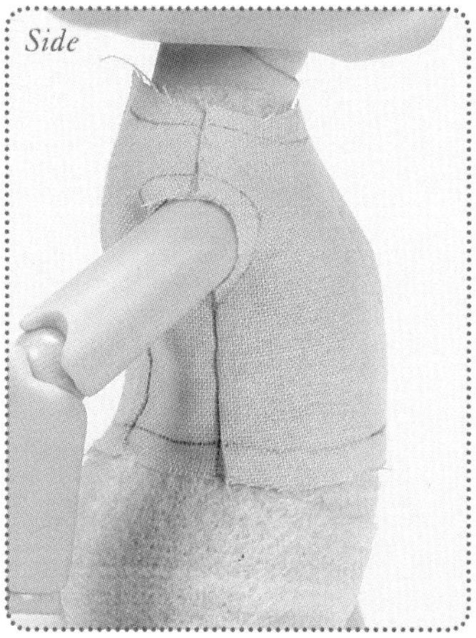
Side

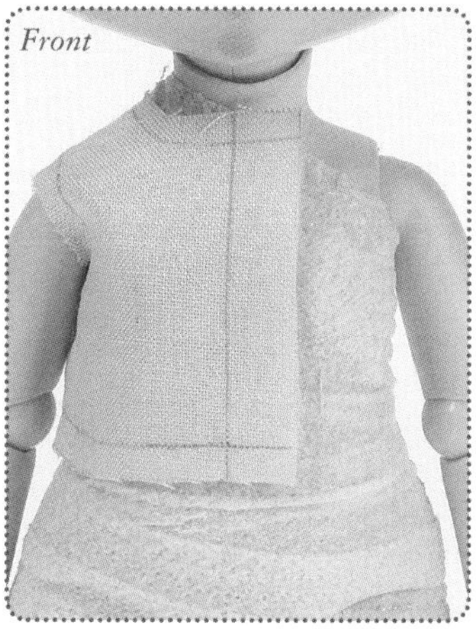
Front

這個娃娃的體型很特殊，後面要打上尖褶，但前面則不需要。腰圍的位置不明顯，建議可以拿遠一點觀察，找出整體比較均衡的位置標上腰圍線。

與原始設計的「KINOKO JUICE KIKI」之間可以互換部位。

maker: SEKIGUCHI　　name: **momoko DOLL**

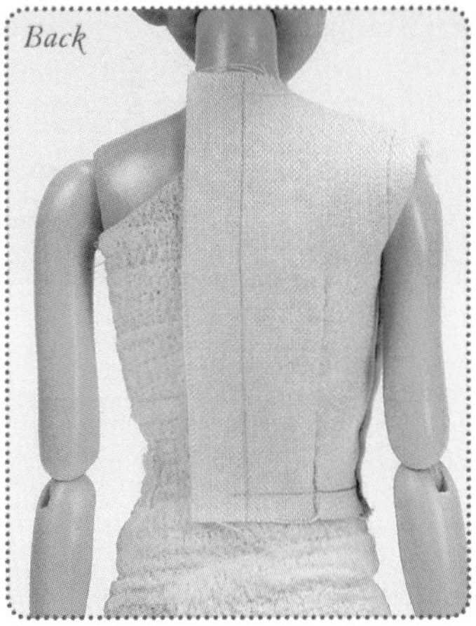
Back

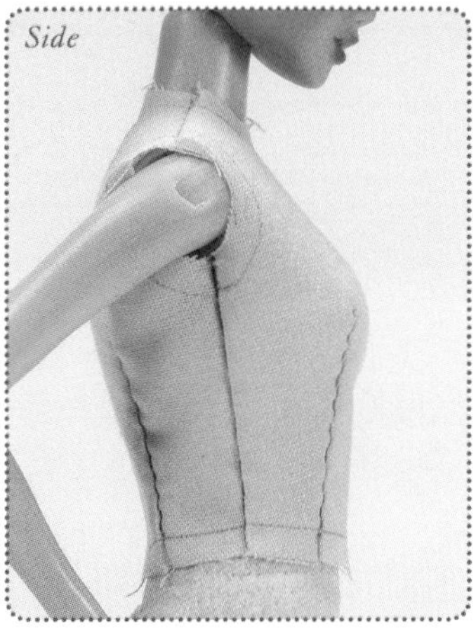
Side

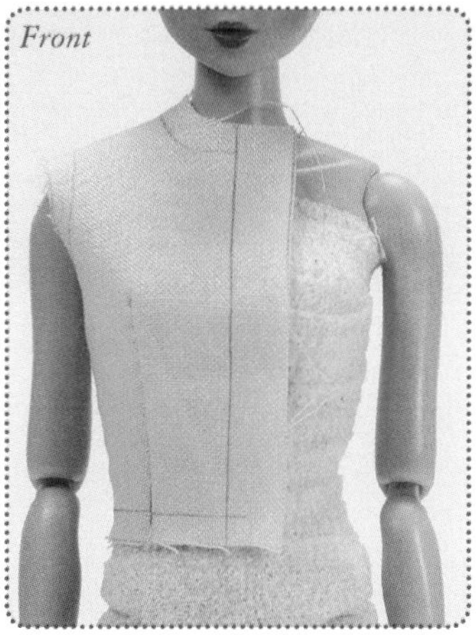
Front

手臂可以水平抬高，所以袖籠附近的作業會比較容易。身體的起伏雖然大，但因為娃娃體型很小的關係，尖褶只要打1道就可以了。腰圍的位置相當明顯，但若是為了配合服裝的流行款式，稍微調整高度也無妨。

maker: PetWORKs　　name: **Odeco-chan and Nikki**

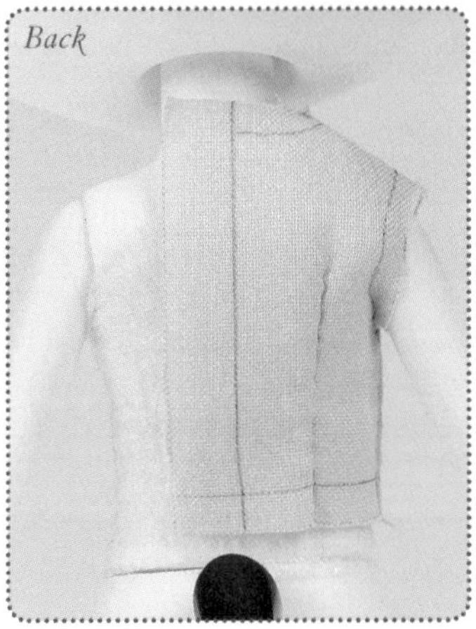
Back

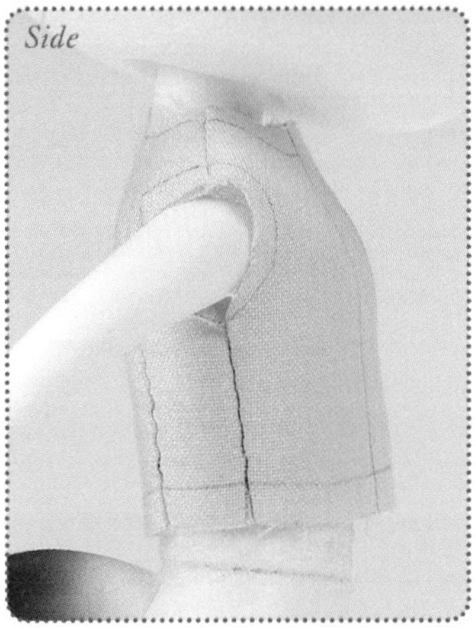
Side

Front

這與Usagie、Jossie使用的身體是共通的。背部反弓，肩胛肩的位置比較不明顯，所以後衣身的尖褶位置可能會比較不好決定。前衣身只要剪裁成前高後低即可，不需要打尖褶。

另外，肩胛骨位置較高的娃娃，後面的尖褶如果太長，外觀看起來會不太好看。可以像左圖那樣，刻意在比較低的位置打上尖褶。

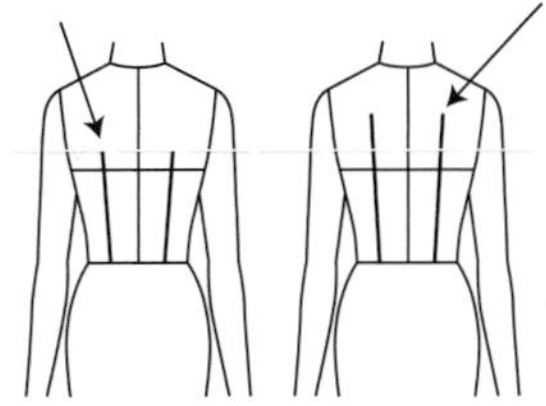

只要比胸圍線稍高即可
太長了

像此種娃娃，製作後衣身的時候，側邊的待針會不好固定。可以將保護膠帶捲成圓圈狀，一邊將紙巾固定在身體上，一邊作業會比較方便。

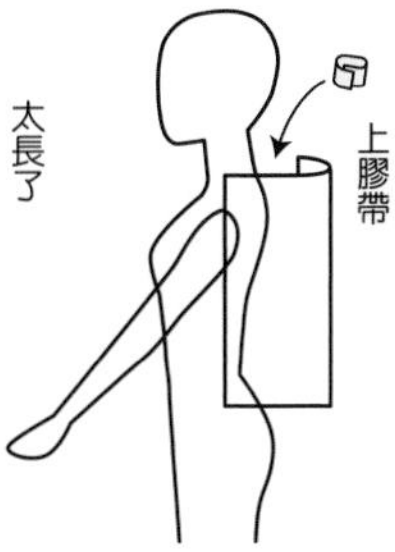

不使用待針，而是在內側黏上膠帶

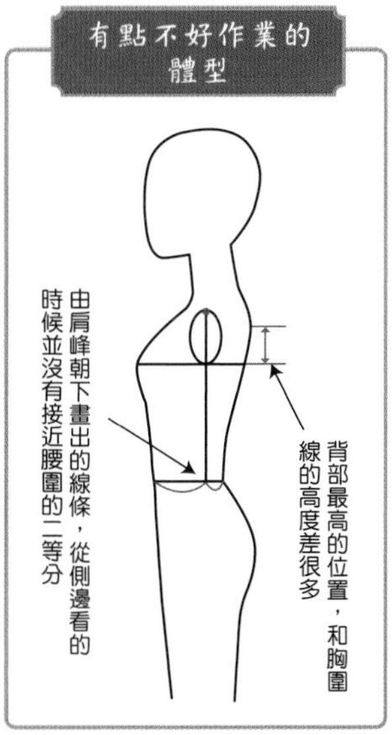

有點不好作業的體型
由肩峰朝下畫出的線條，從側邊看的時候並沒有接近腰圍的二等分
背部最高的位置，和胸圍線的高度差很多

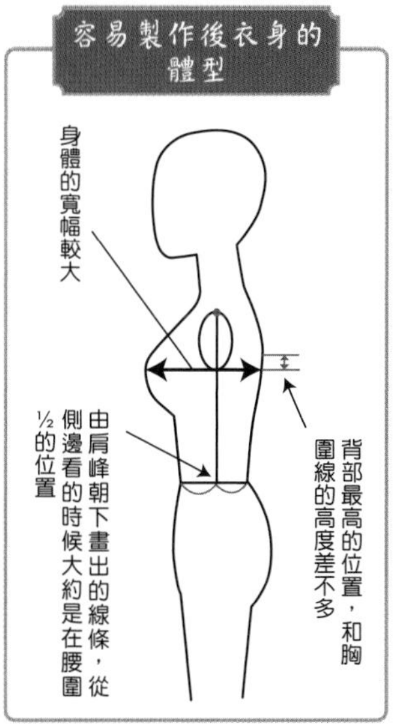

容易製作後衣身的體型
身體的寬幅較大
由肩峰朝下畫出的線條，從側邊看的時候大約是在腰圍½的位置
背部最高的位置，和胸圍線的高度差不多

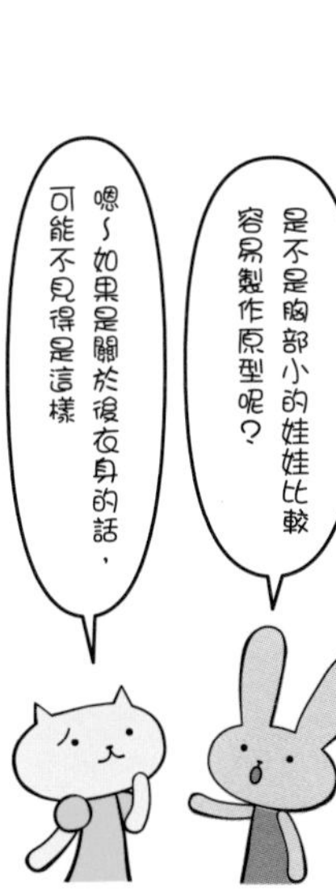

是不是胸部小的娃娃比較容易製作原型呢？
嗯～如果是關於後衣身的話，可能不見得是這樣

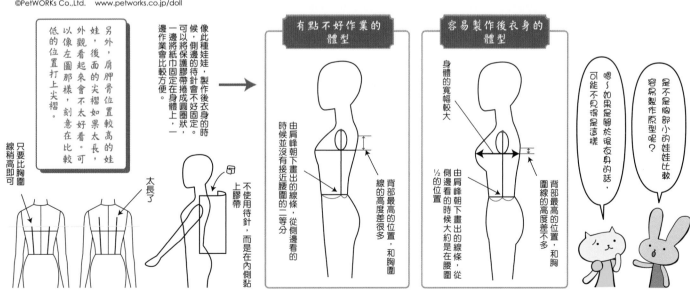

娃娃服縫紉 BOOK

荒木佐和子の紙型教科書

—— 娃娃服の原型・袖子・衣領 ——

—作者—

荒木佐和子

—設計—

田中麻子

—攝影—

玉井久義・葛貴紀

—編輯—

鈴木洋子

—協力—

VOLKS INC./Obitsu Plastic Manufacturing Co.,Ltd./ Renkinjyutsu-Koubou, Inc.

TOMY COMPANY,LTD./ Cross World Connections Co.,Ltd

Groove INC./ AZONE INTERNATIONAL

PetWORKs Doll Division / Tonner Doll Company

國家圖書館出版品預行編目(CIP)資料

荒木佐和子の紙型教科書 : 娃娃服の原型、袖子、
衣領 / 荒木佐和子作 ; 楊哲群譯 -- 新北市 : 北星圖書,
2017.05
面 ; 公分
ISBN 978-986-6399-59-6(平裝)

1.玩具 2.手工藝

426.78 106003554

娃娃服縫紉 BOOK
荒木佐和子の紙型教科書 : 娃娃服の原型 · 袖子 · 衣領

作　　者 / 荒木佐和子
譯　　者 / 楊哲群
發 行 人 / 陳偉祥
發　　行 / 北星圖書事業股份有限公司
地　　址 / 新北市永和區中正路 458 號 B1
電　　話 / 886-2-29229000
傳　　真 / 886-2-29229041
網　　址 / www.nsbooks.com.tw
E–MAIL / nsbook@nsbooks.com.tw

劃撥帳戶 / 北星文化事業有限公司
劃撥帳號 / 50042987
製版印刷 / 皇甫彩藝印刷股份有限公司
初版首刷 / 2017 年 5 月
初版二刷 / 2018 年 3 月
初版三刷 / 2019 年 3 月
I S B N / 978-986-6399-59-6 (平裝)
定　　價 / 350 元

ドールソーイング BOOK 型紙の教科書 –ドール服の原型・袖・襟

—VOLKS—
幼Super Dollfie（幼SD）女孩子

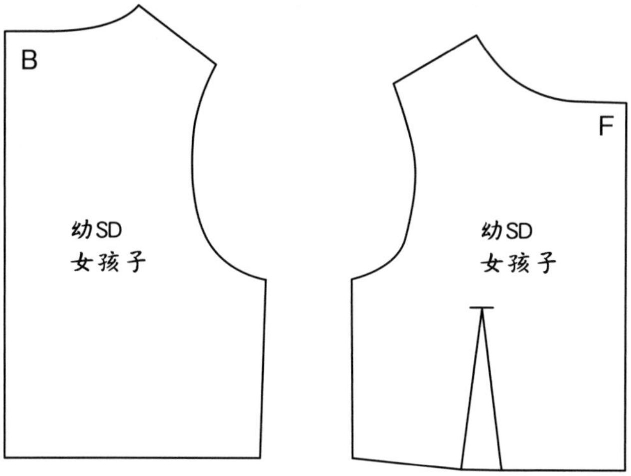

娃娃名稱

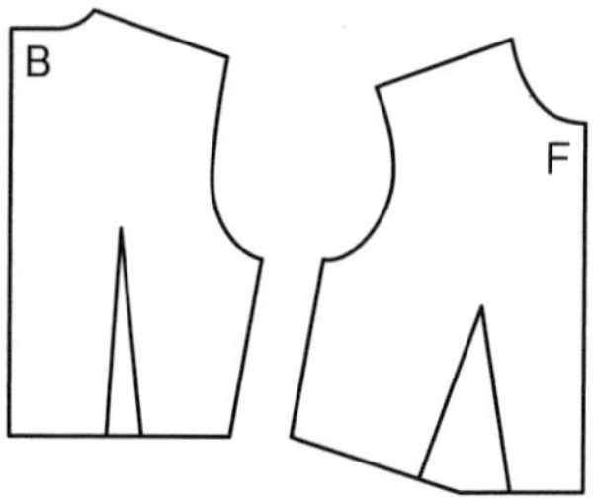

F＝Front（前面）
B＝Back（後面）

—VOLKS—
Super Dollfie1/6（SD1/6）女孩子

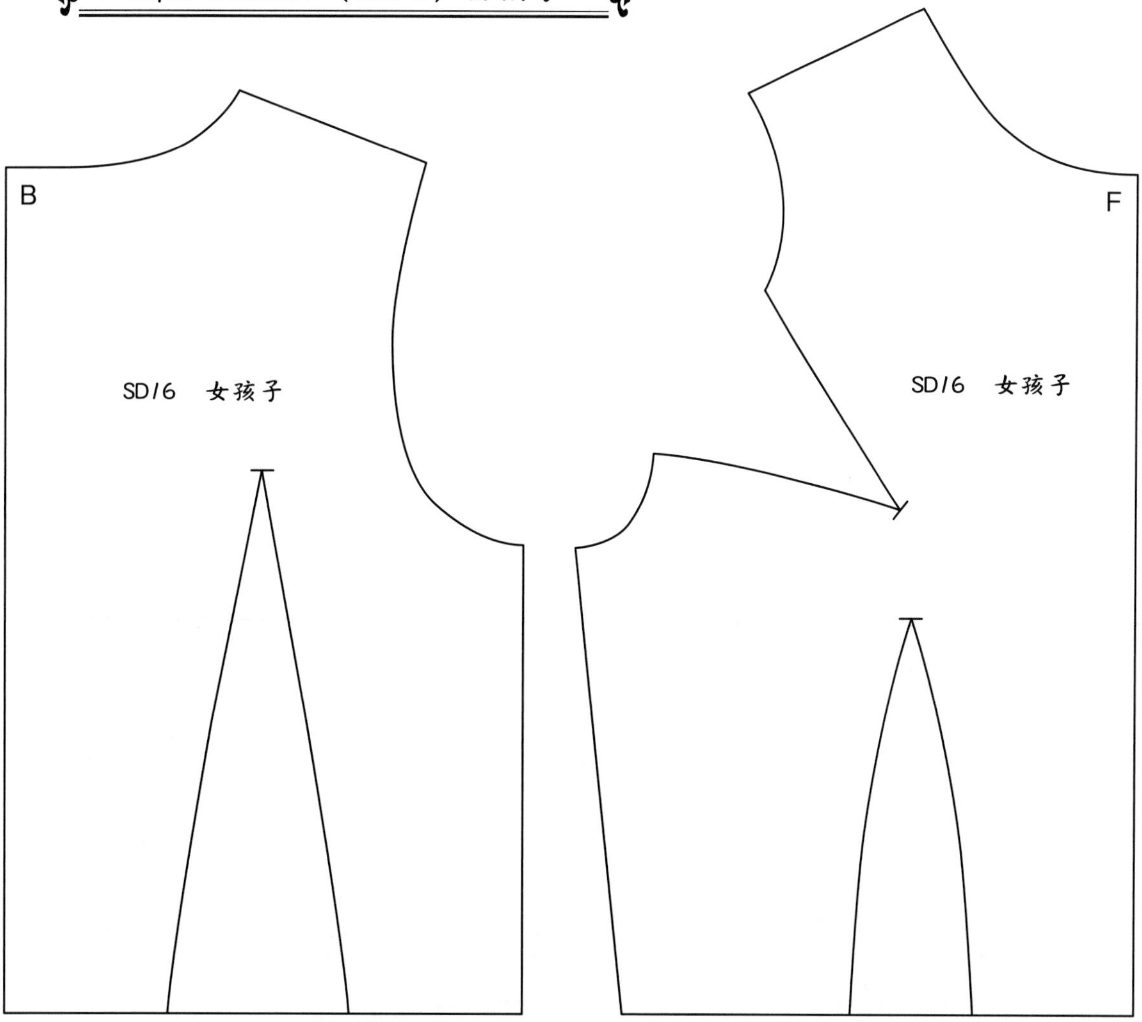

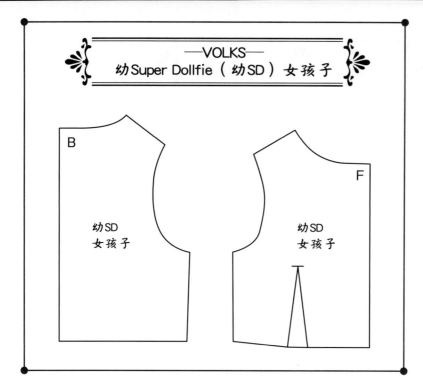

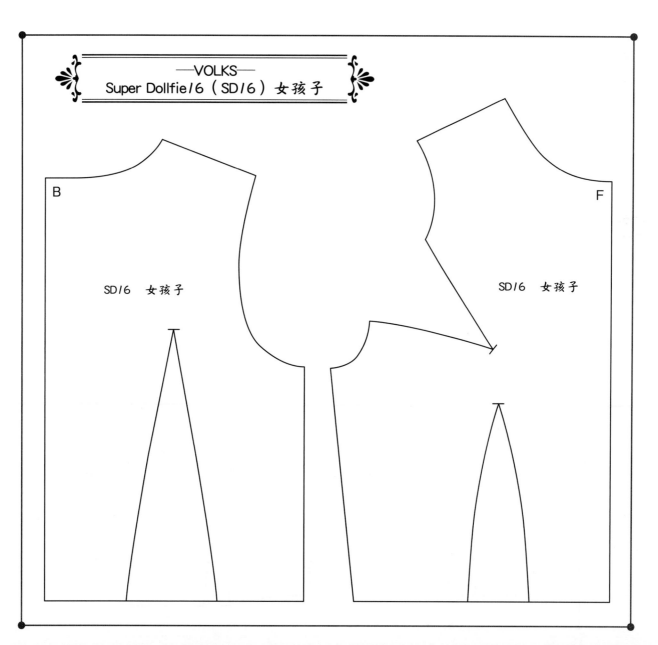

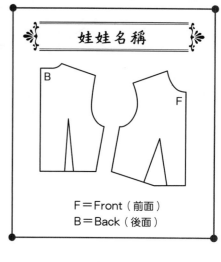

—VOLKS—
Super Dollfie（SD）女孩子

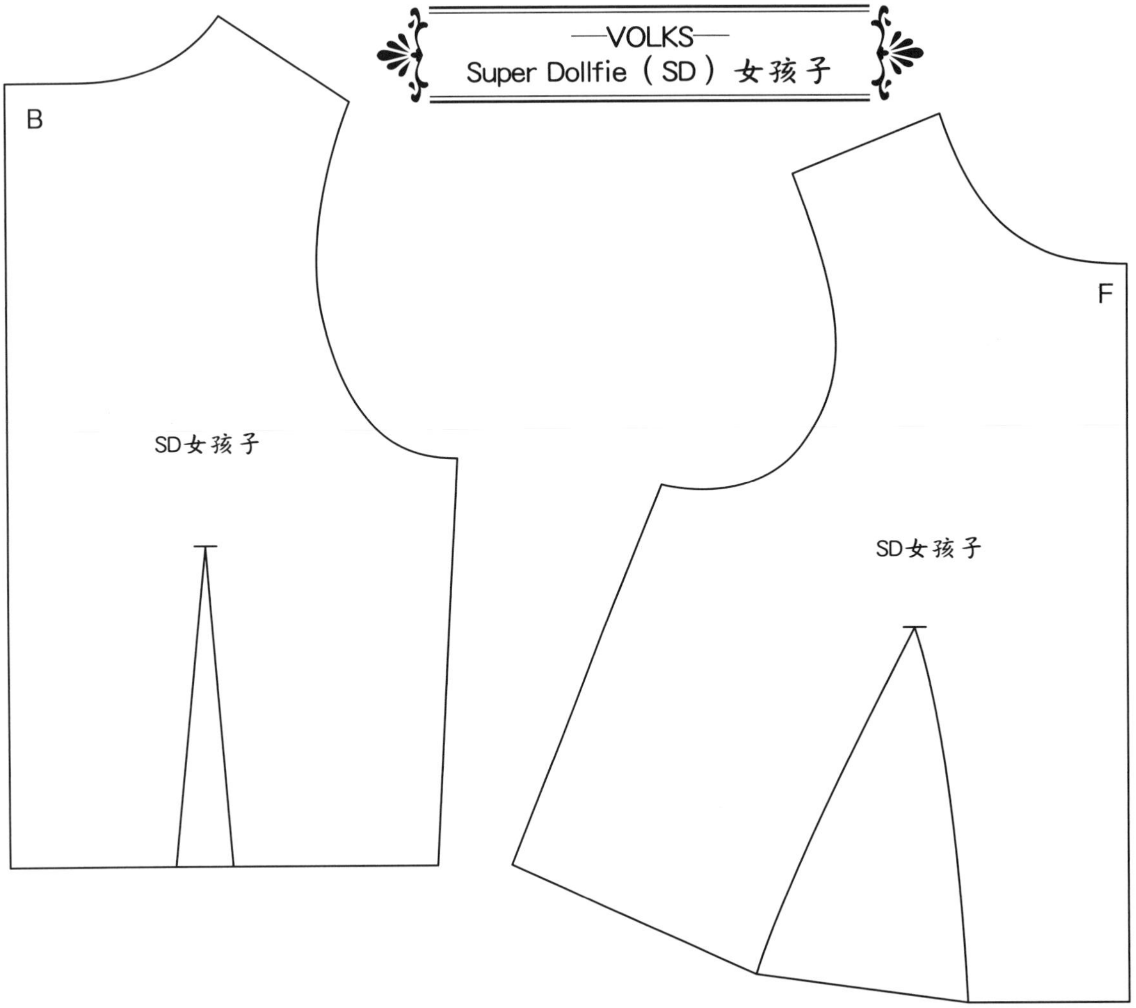

—VOLKS—
Super Dollfie Midi（SDMidi）女孩子

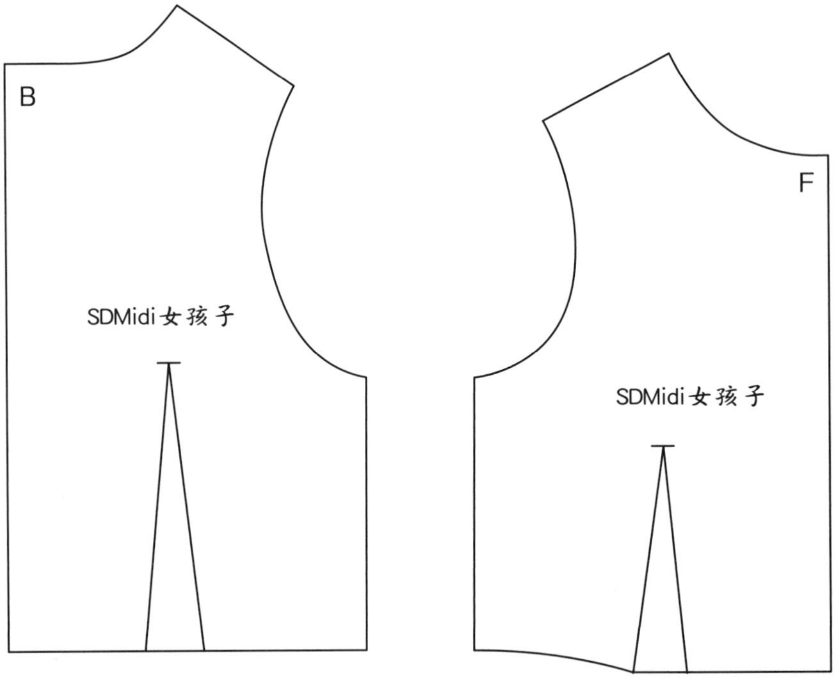

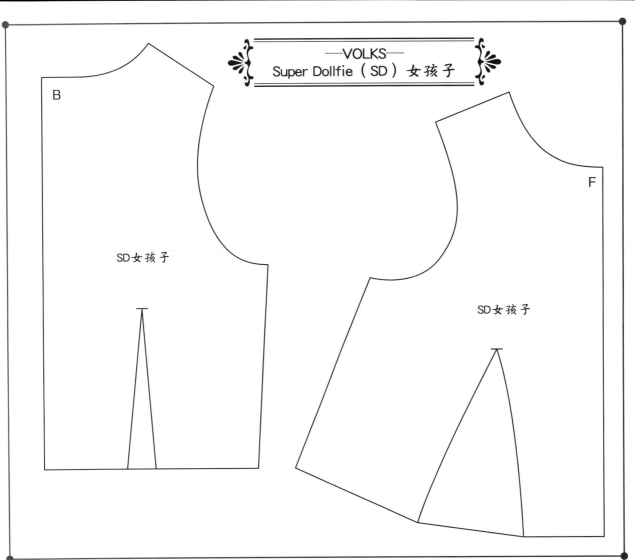

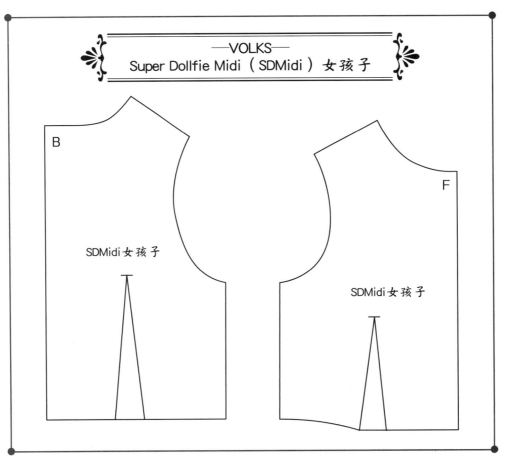

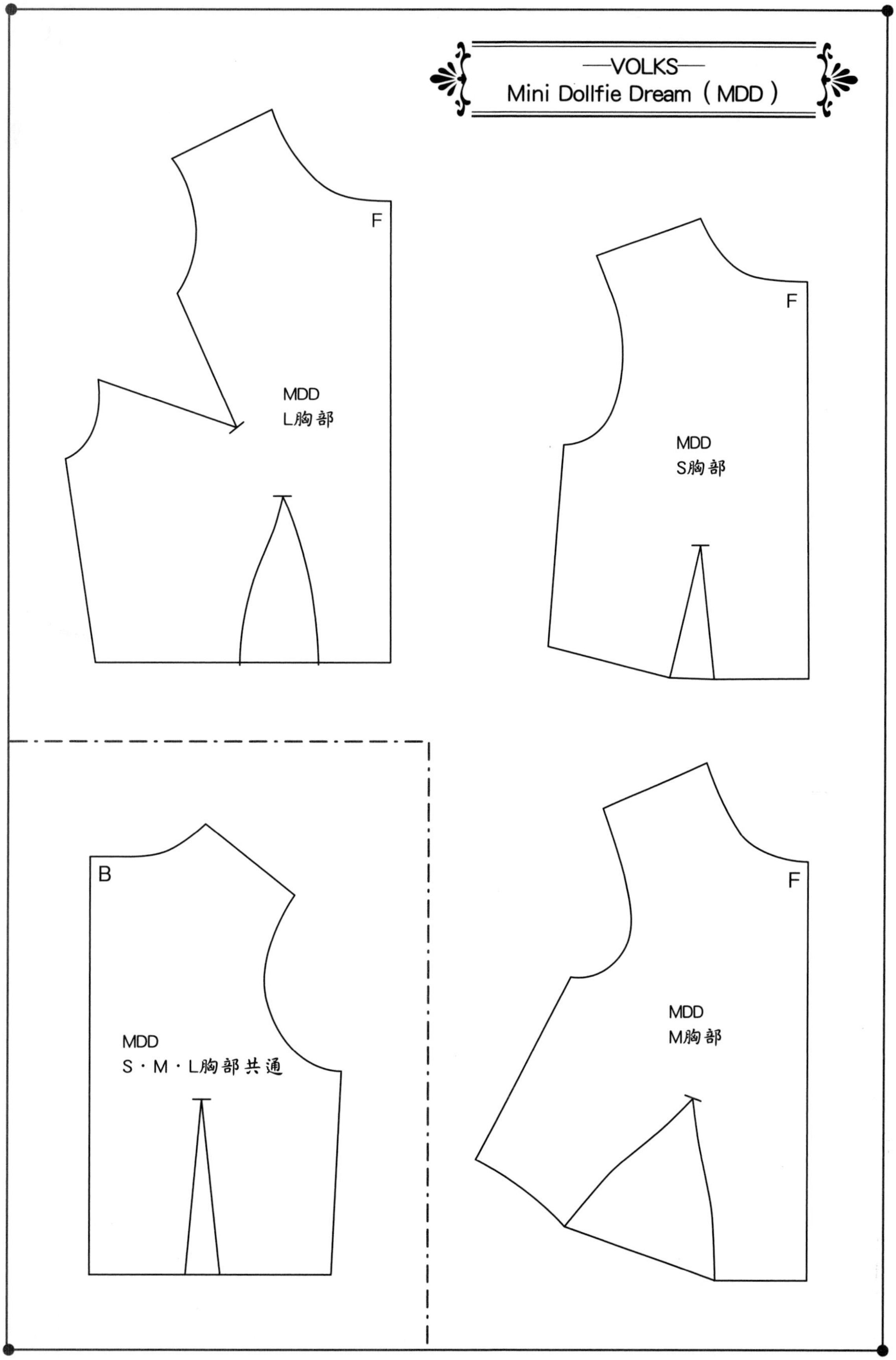
—VOLKS—
Mini Dollfie Dream（MDD）
F
MDD
L胸部
F
MDD
S胸部
B
MDD
S・M・L胸部共通
F
MDD
M胸部

—VOLKS—
Dollfie Dream（DD/DDS）

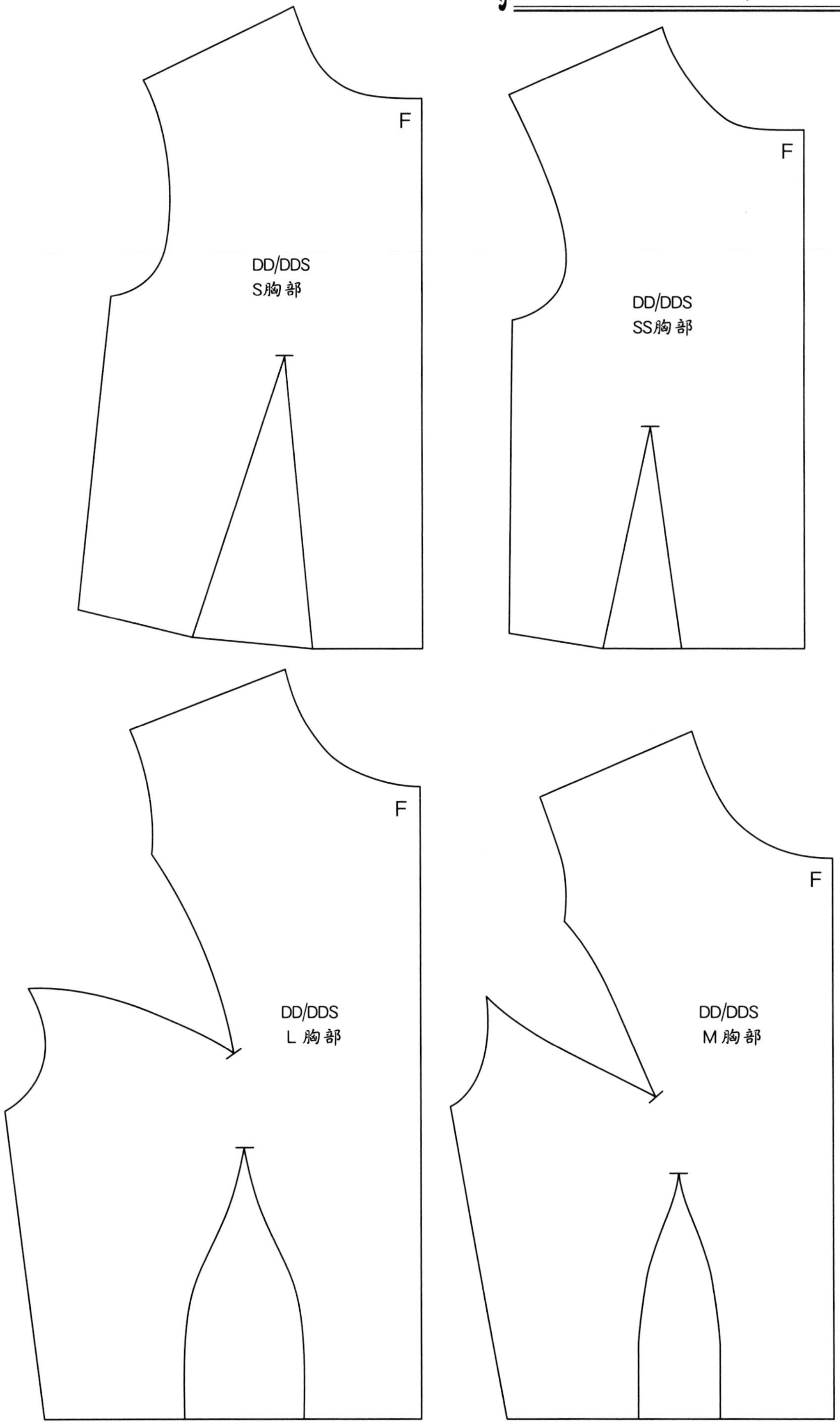

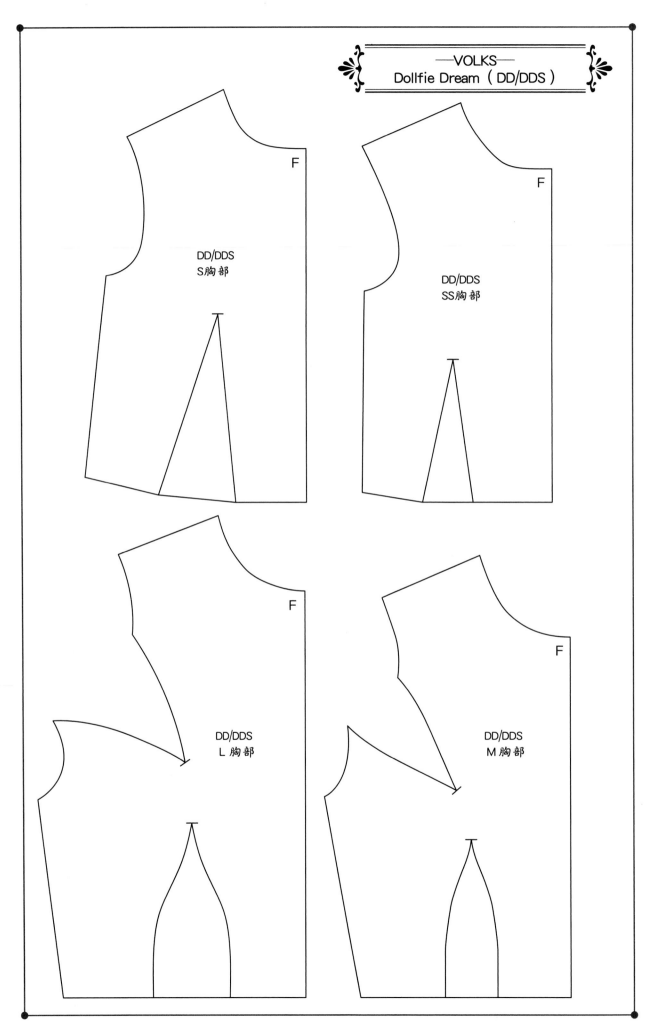

—VOLKS—
Dollfie Dream（DD/DDS）

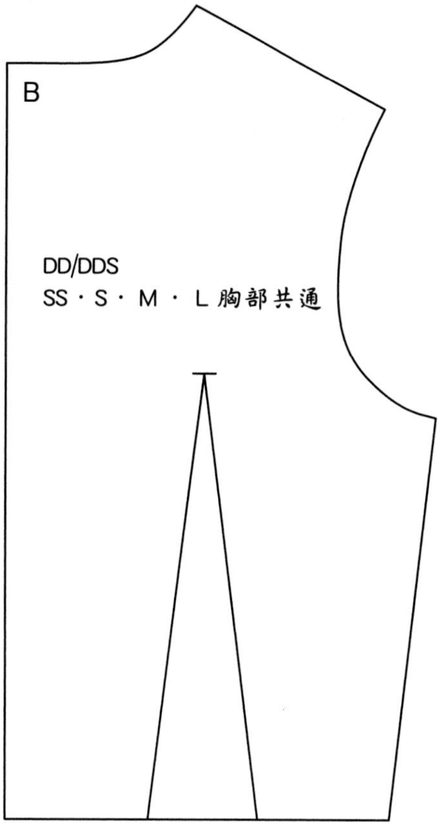

— HOBBY JAPAN—
U-noa Quluts Zero

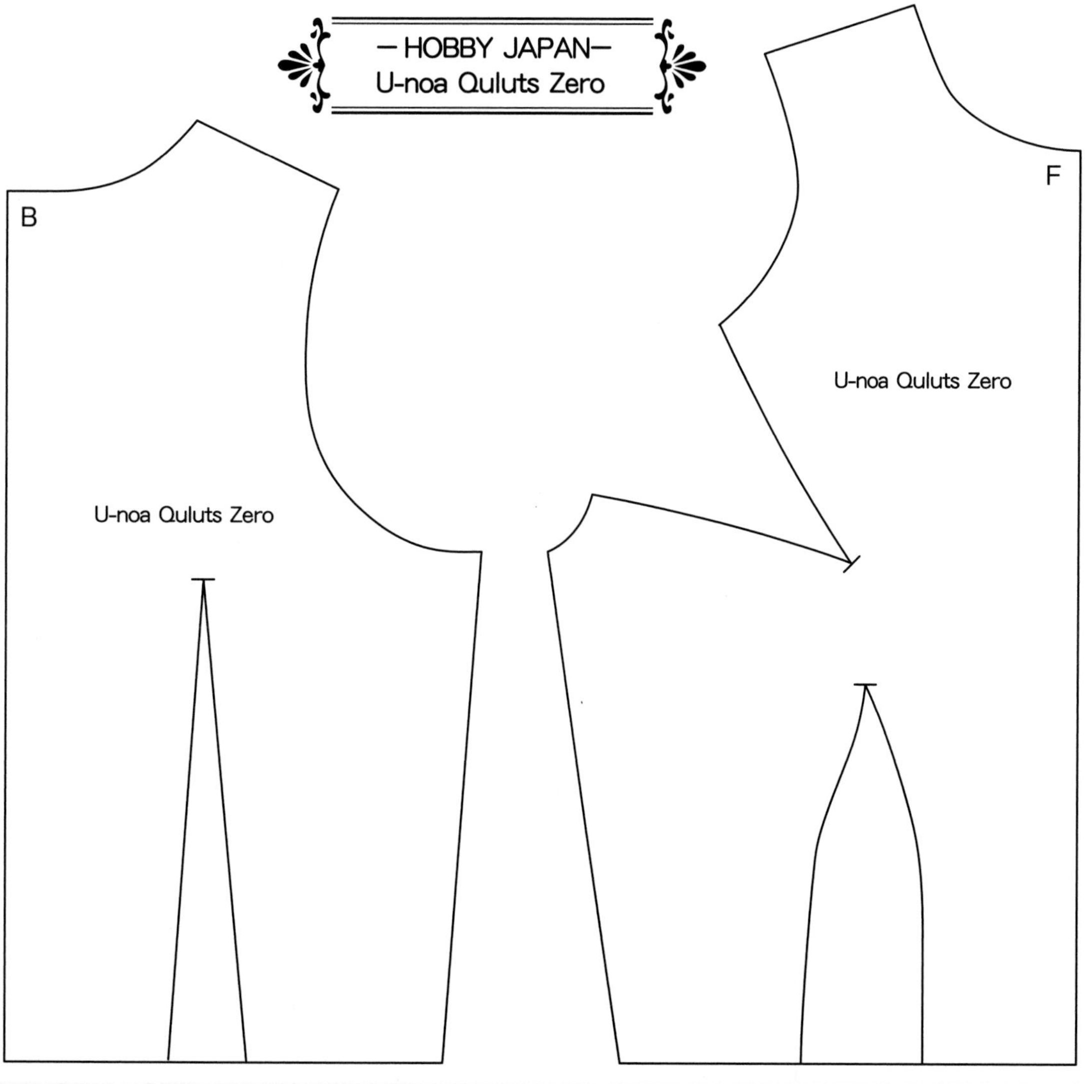

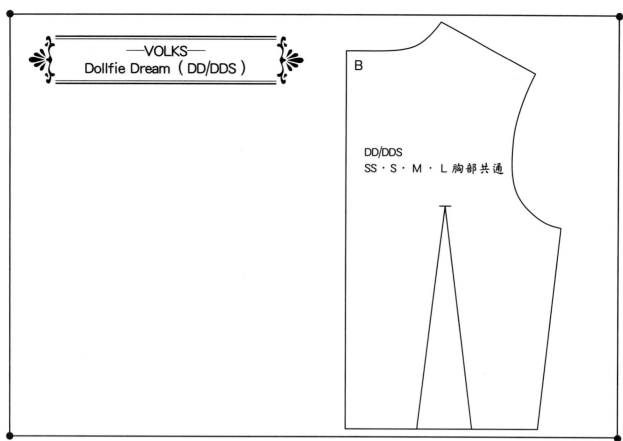

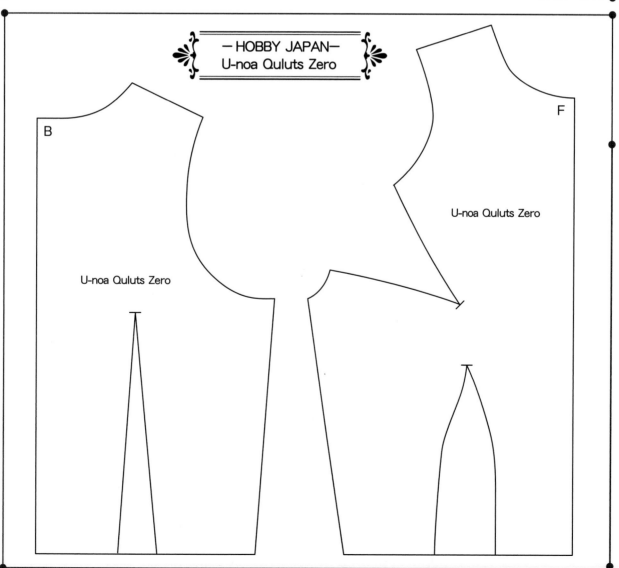

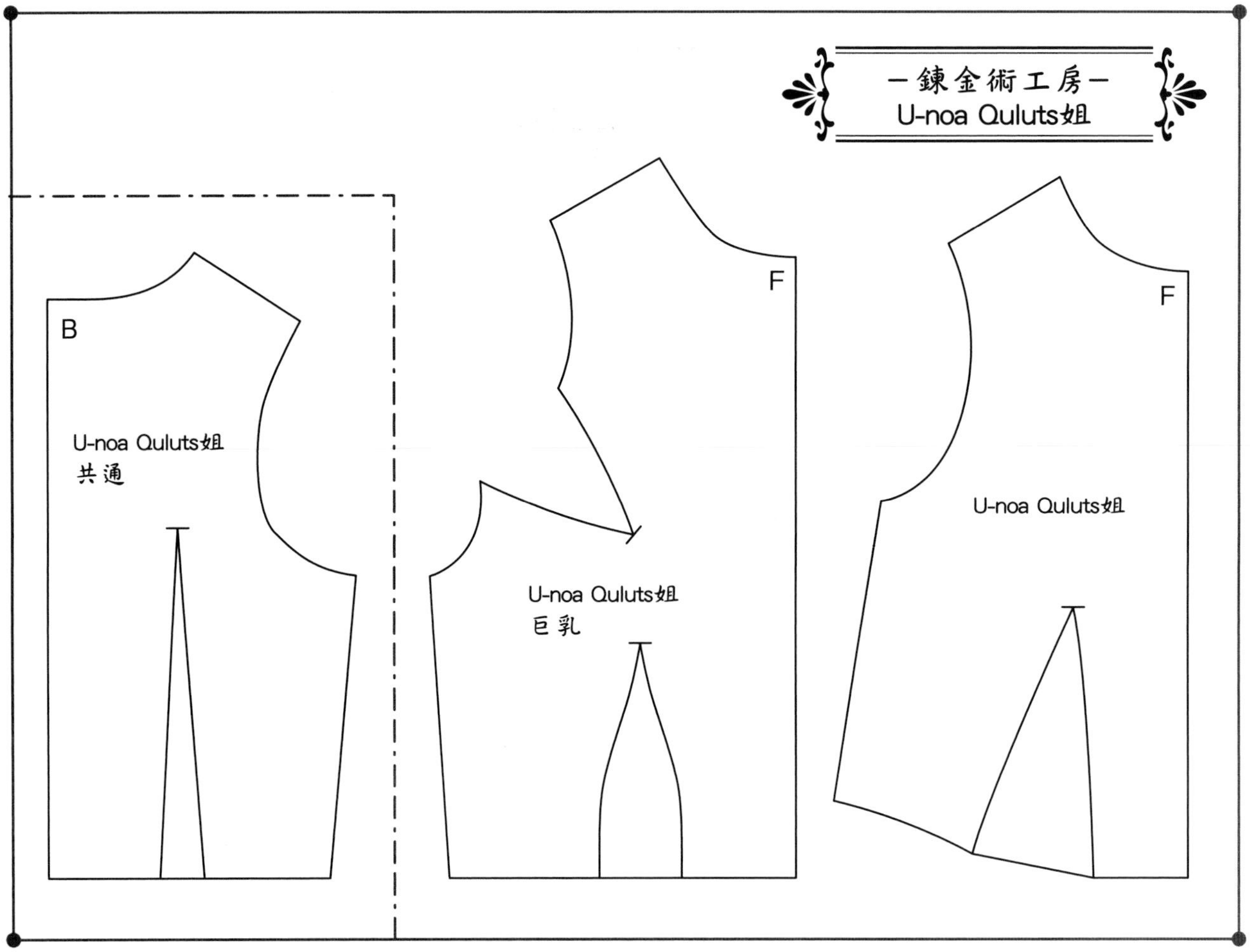
－鍊金術工房－
U-noa Quluts姐
B
U-noa Quluts姐
共通
F
U-noa Quluts姐
巨乳
F
U-noa Quluts姐

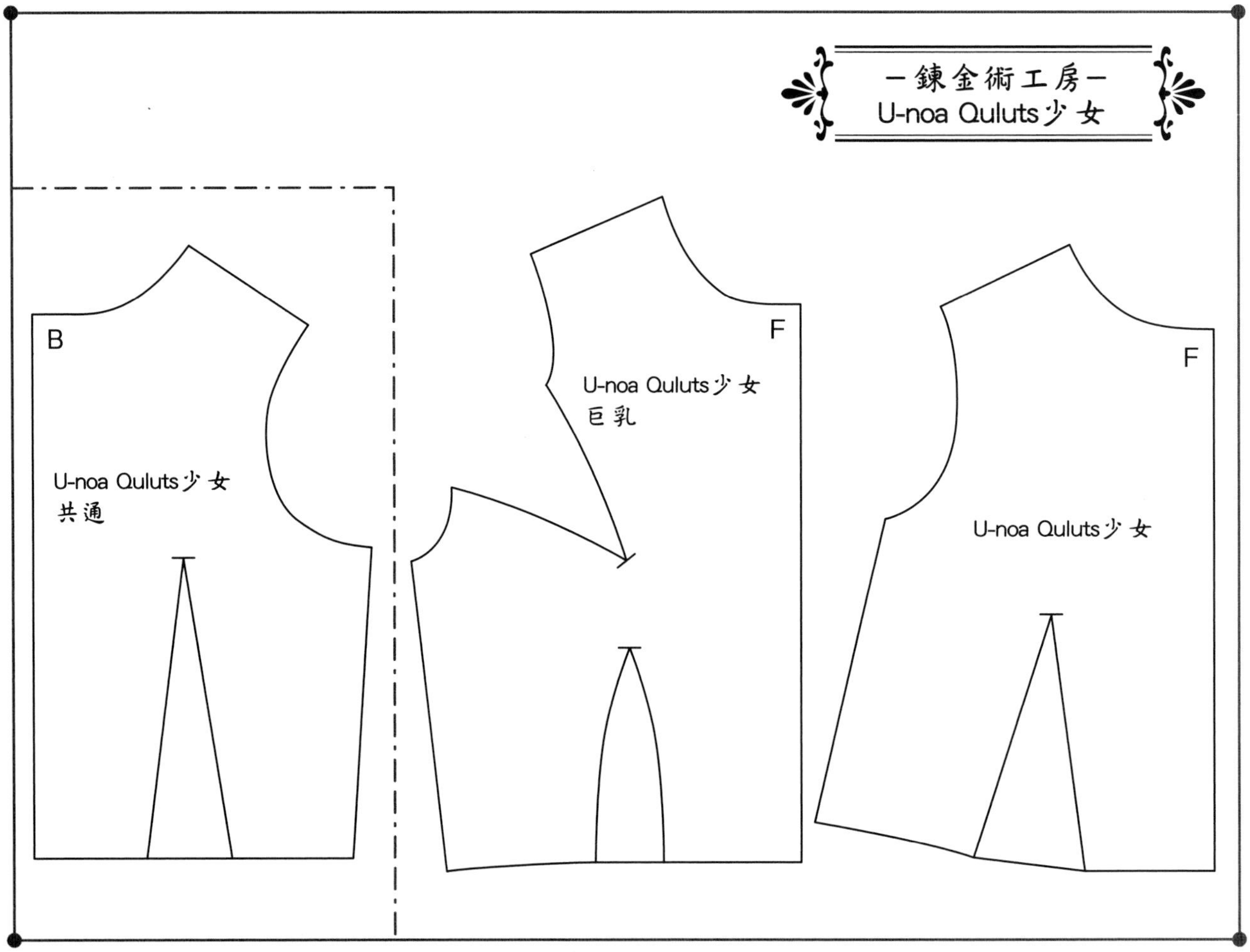
－鍊金術工房－
U-noa Quluts少女
B
U-noa Quluts少女
共通
F
U-noa Quluts少女
巨乳
F
U-noa Quluts少女

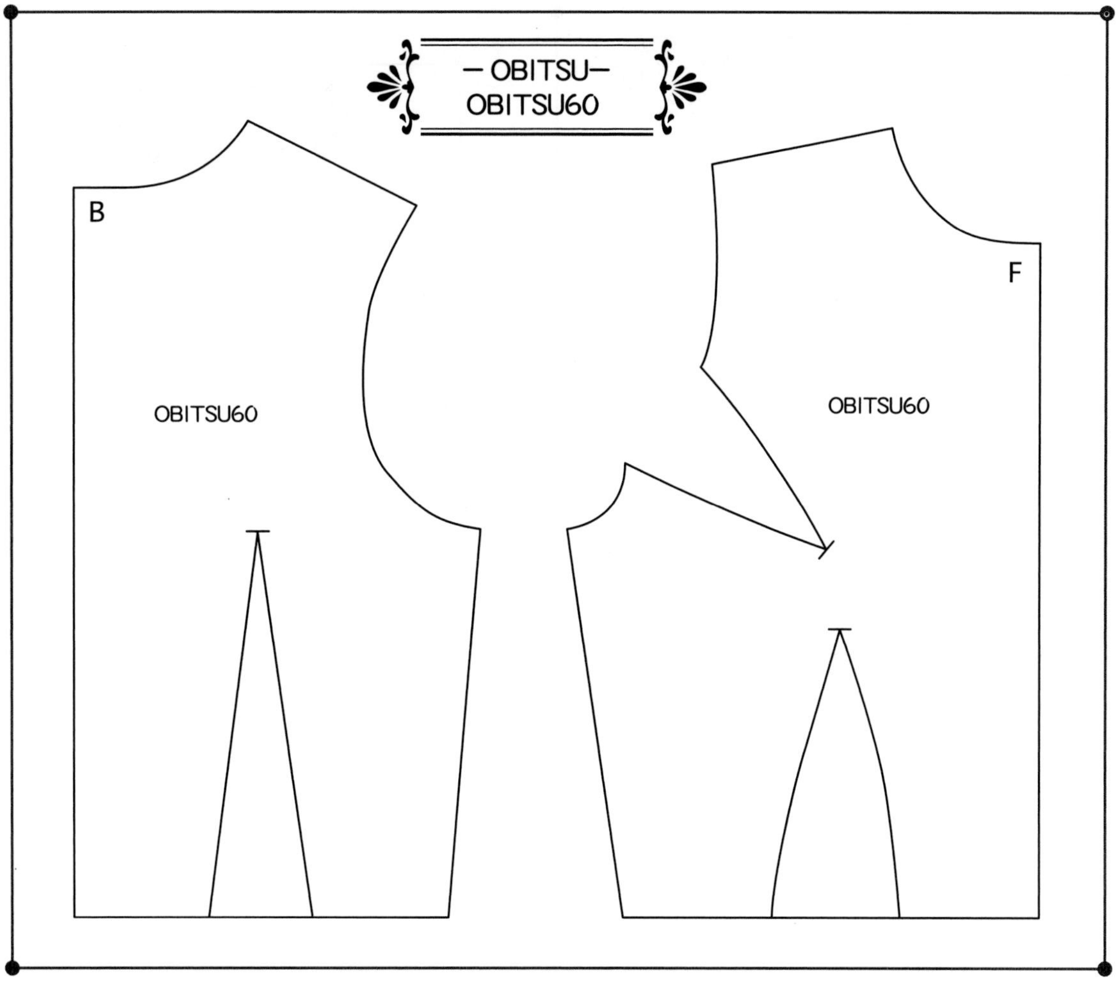
— OBITSU—
OBITSU60
B
OBITSU60
F
OBITSU60

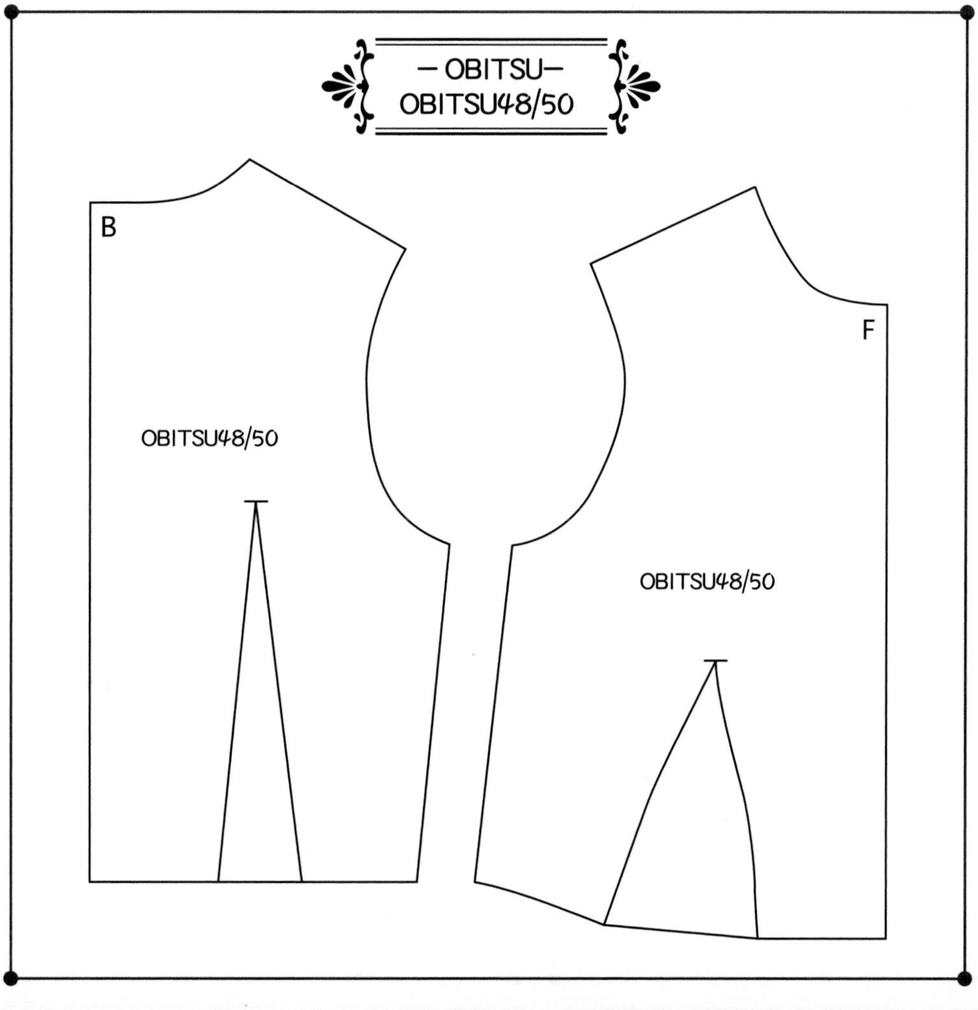
— OBITSU—
OBITSU48/50
B
OBITSU48/50
F
OBITSU48/50

— AZONE INTERNATIONAL—
Pure Neemo FLECTION XS

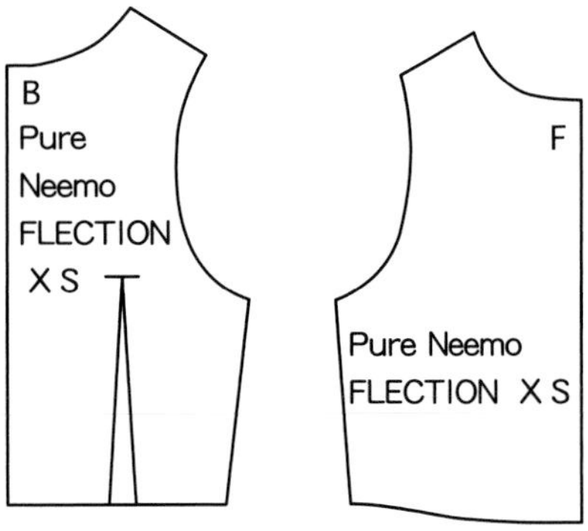

B
Pure
Neemo
FLECTION
XS
F
Pure Neemo
FLECTION XS

— OBITSU—
OBITSU11

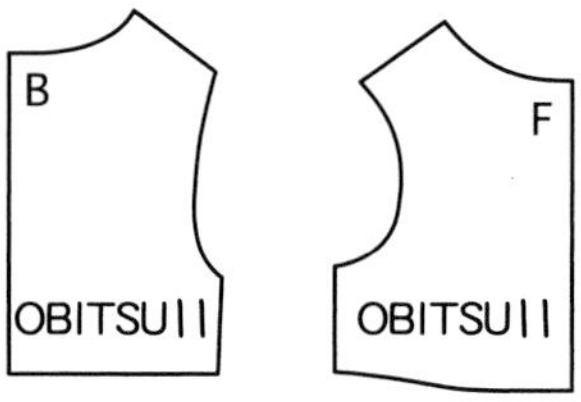

B
OBITSU11
F
OBITSU11

— AZONE INTERNATIONAL—
Pure Neemo FLECTION S

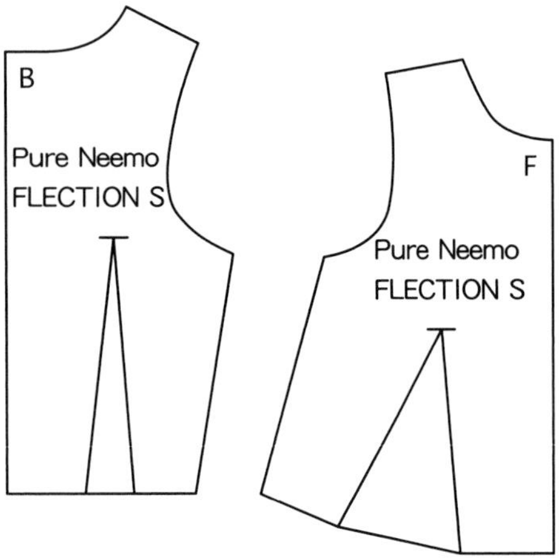

B
Pure Neemo
FLECTION S
F
Pure Neemo
FLECTION S

— GROOVE—
PULLIP

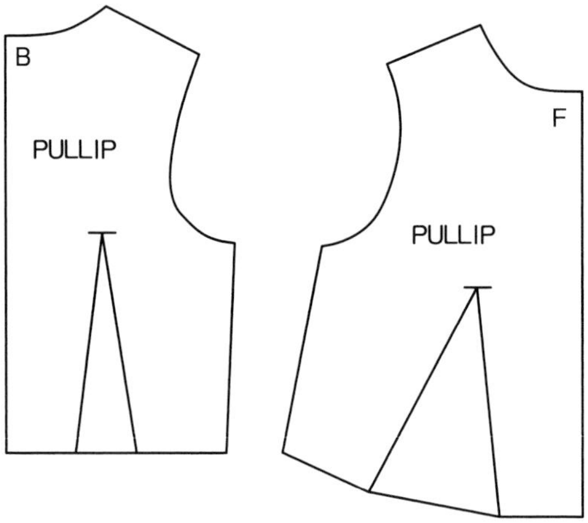

B
PULLIP
F
PULLIP

— AZONE INTERNATIONAL—
KIKIPOP!

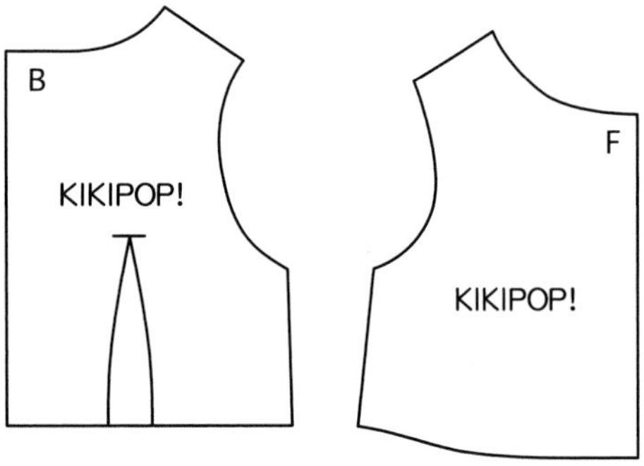

B
KIKIPOP!
F
KIKIPOP!

— TONNER—
Tiny Besty McCall

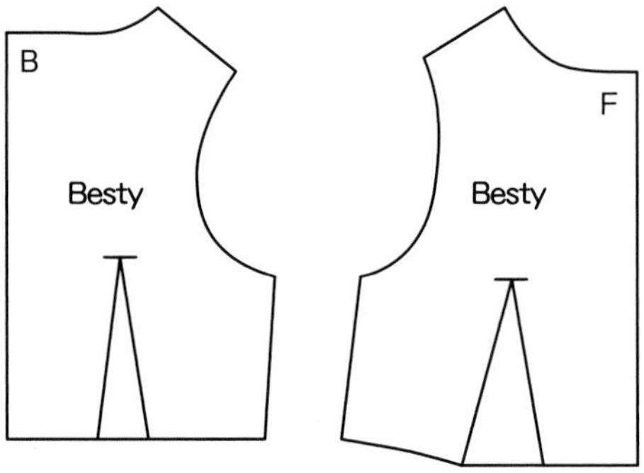

B
Besty
F
Besty

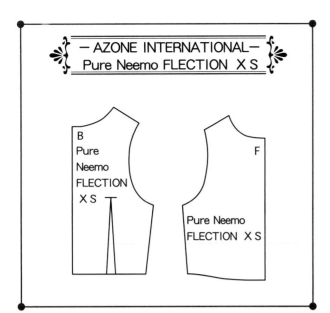

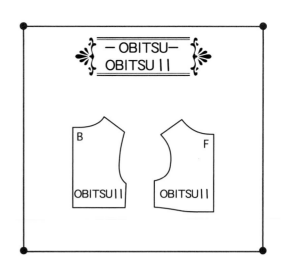

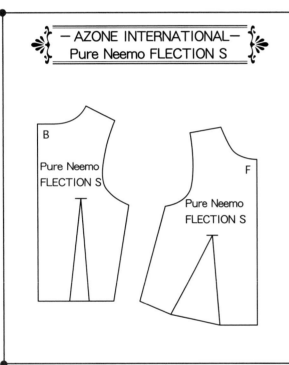

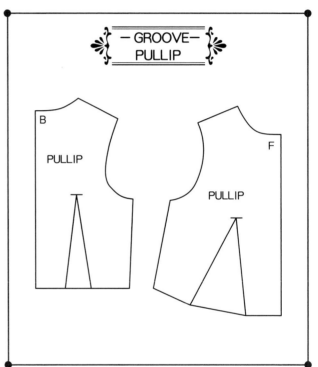

－TAKARA TOMY－ Midi BLYTHE

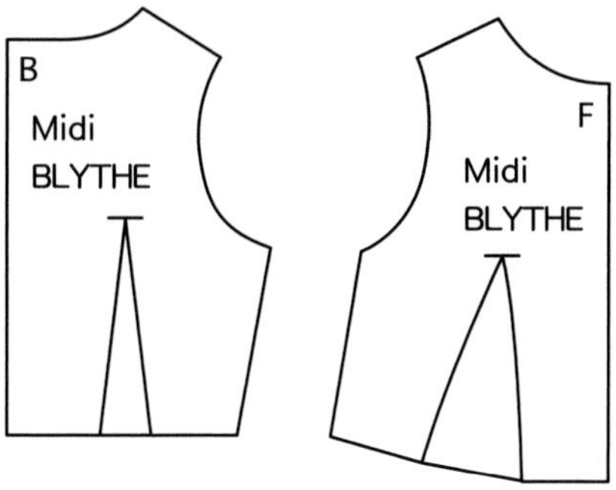

－TAKARA TOMY－ Neo BLYTHE

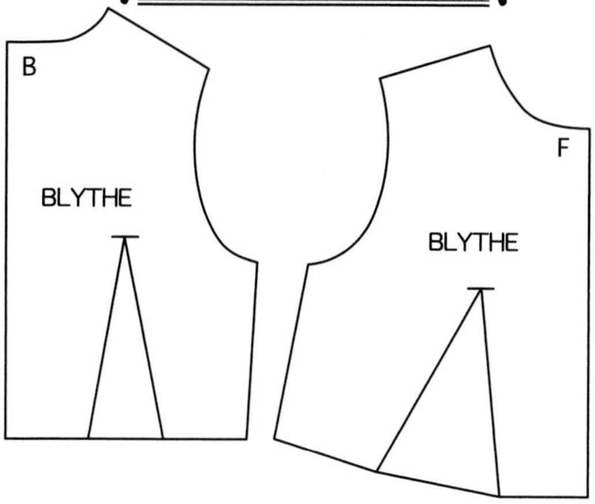

－TAKARA TOMY－ 莉卡娃娃

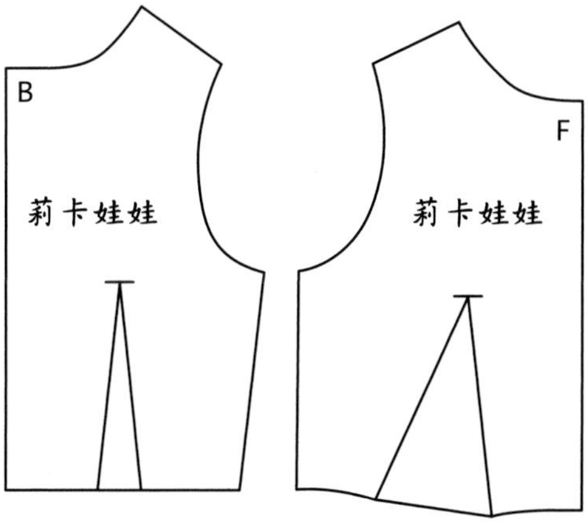

－TAKARA TOMY－ 珍妮娃娃

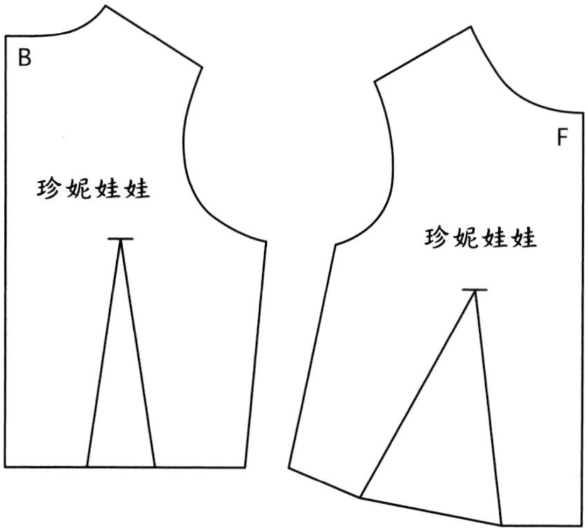

－PetWORKs－ Odeco－chan and Nikki

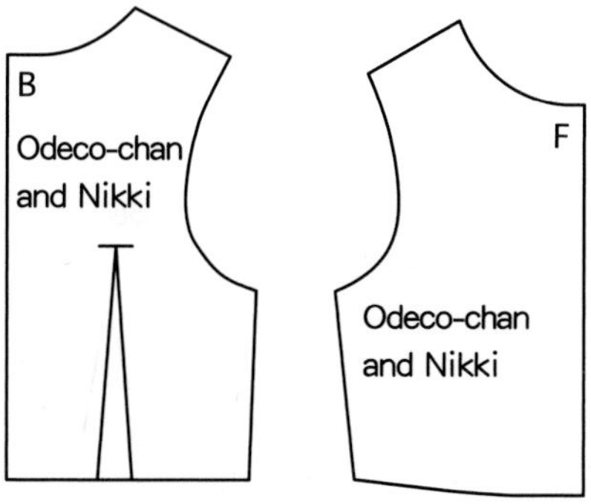

－SEKIGUCHI－ momoko DoLL

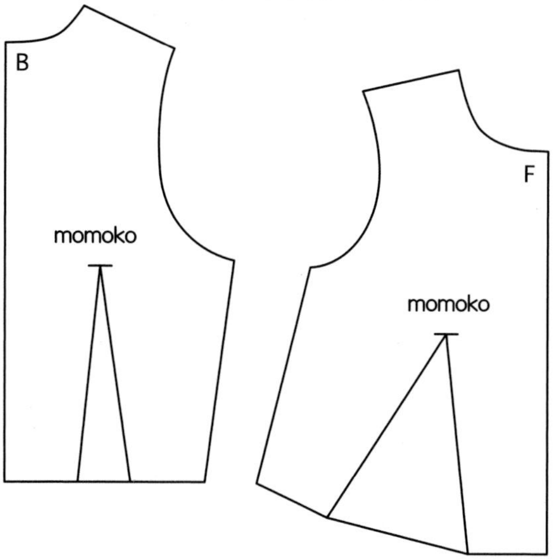

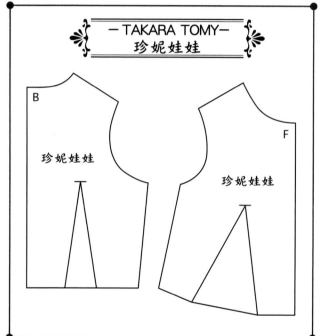

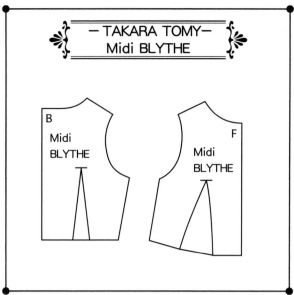

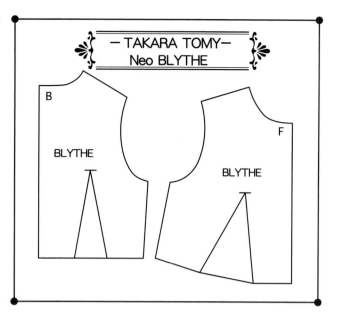

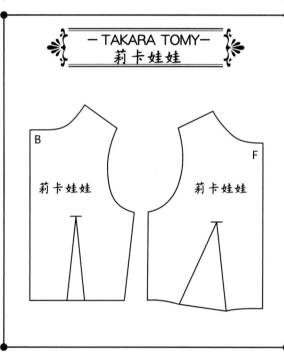

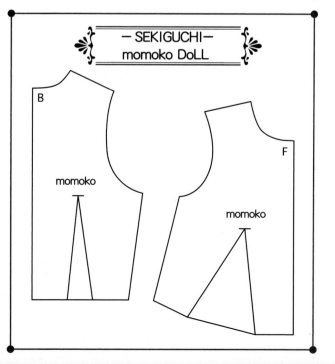